迟增晓　石　林　著

网络 Flash 动画
学习资源的内容结构
特征研究

知识产权出版社

全国百佳图书出版单位

——北京——

图书在版编目（CIP）数据

网络 Flash 动画学习资源的内容结构特征研究 / 迟增晓，石林著 . —北京：
知识产权出版社 , 2024.3

ISBN 978-7-5130-9059-9

Ⅰ.①网… Ⅱ.①迟… ②石… Ⅲ.①动画制作软件—研究 Ⅳ.① TP391.414

中国国家版本馆 CIP 数据核字（2024）第 000037 号

内容提要

本书以网络 Flash 动画学习资源的内容结构特征分析为核心问题，通过提取与分析网络 Flash 多媒体动画包含的元数据、文本、按钮等，获得动画包含的视觉场景、动态效果、情感因素等，建立 Flash 动画索引数据库，并开发 Flash 动画检索系统，在学生群体中进行使用及检验教学效果，从理论上探讨了网络多媒体动画资源对教育的重要辅助作用，进而对教育工作者如何检索获得自己所需的网络多媒体资源提供一定的指导。

本书适合多媒体技术研究者阅读。

责任编辑：李石华　　　　　　　　　　责任印制：孙婷婷

网络 Flash 动画学习资源的内容结构特征研究
WANGLUO FLASH DONGHUA XUEXI ZIYUAN DE NEIRONG JIEGOU TEZHENG YANJIU

迟增晓　石　林　著

出版发行：知识产权出版社有限责任公司	网　址：http://www.ipph.cn
	http://www.laichushu.com
电　话：010-82004826	邮　编：100081
社　址：北京市海淀区气象路50号院	责编邮箱：303220466@qq.com
责编电话：010-82000860转8072	发行传真：010-82000893
发行电话：010-82000860转8101	经　销：新华书店、各大网上书店及相关专业书店
印　刷：北京中献拓方科技发展有限公司	印　张：17.75
开　本：787mm×1092mm　1/16	印　次：2024年3月第1次印刷
版　次：2024年3月第1版	定　价：85.00元
字　数：280千字	

ISBN 978-7-5130-9059-9

前　言

　　教育信息化是提升教育教学质量的重要手段，是进行教育教学创新应用的基础条件。教育信息化离不开数字化学习资源建设。作为数字化学习资源类型之一的 Flash 动画既是传递信息内容的重要媒体，更是一种重要的网络学习资源，其内容由文本、图形、图像、音频、视频、交互、动态效果等信息组成。因其强大的多媒体交互及表现能力，Flash 动画被广泛应用于远程教学、精品课程网站、慕课平台等领域。网络上积累了海量的 Flash 动画资源，给动画需求者的检索带来了很多的干扰。学习者如何迅速精准地获取自己需要的 Flash 动画，是 Flash 搜索引擎需要解决的难题。

　　目前的网络 Flash 检索一般是基于关键词、元数据特征或者网页上下文，检索准确率不理想。于是人们展开了对 Flash 动画内容特征的深入分析与研究。本书正是基于 SWF 格式的文件组织结构，对 Flash 动画的下载、分类、内容结构特征（如场景结构特征、组成元素特征和画面情感特征）、建立索引数据库等全过程进行分析。主要内容包括：依据网页结构研究网络 Flash 动画的下载；基于 BP（Back Propagation）神经网络进行 Flash 动画的分类研究；依据 Flash 动画语义提取的四层框架（元数据、组成元素、场景、情感层）分别研究了场景特征提取、组成元素特征提取、画面情感特征提取等多项关键技术；基于 Lucene 的 Flash 动画资源检索系统构建。本书主要是为教育教学工作者和网络自学者及 Flash 动画爱好者提供快速、精准的 Flash 动画搜索引擎，从而提高网络 Flash 动画学习资源的教育应用效率，充分发挥其教育特性。

　　本书首先介绍了网络 Flash 动画学习资源的定义及 SWF 格式的文档结构，研究了网络 Flash 动画资源的下载及分类，分析并建立了 Flash 动画的内容结构特征描述模型；

其次构建出场景结构模型，提出了场景的分割算法及场景特征的提取过程，并完成了组成元素特征的提取；再次建立了 Flash 动画的情感分类模型，利用神经网络（Neural Network）学习获得低层视觉特征（主要为颜色和纹理）到高层情感语义的映射关系，从而完成 Flash 动画的情感分类，并对比了用 SVM 和深度学习构建的情感分类模型；最后基于 Lucene 建立了网络 Flash 动画检索系统。

我们的研究结果是为了最终将前期提取的场景特征、元素特征、情感特征存入索引数据库，建立基于内容的 Flash 检索系统，用于网络用户的 Flash 动画检索。基于此数据库，最后还通过实验，利用灰色关联法验证了 Flash 动画包含的各内容结构特征与学习者学习兴趣的关联度。结果表明，Flash 动画中的动态效果特征与学习兴趣的关联度最高，在激发学习者兴趣、集中学习者注意力方面起着重要的作用；在不同学段、不同学科的 Flash 动画中，对唤起学习者学习兴趣起关键作用的内容结构特征是不一样的。实验结果能够为 Flash 动画课件创作者按照不同学段和学科进行视觉特征选择提供理论指导。

基于研究者团队开发的网络动画爬取程序，本书从网络上下载了大量 Flash 动画，从中筛选出教育特征明显、能辅助进行知识学习的 4808 个 Flash 动画学习资源作为本书的样本库。参考教育理论和查阅文献，并基于 BP 神经网络机器学习，可以将这 4808 个样本按学科、学段来划分，并且提取的视觉场景、元素特征、情感特征都按照不同学段、不同学科进行分析，获得不同学段和学科的 Flash 动画的特征，为后期的 Flash 动画自动分类工作提供指导。

本书的重点工作在于建立了 Flash 动画的内容结构特征描述模型，并从学段、学科、教学类型三个维度分析了网络 Flash 动画学习资源的内容结构特征；建立了场景结构模型，并提出了基于颜色直方图和边缘密度相结合的视觉场景分割算法；建立了情感分类模型，分别基于 BP 神经网络、SVM、CNN 完成 Flash 动画的情感语义识别；分析了网络 Flash 动画学习资源的内容结构特征与学生学习兴趣的关联度。

本书的完成要感谢山东师范大学孟祥增教授团队的支持，其中董志强对 Flash 动画分类、邱亚东对检索系统建设、刘磊和邵长霞对动画的内容特征提取等方面做出了很多的贡献。该书的参编人员还包括徐功文、赵莉、于鹏、杜剑、李增刚等，他们均对数据的整理与分析、文字内容的排版编辑等方面工作给予了巨大的支持。

目　录

第1章 基础知识概述

1.1 Flash 动画概述

党的十九大报告预测了教育发展的趋势，指出迎合信息技术发展契机，要扎实推进教育信息化的融合创新发展，以教育信息化全面推动教育现代化。教育部也提出了"教育信息化2.0"概念。党的二十大重新定义了教育信息化发展蓝图，首次将"推进教育数字化"写进党的二十大报告，标志着推进教育数字化已经成为普遍共识和共同任务。越来越多的高科技产品应用于教育领域，并推动着信息技术和教育实践的深度融合。教育技术领域提出的深度学习、自主学习、终身学习等理念，借助快速发展的网络技术、多媒体技术也有了实践的环境。传统的学习资源主要是纸质教材、磁带或自制幻灯片，而现代化的学习资源则以数字化信息资源为主，表现为文本、图像、音频、视频、Flash动画等计算机文档形式。教育教学资源的网络化和多媒体化成为发展趋势。教育信息化离不开数字化学习资源建设，而数字化学习资源建设需要资源内容特征的管理，本书即是对属于数字化学习资源的 Flash 动画的内容结构、内容特征提取、基于内容的检索及教育应用进行的深入研究。

Flash 动画是互联网上最普及的一种多媒体形式。自 1999 年美国的 Micromedia 公司推出这款网页动画设计软件，到现在已经有 20 多年的发展历史，目前在个人计算机端浏览器中的普及率达到 98%。很少有其他动画技术像 Flash 动画技术这样在互联网时代给人们带来如此深远和积极的影响，其发展之迅速也是前所未有，以至于在短时间内出现了大量的 Flash 动画制作爱好者及海量的网络 Flash 动画资源。Flash 动画被广泛应用于广告、MV、游戏、虚拟现实、应用程序开发等领域，其对教育的支持更是受到广泛关注。在教学中，其强交互性、多种媒体集成及应用程序开发等优势要强于 PowerPoint；制作方法灵活、存储量小、简单易学等优势更强于 Authorware，因此 Flash 动画更普遍地被广大教育者和学习者所接受。Flash 动画可以提供给学习者视觉和听觉的感官体验，创建生动的学习环境，以促进学习者的认知与体验。Flash 动画作为一种重要的多媒体教学资源，大大拓展了计算机教育应用的视野，能促进深度学习、网络远程教育的发展，为网络自学习、终身学习提供了良好的保障。

目前，Flash 动画面临 HTML5 的冲击，Adobe 公司也宣称于 2020 年底正式退役，但其在 PC 端（中国网民通过台式机接入互联网的比例占 60.1%）、游戏和视频方面仍具有很大的优势。HTML5 也保留了引用 Flash 动画的接口播放，网络 Flash 动画资源还会继续积累。在未来相当长的时间内，Flash 动画仍有用武之地；网络上已经存在的海量 Flash 动画仍会给网民带来良好的体验；已经发布的大量 Flash 动画学习资源仍会给教学和学习带来巨大的帮助。

20 年来，由于计算机及网络技术的飞速发展，网络上积累了海量的 Flash 动画学习资源。但资源太多也会带来不便，对教育工作者和网络自学者来说具有很大的干扰性。教师和学习者希望快速准确地找到自己需要的 Flash 学习资源，因此对 Flash 搜索引擎提出了更高的要求。Flash 搜索引擎成为 Flash 动画发挥更大教育作用的关键因素。目前中国用户常用的搜索引擎如谷歌和百度，都是基于关键词、基于动画外部特征和网页上下文信息对网络 Flash 动画进行索引，其检索效率和准确率普遍不理想。

动画的内容特征分析对提高 Flash 动画资源的检索效率意义重大。Flash 动画主要借助丰富的动态画面内容将知识呈现给学习者，检索需求者很多情况下会依据动画的内容特征来开始他们的检索，如色调、纹理、动态效果、按钮、表达的情感内容等。

基于 Flash 动画在教育教学上的优势及学习者对网络 Flash 学习资源的检索需求，我们展开了对网络 Flash 动画学习资源内容结构特征的分析与检索研究，通过分析 Flash 动画学习资源的文件内容，提取动画内部包含的视觉场景及其视觉内容特征、组成元素及其特征、画面情感特征等信息，完成网络 Flash 学习资源的自动标注及索引，建立 Flash 动画内容结构特征数据库，最终应用于基于内容的网络 Flash 动画学习资源的检索，以期待提高网络 Flash 动画学习资源的检索效率和准确率，更大程度地发挥网络 Flash 资源的利用率，更好地为广大学习者的终身学习和自主学习提供有力的帮助，为教育信息化服务。

　　Flash 动画具有强大的交互功能、制作简单、表现力强等诸多特点，特别适合在互联网上的传播。Flash 动画具有独特的跨平台特性和可移植性，不论处于何种平台，只要安装了 Flash Player，就可以顺利地播放动画。基于以上独特优势，Flash 动画被广泛应用在以下领域。

　　（1）网站建设。Flash 动画具有极强的感染力和交互能力，可以使开发者根据自己的创意，随心所欲地创造出超炫的动画效果和交互效果，使得整个网站充满活力。Flash 动画网站特别适合作为产品展示和宣传的网站，利用 Flash 动画强大的表现力和交互能力，可以使产品得到全方位的展示，给人强大的震撼。ActionScript 3.0 作为一种面向对象的标准语言已经广泛应用到了 Flash 动画的开发中，它旨在方便地创建具有大型数据集和面向对象的可重用代码库的高度复杂的应用程序，这必将使得 Flash 动画网站的建设更加轻松。

　　（2）游戏设计。Flash 动画游戏主要流行于网络，它体积小、易于在网络中传输、画面美观、交互能力强，这使 Flash 动画游戏得到了广泛的发展。Flash 动画与脚本语言 ActionScript 3.0 的结合可以把游戏与数据库等技术联系起来，为 Flash 动画大游戏的出现提供了可能。《开心农场》等网络游戏就是基于 Flash 动画设计的，它不但有漂亮的画面和强大的交互功能，而且可以像大型网络游戏一样存储用户数据。

　　（3）课件制作。Flash 动画课件可以将文本、图形、图像、音频、视频、动画等多种信息以交互的形式单独或组合表现出来。Flash 动画课件灵活多变、交互丰富、感染力强，将它应用在课堂之中，可以提高学生的学习兴趣，充分调动学生的学习积极性。例如，我们制作一个模拟"氧气的制取"的物理实验课件，不但可以给学生播放演示动画，而且可以让学生模拟实验过程，并在模拟过程中提示学生可能出现的错误。

　　（4）程序界面开发。传统的应用程序界面都是静止的图片，不但不美观而且交互能力差，而 Flash 动画对于界面元素的可控性和完美的表达效果使它成为程序界面开发的首选，它所具有的特性完全可以为用户提供一个良好的接口。只要程序设计系统支持 ActiveX 就可以使用 Flash 动画，所以越来越多的应用程序界面应用了 Flash 动画，如《金山词霸》软件的安装界面。

　　（5）网页元素应用。网页元素包括网站的片头动画、导航、视频播放器、广告、文本、声音、图片等。精美的片头动画可以极大地提高网站质量，给访问者留下深刻的印象；Flash 动画的按钮功能非常强大，通过鼠标的各种操作动作，可以实现动画、声音等多媒体效果，在美化网页和网站的工作中效果显著；Flash 动画中可以嵌入视频、动画、广告等元素，使它们表现得更丰富生动而且易于在网络中传播。因此，目前网页中的容器大部分都是使用了 Flash 动画。

（6）网络应用程序开发。随着 Flash 动画脚本语言的发展，尤其是 ActionScript 3.0 的出现使 Flash 动画的网络功能大大增强，可以直接通过 XML 读取数据，同时加强与 ASP、JSP、PHP 和 Generator 等语言的整合，所以用 Flash 动画开发网络应用程序越来越受到应用程序开发者的重视。

1.2　研究现状及挑战

1.2.1　研究现状

Flash 动画在教育、数字媒体艺术、广告等领域的研究较多，也有不少研究论文发表，主要分为四个方面，即人文艺术、技术应用、Flash 检索和教育应用。在人文艺术方面，专家指出 Flash 动画就是一种艺术作品，它的创作需要艺术修养，其研究重点是分析 Flash 动画的艺术表征和文化内涵等。例如，王波[1] 从技术与文化视角对 Flash 动画的艺术表征等进行分析，并指出 Flash 动画是一种新艺术手段，有着广阔的发展前景；洪波[2] 从艺术和审美的角度探索 Flash 动画，得出 Flash 动画的运动性、造型性、假设性、交互性、综合性、时尚性等艺术特征，并研究了其艺术表现手法上的美学规律和应用范围；石朝晖[3] 探讨了 Flash 技术在电影创作中的对象造型、场景构建和画面节奏等的应用研究；李珂[4] 研究了 Flash 动画在中国网络新闻传播中的重要作用；刘丹[5] 初步研究了 Flash 动画的视觉语言及其在网页设计中的应用，如字体的视觉表现、图形的艺术特征和色彩设计的形式法则。

在技术应用方面，人们主要研究 Flash 动画的文件结构、技术实现及应用领域。例

---

[1] 王波 . Flash：技术还是艺术 [M]. 北京：中国人民大学出版社，2005：20–58.
[2] 洪波 . Flash 动画的艺术特征及应用研究 [D]. 开封：河南大学，2007.
[3] 石朝晖 . Flash 技术在动画电影中的应用研究 [J]. 电影文学，2012（15）：52–53.
[4] 李珂 . Flash 在中国网络新闻传播中的应用 [J]. 当代电视，2003（6）：46–47.
[5] 刘丹 . 网页设计中的 Flash 动画视觉语言研究 [D]. 合肥：合肥大学，2006.

如，蔡丽娟等 ❶ 研究并提出了 Flash 动画交互性设计的原则；贾亮 ❷ 初步研究了 Flash 软件的特点及应用，并分析了 Flash 动画与传统动画的区别；何正国等 ❸ 研究了基于 Flash 的网络电子地图制作方法；张晓彦等 ❹ 针对 Flash 版权保护存在的问题和利用 Flash 进行隐秘通信的需求，提出了基于 Flash 动画的信息隐藏模型及其隐藏算法；马亮 ❺ 研究了 Flash 动画的交互性在数字媒体中的应用；邵军 ❻ 则系统研究了 Flash 技术在中国农民科普教育中的应用，初步探索了农民科普动画制作的思路。

在 Flash 检索研究方面，现有的少量支持 Flash 动画检索的多媒体搜索引擎也只是针对关键字进行索引。但 Flash 动画由多种元素组成，有着丰富的动态视觉效果及强大的交互元素，其内容结构也相当复杂，只用简单的关键字来描述是不全面的，必须基于内容来对 Flash 动画加以索引。

2008 年 7 月，谷歌收购 Adobe 公司，开始利用 Flash 技术来提高网络 Flash 动画的检索能力。但到目前为止，也只是能提取 Flash 动画里的文本、按钮等元素来帮助检索，而没有开始更高层语义的研究。一些 Flash 动画处理软件，如 JavaSWF、Swish 等，都是对 Flash 动画作品进行解析，提取出其中包含的元件、按钮、图像、文本等内容。

目前国际上关于 Flash 动画的高层次语义特征的研究很少。较早的有 2002 年美国卡内基 – 梅隆大学的杨骏等 ❼ 提出了基于 Flash 动画内容特征的三层检索模型——FLAME（FLash Access and Management Environment）框架，其将 Flash 动画的内容特征分为对象（Object）、事件（Event）和交互（Interaction）三个等级；在此基础上，构建表示层、索引层和检索层的三层框架。该框架模型为基于内容的 Flash 动画检索提供了研究方向，但是该框架后续的实际应用并没有展开。

---

❶ 蔡丽娟，曲国先 . 关于 Flash 动画中交互性设计的研究［J］. 艺术与设计，2007（3）：75-77.

❷ 贾亮 . 浅谈 Flash 技术分析与研究［J］. 硅谷，2009（18）：96.

❸ 何正国，陈锦昌，陈亮 . 基于 Flash 的网络电子地图［J］. 工程图学学报，2003（3）：77-82.

❹ 张晓彦，张晓明 . 基于 Flash 动画的信息隐藏算法［J］. 计算机工程，2010（1）：181-183.

❺ 马亮 . 论基于 Flash 动画技术的交互性动画在数字媒体中的应用［J］.2010（18）：5069-5070.

❻ 邵军 . Flash 动画在中国农民科普教育中的应用［D］. 北京：中国农业科学院，2010.

❼ JUN Y, QING L, WENYIN L, YUETING Z. FLAME: A Generic Framework for Content-based Flash Retrieval［EB/OL］.（2002-01-02）［2023-04-13］. https://www.researchgate.net/publication/239859359_FLAME_A_Generic_Framework_for_Content-based_Flash_Retrieval.

2004 年浙江大学丁大伟等 ❶ 利用模糊语义网络进行 Flash 动画的自动注释，提出了基于语义的动画、场景和组成元素的三层检索模型，开始提出 Flash 动画场景的概念，但是也没有进行具体的应用研究。哈尔滨理工大学艺术学院的朱晓薇 ❷ 进行了基于内容的 Flash 动画自动分类研究，首先提取出 Flash 动画的文件大小等元数据和文本、按钮等部分组成元素特征，分别利用判定树、神经网络、支持向量机算法将 Flash 动画自动分为游戏、卡通、MV、广告和教学课件五大类，结果显示神经网络算法进行的分类准确率最高。其研究只是对低层视觉特征的分析，没有研究高层语义特征。孟祥增等 ❸ 建立了本体、逻辑场景、视觉场景和元素对象的四层内容结构特征描述模型，并初步实现了基于内容结构特征的 Flash 动画学习资源检索系统的构建。刘磊 ❹ 对 Flash 动画的视觉场景进行了研究，用分块颜色直方图差值法划分视觉场景，其研究能够考虑颜色空间差异来判断 Flash 动画的视觉场景边界，达到了一定的分割效果，但固定全局阈值的使用容易产生误判和漏判，对视觉场景的视觉特征也没进行深入分析。

我国教育工作者大都使用百度、谷歌等搜索引擎进行 Flash 动画学习资源的检索，但这些搜索引擎对于 Flash 动画学习资源的索引基本上是基于网页标题、网络上下文、元数据中的关键字或关键词，检索效率和准确率不高。

在教育应用方面，郑小军 ❺ 提出了 Flash 教育资源的新概念，研究了 Flash 教育资源的内涵、构成、特性，归纳了学科教师收集、整理和利用 Flash 教育资源的方法技巧；季瑞芳 ❻ 研究了教育网站中 Flash 动画的设计与应用，阐述了 Flash 动画在教育教学中的功能，并基于不同学习阶段学生认知的特点，为不同学习阶段的 Flash 动画设计提出建议；刘海芹 ❼ 指出要发挥 Flash 动画在教学中的作用，一是要抓住不同类型 Flash 动画的

---

❶ DAWEI D, QING L, BO F, WENYIN L. Automatic Annotation of Flash Movies with a Fuzzy Semantic Network [EB/OL].（2004-04-01）[2023-04-13]. https：//www.researchgate.net/publication/4113096_Automatic_annotation_of_flash_MOVIES_with_a_fuzzy_semantic_network.

❷ XIAOWEI Z. Research on Automatic Classification Technology of Flash Animations Based on Content Analysis [J]. Journal of Multimedia, 2013（8）：693-698.

❸ XIANGZENG M, LEI L. On Retrieval of Flash Animations Based on Visual Features [J]. Lecture Notes in Computer Science, 2008（1）：270-277.

❹ 刘磊 .Flash 动画的内容分析与特征提取研究 [D].济南：山东师范大学，2008.

❺ 郑小军 .Flash 教育资源的理论研究与实践探讨 [J].电化教育研究，2002（2）：49-53.

❻ 季瑞芳 . 教育网站中 Flash 动画的设计与应用研究 [D].济南：山东师范大学，2008.

❼ 刘海芹 .Flash 动画在幼儿教育课件制作中的应用 [J].科技信息，2008（20）：387.

制作特点，二是要把握所面向的学生的年龄阶段和课程特点，采取不同的制作原则；孙香河 ❶ 研究了 Flash 动画在基础教育中的应用；徐海林等 ❷ 提出了 Flash 动画在体育科普教育中应用的可行性建议。

　　综上可见，学者们只是对 Flash 动画的检索框架和低层次视觉特征进行了探索，但很少有人从教育教学的角度对其进行深入研究。本书则对 Flash 动画学习资源的高层次视觉场景内容特征和画面情感特征进行了具体研究，采用颜色结合边缘密度的算法将 Flash 动画学习资源进行视觉场景分析；按学段和学科对不同 Flash 动画学习资源的视觉场景进行内容特征提取与分析；使用多种算法提取 Flash 动画的画面情感语义特征并进行了比较分析。该研究可以用于构建 Flash 动画学习资源索引库，完善基于内容的 Flash 动画检索系统 ❸，并使其能更好地服务于教育。

1.2.2　面临的挑战

　　（1）基于情感的课件需求越来越多。情感是贯穿于整个教学过程的纽带。近年来，情感教学在教育技术领域研究比较普遍，教育工作者对多媒体教学课件的情感化设计有了越来越高的要求。网络上存在的 Flash 动画学习资源在开发时或多或少都融入了创作者要表达的情感因素。但这些动画一般没有将要展示的情感内容显性地标记出来，而只是通过色调、音效、动作等予以描述。教育工作者在检索时如果要根据描述的情感来检索，往往得不到想要的多媒体课件。如何分析和管理网络 Flash 动画资源的情感内容，是研究者需要迫切解决的问题。

　　（2）大数据量的挑战。Flash 动画的诸多优势使得网络上涌现了大批 Flash 爱好者，从而短时间内产生了海量的 Flash 动画资源。这些资源良莠不齐，但数量惊人，仅仅一个 Flash 专题网站就有上百万个 Flash 动画。如此规模的动画资源使其检索成为一个难题。虽然 Adobe 公司决定在 2020 年就停止对 Flash 的技术维护，但网络各处存在的海量 Flash 动画资源在很长一段时间内还会在各个领域发挥其重要作用，新的 Flash 动画作品

---

❶　孙香河 . 二维矢量动画在基础教育中的应用［J］. 辽宁经济管理干部学院学报，2012（12）：104-105.

❷　徐海林，刘玉梅 . 浅谈 Flash 动画在体育科普教育中的应用［J］. 教育教学论坛，2014（48）：186-187.

❸　孟祥增 . 基于内容的 Flash 网络教学资源检索研究［J］. 电化教育研究，2009（9）：77-79.

也会层出不穷。各种 Flash 视频、Flash 游戏的生命力足够顽强，相信不会因为 HTML5 的发展而退出舞台。如何继续在教育教学中用好这些网络 Flash 资源是需要解决的一个难题。

（3）HTML5 的挑战。HTML5 的出现对 Flash 动画造成了巨大的冲击。HTML5 能否成为新的互联网标准还未知，Flash 技术何时将被淘汰也正在被广泛讨论。HTML5 正在成为网络下一代的网页语言标准。有着各种开源格式的支撑，网页将来不再依赖 Flash Player 作为浏览器插件来播放 Flash 动画、Flash 视频等。基于 HTML5，简单的语法标签就实现了这些功能，大大简化了网站开发与维护。HTML5 是增强版的标记语言，将来可能会成为一种协议标准，而 Flash 则是 Adobe 公司的一种单一厂商解决方案。用户要想观看网络上的 Flash 动画，就必须安装其 Flash Player 产品。这种垄断方式肯定不受各浏览器欢迎。随着 Apple 公司移动设备的崛起，Flash 更因为其先天的一些缺陷，将会慢慢退出移动端平台。用户上网使用的主流浏览器（如 IE、Firefox、Chrome 等），尽管都支持了 HTML5，但这并不意味着由 HTML5 构建的网络中不再需要 Flash 动画。人们也需要清楚，虽然 HTML5 可以实现和 Flash 相同的功能，但这段道路相当漫长。所以对 Adobe 来说，这不是末日，依旧可以升级 Flash，发挥其虚拟现实、视频播放、音频处理等方面的技术优势，与 HTML5 一起构筑强大的网络世界。

（4）智能交互媒体技术的挑战。智能交互媒体技术在教育领域的广泛应用是教育信息化发展的趋势。智能交互媒体是一种基于人工智能技术的新型人机交流媒介，其能够给予用户更大的参与空间与互动范围。智能交互媒体能依据学习者的个性特点，有效构建个性化的智慧学习环境及智能专家辅助学习系统，使教师和学习者产生充分的互动；也可以代替教师答疑、批改作业、评测学习效果。其促进了教学模式的变革与教学方式的创新，教学手段更加多样化。智能交互媒体技术涉及多学科领域，多项前沿技术已经成熟并开始普及，如图像识别、语音识别、人脸识别、文字识别、手势识别、脑电跟踪、自然语言理解、内容对象识别、目标跟踪控制、VR、AR、多点触摸技术、智能对话、眼动识别、表情识别、全息投影等。智能交互媒体能很好地处理计算机或智能设备与人的对话，以增加交互过程中的智能性和自然性，有力地促进教育教学中的信息反馈并进行学习控制。

智能交互媒体能使教育过程更加智能化、人性化、个性化、精准化、多元化，同时也为 Flash 动画带来了前所未有的机遇和挑战。Flash 动画是一种具有强交互功能的多媒体，同时具有强大的动作脚本创作能力，因此具有继续提升的能力。Flash 动画可以借鉴成熟的智能交互媒体技术，将智能化算法融入自身的脚本代码中，并开发与硬件的接口功能，这样能逐步向智能化交互媒体演变。因此，智能交互媒体技术为 Flash 动画的发展提供了技术依据，能很好地推动 Flash 动画的智能化发展。Flash 动画应该抓住这一机遇进行功能升级，否则就会被智能交互媒体淘汰。近年来，3D 和虚拟现实类的 Flash 动画层出不穷，这使得 Flash 动画向智能化更进了一步。

同样，在开发与设计 Flash 动画课件时也应该融入智能交互的理念，在现有交互功能的基础上，充分考虑教师与学生的视觉需求、听觉需求、触觉需求、嗅觉需求、设计需求等，借助智能化硬件设施，增强人性化的人机交互。在 Flash 课件的界面、功能、交互、视觉效果、场景结构等各方面都进行人性化、智能化设计，这样才能应对智能交互媒体技术的挑战，在多媒体教学领域占据一席之地。本书对网络 Flash 动画进行了全面介绍与分析，具体内容如图 1-1 所示。

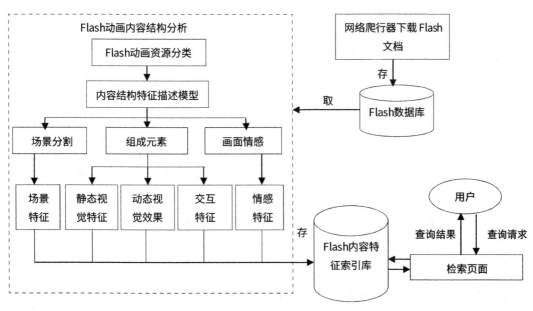

图 1-1　本书内容结构

教育信息化离不开数字化学习资源建设，数字化学习资源建设与管理的水平反映了教育信息化发展的水平。Flash 动画作为一种深受学生喜爱的数字化学习资源，研究其内容结构，实现内容管理，对网络 Flash 动画数字化学习资源建设、管理、应用具有积极意义。内容特征提取、基于内容的检索及教育应用等研究，也是本书重点研究的内容。本章对网络 Flash 动画数字化学习资源建设与内容管理相关理论和技术基础做简要介绍。

1.3 教育信息化与数字化学习资源建设

教育信息化的概念是在 20 世纪 90 年代伴随着美国信息高速公路的兴建而提出的。中国自 20 世纪 90 年代末开始出现"社会信息化"的提法,同时教育也在寻求改革和发展,"教育信息化"的提法也开始出现。政府的各种文件已经正式使用"教育信息化"这一概念,并高度重视教育信息化的工作。从时间维度上,一般将改革开放至 2018 年 4 月的教育信息化称为 1.0 时代;教育信息化 2.0 于 2018 年 4 月 13 日中华人民共和国教育部印发的《教育信息化 2.0 行动计划》正式提出,是教育信息化的升级,目标是要实现从专用资源向大资源转变,从提升学生信息技术应用能力向提升信息技术素养转变,从应用融合发展向创新融合发展转变。

教育信息化是指在教育教学中充分利用现代信息技术来创建学习资源、优化教学管理、促进教学改革,以最终达到教育现代化的目的。教育信息化具有开放、共享、交互、协作等教育特征及数字化、网络化、智能化和多媒体化等技术特点。教育信息化的核心内容是教学信息化。为了适应信息化社会中教育的新需求,需要把计算机、多媒体、大数据、网络通信等现代信息技术手段有效应用于教育教学全过程。

自 20 世纪 90 年代教育信息化概念提出以来,众多学者在多个领域研究了教育信息化,如家庭教育 ❶、特殊教育 ❷、高等教育 ❸、各学科教育 ❹❺❻❼❽ 等。黄荣怀 ❾ 系统论述了

---

❶ 高永超,王亮亮.家庭教育信息化助力农村留守儿童发展研究[J].当代教育实践与教学研究,2020(4):17-18.

❷ 刘洪沛,肖玉贤.特殊教育信息化平台研发:融合教育理念的创新实践[J].中国远程教育,2020(2):68-75.

❸ 张亮.高校教育信息化建设方法及对策研究[J].信息技术与信息化,2020(1):145-146.

❹ 张朝军.教育信息化下的数学课堂有效教学策略[J].学周刊,2020(3):148.

❺ 王定明.建设体育教育信息化的策略[J].学周刊,2020(3):156.

❻ 雷锡龙.教育信息化下高中地理教师思维僵化行为的转化策略[J].学周刊,2020(2):144.

❼ 何晓艳.教育信息化背景下语文课程资源开发与利用研究[J].学周刊,2020(3):35.

❽ 莫竞.《教育信息化 2.0 行动计划》背景下高校英语听力教学方法研究[J].科教导刊(上旬刊),2019(11):122-123.

❾ 黄荣怀.纪念改革开放 40 周年:教育信息化引领教育改革与发展[N].中华读书报,2019-03-27(19).

改革开放 40 年来，教育信息化的发展与成就；桑新民❶ 则系统研究了基础教育信息化的发展；刘名卓、祝智庭❷ 等具体研究了教育信息化服务标准体系框架。总体来说，教育信息化的研究自其提出以来从未停止，且随着信息技术的发展，吸引了更多的研究者置身其中。

教育教学资源建设是推进教育信息化的基础，数字化学习资源建设的水平反映了教育信息化的水平，教育信息化的发展依赖数字化学习资源的建设。数字化学习资源❸ 主要指以计算机多媒体技术为基础，经过数字化处理，可用于信息化环境学习或教学的多种媒体资源及多媒体集成的软件或支持系统等。其表现方式多样，包括数字视频、数字音频、动画、多媒体课件、在线学习网站、多媒体数据库等。新时代、新形势下，网络数字化学习资源建设显得尤为重要。

广义上讲互联网中的任何网站、网页、数据、文本、图片、影像、软件等信息资源均可用于教育和教学，都是数字化网络教育教学资源，也都是数字化学习资源。但在教学实践中，应用最多的是媒体素材、课件、教案、文献资料、试题、试卷、问题解答、网络课程等数字化学习资源。数字化学习资源在互联网中主要以网站、网页、文档、软件、数据库和图像、Flash、视频、声音、虚拟现实软件（包括教育游戏、虚拟实验）等形式存在，而每种形式的数字化学习资源又有多种文件格式。

网络数字化学习资源建设需要满足学习者获取的便捷性，能不受时空限制，随时实现学习信息的传送、接收、处理、存储和共享。尤其是数字化学习资源的交互特性，这使学习者无论是通过网络还是通过光盘学习，都可以实现信息的双向交流，能根据学习者的喜好展开学习，使学习者获得及时反馈，提高学习效率。交互特性使学习者不断修正与完善学习过程，完成知识结构的自主构建。吴向文❹ 认为交互性反映了学习资源支持教学交互的能力，它能直接影响学习者的学习效果，是评价学习资源质量的关键指标，并系统研究了多媒体画面的交互性，构建了多媒体画面交互性设计研究的理论框架。

❶ 桑新民. 基础教育信息化的反思与展望［J］. 中小学信息技术教育，2018（Z2）：43–47.
❷ 刘名卓，祝智庭，童琳. 教育信息化服务标准体系框架研究［J］. 现代远距离教育，2018（4）：28–35.
❸ 林亮亮，腾兴华. 浅谈数字化学习［J］. 软件导刊，2010，9（7）：185–186.
❹ 吴向文. 数字化学习资源中多媒体画面的交互性研究［D］. 天津：天津师范大学，2018.

余胜泉 ❶❷ 教授研究了学习资源建设发展的大趋势，指出随着移动互联网、智能终端、语义网、物联网、普适计算、增强现实、云计算、大数据等技术的飞速发展和联通主义、社会建构主义、分布式认知、情景认知等学习理念的蜂拥而起，数字化学习资源的重点建设成为必然趋势。叶成林等 ❸ 研究了多媒体数据库在数字化资源建设中的重要作用及其教育应用，指出多媒体信息现已成为计算机信息处理系统的主要数据资源。杨改学等 ❹ 研究了我国数字化学习资源建设存在的问题，并以精品视频公开课为例给出发展策略。夏欣 ❺ 认为数字化学习资源建设的价值在于提供更开放的学习计划、促进人的全面发展和人际的交往，并给出了数字化学习资源建设价值实践的路径。万力勇 ❻ 对数字化学习资源的网众互动生成机制进行了深入研究，认为网众互动生成是数字化学习资源建设的一种新视角和途径，并对数字化学习资源网众互动生成机制的相关概念、资源表现形式、理论模型、主要生成模式进行了解析。其他众多研究者 ❼❽❾❿ 还对数字化学习资源在教学中的具体应用进行了深入研究。

近年来，网络学习在我国得到大力推广。网络学习资源建设的好坏直接影响着网络学习效果的高低。目前网络学习资源建设取得了一定的成效，但是依旧存在着学习资源重复建设、资源质量良莠不齐等问题，网络学习还没有得到广泛重视，所以其建设也缺乏统一标准。当前，应该把构建统一的网络学习资源平台提上日程，且做到上传资源的质量监控。建立统一的分类标准才能够有效建设网络学习资源平台，提供高效的网络学习服务。

在网络学习全国范围大力推进的形势下，网络学习资源的建设尤其重要。如果网络

---

❶ 余胜泉.学习资源建设发展大趋势（上）[J].中国教育信息化，2014（1）：3-7.

❷ 余胜泉.学习资源建设发展大趋势（下）[J].中国教育信息化，2014（3）：3-6.

❸ 叶成林，徐福荫，任光杰.多媒体数据库及其教育应用[J].中国电化教育，2003（9）：100-103.

❹ 杨改学，王娟，孔亮.国内数字化学习资源发展策略研究[J].现代远程教育研究，2011（5）：40-44.

❺ 夏欣.数字化学习资源建设价值观研究[D].武汉：华中师范大学，2013.

❻ 万力勇.数字化学习资源的网众互动生成机制研究[D].武汉：华中师范大学，2013.

❼ 葛军.外语数字化学习资源视觉表征与视觉呈现设计策略研究[D].武汉：华中师范大学，2017.

❽ 李智.数字化学习资源在中职学校的应用研究[D].湘潭：湖南科技大学，2016.

❾ 曾洁云.用数字化学习资源点亮小学数学课堂[J].数学学习与研究，2019（23）：107.

❿ 单红军.信息技术教学中数字化学习资源的应用研究[J].成才之路，2019（18）：31.

学习资源的可信度、质量得不到保证，就会使学习者学习效果低下。同样，网络 Flash 动画学习资源的建设也缺少规范，缺少行业统一标准，这也是本书致力于解决的问题。

全国信息技术标准化技术委员会教育技术分技术委员会制定的中国网络教育技术标准体系（CELTS），其中教育资源建设技术规范（CELTS–41）是由教育部现代远程教育资源建设委员会编制的《现代远程教育资源建设技术规范》建立的，将教学资源建设分为四个层次：一是素材类教学资源建设；二是网络课程建设；三是资源建设的评价；四是教育资源管理系统的开发。在这四个层次中，网络课程和素材类教学资源建设是基础，是需要规范的重点和核心；第三个层次是对资源的评价与筛选，需要对评价的标准进行规范化；第四个层次是工具层次的建设，因网络课程和素材类资源的丰富多样，教育资源管理系统应具有强大的功能和高效性。

素材类教学资源主要分为八大类：媒体素材、试题、试卷、文献资料、课件与网络课件、案例、常见问题解答和资源目录索引。媒体素材是传播教育教学信息的基本材料单元，可分为五大类：文本类、图形图像类、音频类、视频类、动画类。

动画是利用人的视觉暂留特性，快速播放一系列连续运动变化的图形图像，也包括画面的缩放、旋转、变换、淡入淡出等特殊效果。通过动画可以把抽象的内容形象化，使许多难以理解的教学内容变得生动有趣。动画素材使用的文件为 GIF 格式、Flash 格式、AVI 动画格式、FLI/FLC 动画格式或 QuickTime 动画格式。

Flash 动画是基于矢量图形的多媒体动画，其强大的交互功能和完善的动作脚本功能使其可以创作任何作品，如广告、出版物、网站、游戏、课件、虚拟现实、电影、MV 等。Flash 动画可以兼容所有媒体格式：文本、图形、图像、视频、音频、动画等，但是却拥有着较小的文件体积，非常便于在网络上传输。这些优势使 Flash 动画一开始便受到广大网络用户的喜爱，涌现出大量的 Flash 动画专业网站，因此网络上迅速积累了海量的 Flash 动画资源。据统计，98% 的计算机端浏览器内置了 Flash Player 播放插件，足见人们对 Flash 动画的需求程度。相较于其他类型动画，Flash 动画在内容表达、网络传输、交互控制、动作脚本等方面均有着巨大的优势，而这些特点也是教育信息化所必需的功能。随着网络上教育类 Flash 动画资源的增多，教学工作者和广大学习者使用 Flash 动画学习资源辅助教学和学习的需求越来越大。

1.4 多媒体信息内容管理理论

随着计算机运算速度及网络技术的高速发展，网络上的数字化学习资源也迅速积累。如何对海量的网络数字化学习资源进行有效管理，将其进行快速高效地分类和检索，成为迫切需要解决的问题，其中内容管理就是很重要的一个手段。计算机技术处理得到的多媒体视频、音频、课件、图像等学习资源均包含了复杂的内容结构。不同的资源其内容结构、内容特征各不相同，在管理时应用的方法、手段也不同，形成的资源形态、分类也不同。比如，杨士强[1]将数字视频资源的内容结构分为关键帧、镜头、场景三个层次；徐新文[2]将数字图像资源的内容结构分为物理层、逻辑层和语义层三个层次。除了各数字化文件都具有的元数据特征外，数字化视频资源的内容特征包括播放速率、镜头数目、场景数目、色调、情感语义等，还包括视频包含的各文本、图像、音频的各项特征；数字化图像的内容特征包括颜色、纹理、形状、对象数、对象关系、主题、情感等。

内容管理是数字化学习资源建设的重要手段，所以一直以来都受到研究者们的关注，各类多媒体信息内容管理系统也层出不穷。张小刚等[3]以图像和视频为例，从结构和内容两个方面研究了 MPEG-7 描述多媒体内容的方法；在基于内容的多媒体数据库管理方面，李松涛等[4]和李国辉等[5]都展开了相应研究；杨媛媛[6]则深入研究了基于内容的视频拷贝检测算法，提出了多尺度视频序列匹配模型，能够对视频间相似片段进行较准

---

[1] 杨士强. 多媒体内容的描述、管理和检索及其技术标准：从 MPEG-7 到 MPEG-21 [J]. 现代电视技术，2004（5）：124-130.

[2] 徐新文. 基于 MPEG-7 框架的图像内容描述工具的研究 [D]. 长沙：国防科学技术大学，2003.

[3] 张小刚，丁振国. 基于 MPEG-7 的多媒体内容描述方法研究 [J]. 电子科技，2005（1）：34-37.

[4] 李松涛，钟建宁. 基于内容的多媒体数据库管理系统的研究 [J]. 计算机技术与发展，2008，18（12）：214-216.

[5] 李国辉，王辰，柳伟. 基于内容的多媒体数据库系统引擎 CDB [J]. 小型微型计算机系统，2004（7）：1113-1118.

[6] 杨媛媛. 基于内容的视频拷贝检测算法研究 [D]. 北京：北京邮电大学，2018.

确、快速的定位；张赛❶、杜永强❷、李东浩❸、钱戴明❹等都完成了多媒体视频内容管理系统的设计与实现；王成哲❺完成了多媒体内容管理及可视化系统的设计与实现。

1.5　基于内容的信息检索技术

互联网是信息的海洋，蕴藏着难以估量的信息资源。数字化学习资源在互联网中分布广泛，相对零散，没有特别的规律性。而且，在互联网中数字化学习资源的表现形式是多样的。在互联网中搜索想要的数字化学习资源需根据学习资源的类型进行搜索，有时还需要根据学习资源的文件类型搜索。例如，多媒体课件就有多种文件格式，如PPT、PPS、EXE、SWF 等。互联网中零散的、无规律分布的数字化学习资源可以利用搜索引擎搜索，有规律或相对集中的数字化学习资源可以从专业性资源网站或专题学习网站中检索获取。

搜索引擎利用网络搜索自动程序，按照某种信息资源搜索策略和方法在互联网中搜集各种相关的信息资源，对信息资源建立索引库，然后为用户提供相关领域、信息资源类型的查询服务。例如，雅虎（Yahoo）、谷歌（Google）、百度（Baidu）等著名的搜索引擎能够为网络用户提供多种网络信息搜索服务。

专业性资源网站汇集相关领域的各种类型的信息资源，如中图网（www.bookschina.com）、中国知网（www.cnki.net）、中国高等学校教学资源网（www.cctr.net.cn）、国家精品课程资源网（www.jingpinke.com）、国家数字化学习资源中心（www.nerc.edu.cn/FrontEnd/default.html）、中国教育资源网（www.chinesejy.com）等。这些专业教育网站包含了大量学校教学中常用的各学科课件、教程、教师教学博客、在线试题库、仿真教学产品等，供共享下载，从而推动现代教育技术在高等学校教学中的普及与应用，有利于高校教师更好地组织和实施多媒体、网络教学，提高教育信息化程度。

然而，面对全国网络学习的浪潮，各专业教育网站的资源远远不够。网络中的一

❶ 张赛. 多媒体视频的内容管理系统的设计与实现［D］. 北京：北京交通大学，2013.
❷ 杜永强. 多媒体视频内容管理平台的设计与实施［J］. 电脑知识与技术，2016（6）：204-206.
❸ 李东浩. 基于内容的短视频拷贝检测系统的设计与实现［D］. 北京：北京交通大学，2018.
❹ 钱戴明. 视频及多媒体内容管理系统的研究与实现［D］. 上海：东华大学，2011.
❺ 王成哲. 多媒体内容管理及可视化系统的设计与实现［D］. 哈尔滨：哈尔滨工业大学，2016.

些非专业教育资源，如影视网站的视频、专业设计网站的图像、娱乐网站的游戏和音乐等，都可以用作教育教学案例。这些优质的资源同样能对学生起到知识传递的功能，也属于网络数字化学习资源的一部分。但这类资源既没有统一的管理，更没有依据教育因素来进行索引，因此学习者想按照自己的意愿检索到这类资源比较困难。专业的搜索引擎基本依赖关键字进行检索，即用网页的标题、网页上下文中包含的特有关键字与检索者提交的关键字进行匹配来返回检索结果，这种索引方式有很大的局限性。网页标题不能全面描述一个网页中包含的所有多媒体资源的内容，而上下文也往往与网页中的多媒体资源相脱离，因此依据关键字进行检索的准确率和效率普遍不高。多媒体学习资源往往具有一些在网页中无法描述出来的特征，如图像中的对象关系、音频中的音调、视频中的运动等。如何对网络多媒体资源的内容信息进行合理、有效地组织、描述及索引，则成为信息检索领域需要解决的重要问题。因此，很多研究者展开了基于内容的信息检索技术的研究，即利用多媒体资源的内容特征来对其进行索引，并服务于学习者的检索需求。基于内容的检索涉及图像处理、视音频处理、模式识别、计算机视觉、自然语义理解、人工智能、大数据处理、认知科学、数据库系统等多领域的技术和理论，研究难度较大，多年来进展缓慢，但也吸引了更多的研究者投身其中。

从基于文本的信息检索技术到基于内容的信息检索技术的发展过程中，信息的特征标注经历了从手工到自动的演变。面对海量的网络信息资源，手工标注肯定要退出历史舞台。自动标注技术则包括多媒体信息的低层次内容特征提取和高层次语义特征的自动识别。低层次内容特征可以通过文件数据分析获得，而高层次语义特征则需要建立低层特征到高层语义的映射机制。后者多通过机器学习来实现，近年来尤其以基于卷积神经网络（Convolutional Neural Network，CNN）的深度学习的研究为主。

基于内容的信息检索技术[1]研究，按照研究对象分为图像检索[2]、视频检索[3]、音频检索[4]、动画检索[5]等，用到的算法则多种多样，如小波变换、神经网络、深度学习等，国内外各种基于内容的多媒体信息检索系统也应运而生。1996年，国际标准化组织（ISO）

---

[1] 赵英海.基于内容的多媒体视觉信息搜索研究［D］.合肥：中国科学技术大学，2010.

[2] 胡胜达.基于内容的图像检索技术研究［D］.北京：北方工业大学，2019.

[3] 胡志军，徐勇.基于内容的视频检索综述［J］.计算机科学，2020（47）：117-123.

[4] 秦静.基于内容和语义的音乐检索技术研究与应用［D］.大连：大连理工大学，2018.

[5] 孟祥增，徐振国，刘瑞梅.基于内容结构的网络 Flash 动画检索方法［J］.中国图书馆学报，2016（42）：83-95.

成立 MPEG 专家组开始制定"多媒体内容描述接口"，即 MPEG-7 标准，用规范化方法对各种媒体信息的内容进行描述，以服务于对多媒体数据的有效索引。

基于内容的信息检索主要是对图像、视频、音频等多媒体信息资源的内容特征进行索引与管理，主要涉及三个方面内容：①如何描述多媒体信息资源的内容特征；②如何提取多媒体资源的内容特征，包括高层语义特征；③如何计算内容特征与用户检索条件的相似度。各研究者分别对这三个问题的解决给出了不同的研究方案。

（1）多媒体信息资源的内容特征描述。对多媒体资源的内容特征描述用得最多的就是颜色、形状和纹理。也有奥利弗等❶ 提出的代表空间网络的整体表示——场景结构特征；达拉尔等❷ 提出的 HOG 方向梯度特征用于人体检测；以及吉姆等❸ 提出的用于给文本文档加水银图像的边缘方向直方图 EDH 特征等，这些均属于全局特征。后来出现了局部区域特征描述方法，如基于局部尺度不变特征的目标识别 SIFT 算法❹、使用形状上下文的形状匹配和对象识别 Shape Context 算法❺ 等。局部特征能较好地克服光照变化等影响，更好地描述图像区域内容特征。

（2）多媒体信息资源的内容特征提取。研究者对多媒体信息包含的高层语义特征的识别一般使用机器学习算法，分为有监督学习算法和半监督学习算法两种。贝叶斯分类器、支持向量机（SVM）、图模型等算法可应用于有监督机器学习算法；常用的半监督学习算法有高斯场与调和函数 GRF 算法、局部与全局一致性函数 LGC 算法等。齐国君等❻ 基于有监督机器学习，并结合两两概念间的联合分布关系完成了多标注视频概念检

---

❶ OLIVA A, TORRALBA A. Modeling the Shape of the Scene: A Holistic Representation of the Spatial Envelope［J］. International Journal of Computer Vision, 2001（42）: 3.

❷ DALAL N, TRIGGS B. Histograms of Oriented Gradients for Human Detection［C］. In Proceedings of the 2005 IEEE Computer Society Conference on Computer Vision and Pattern Recognition, 2005.

❸ KIM Y, OH I. Watermaking Text Document Images Using Edge Direction Histograms［J］. Pattern Recogn Lett, 2004（25）: 11.

❹ LOWE D G. Object Recognition from Local Scale-Invariant Features［C］. In Proceedings of the International Conference on Computer Vision, 1999.

❺ BELONGIE S, MALIK J, PUZICHA J. Shape Matching and Object Recognition Using Shape Contexts［J］. IEEE Trans Pattern Anal MACH INTELL, 2002（24）: 4.

❻ GUOJUN Q, XIANSHENG H, JINHUI T, MEI T, HONGJIANG Z. Correlative Multi-Label Video Annotation［C］. In Proceedings of the 15th International Conference on Multimedia, 2007.

测；严容等❶通过概率图模型算法挖掘概念间的依赖关系改善视频概念检测效果；李佳等❷基于统计模型方法进行了图像语言的自动标引；何晶锐等❸基于广义流形排序方法将已标注训练样本中的标注信息与待标注图像进行关联。

近年来，深度学习算法被更多地用于多媒体信息内容特征的识别。阿尔佐比等❹首次提出将双线性卷积神经网络模型应用于图像检索过程中；李军等❺提出序列描述模型，用可变长度特征序列描述图像，利用 Attention LSTM 网络来检测疑似物体并进行特征提取；诺赫等❻使用视觉注意机制的关键点检测技术结合卷积神经网络特征提取算法，能消除在较密集像素中获取内容特征所带来的噪声干扰；冉霞等❼采用了双步学习法图像内容特征的提取，首先通过矩阵分解方法预先学习获得所有图像的标签，再用这些标签和图像原本的标签进行卷积神经网络学习，这样的网络训练方式更适用于多标签的图像检索任务。

（3）多媒体信息资源的相似性量度。对于多媒体信息的相似度度量算法，研究分为以下几类：基于颜色特征❽的相似度度量；基于物体轮廓❾的相似度度量；基于分级有

❶ RONG Y, MINGYU C.Alexander Hauptmann. Mining Relationship Between Video Concepts using Probabilistic Graphical Models［C］. IEEE International Conference on Multimedia and Expo，2006.

❷ JIA L，et al. Automatic Linguistic Indexing of Pictures by a Statistical Modeling Approach［J］. IEEE Trans Pattern Anal Mach Intell，2003（25）：9.

❸ JINGRUI H，et al. Generalized Manifold-Ranking Based Image Retrieval［J］. IEEE Transactions on Image Processing，2006（15）：10.

❹ ALZU'BI A，AMIRA A，RAMZAN N. Content-Based Image Retrieval with Compact Deep Convolutional Features［J］. Neurocomputing，2017（1）.

❺ 李军，吕绍和，陈飞，等.结合视觉注意机制与递归神经网络的图像检索［J］.中国图象图形学报，2017（22）：2.

❻ NOH H，ARAUJO A，SIM J，et al. Large-Scale Image Retrieval with Attentive Deep Local Features［EB/OL］.（2016-12-19）［2023-5-12］.https：//arxiv.org/abs/1612.06321.

❼ XIA R，et al. Supervised Hashing for Image Retrieval Via Image Representation Learning［C］. AAAI Conference on Artificial Intelligence，2012.

❽ SWAIN M J，BALLARD D H. Color Indexing［J］.International Journal of Computer Vision，1991（7）：1.

❾ BIMBO A D，PALA P. Visual Image Retrieval by Elastic Matching of User Sketches［J］. IEEE Trans Pattern Anal Mach Intell，1997（19）：2.

序特征集合 ❶ 的结构特征相似度度量；显著性特征相似度度量（如几何哈希算法 ❷、语义层次相似度度量 ❸、基于学习算法 ❹ 的相似度度量）。诸多研究机构也开发出了众多原型系统，著名的有 IBMQ 的 QBIC❺、哥伦比亚大学的 VisualSEEK/WebSEEK❻、加利福尼亚州大学圣芭芭拉分校的 Netra❼、斯坦福大学的 WBIIS 及 Retrievr❽ 等。

❶ WILSON R C, HANCOCK E R. Structural Matching by Discrete Relaxation［J］. IEEE Trans Pattern Anal Mach Intell, 1997（19）: 6.

❷ WOLFSON H J, RIGOUTSOS I. Geometric Hashing: An Overview［J］. IEEE Comput Sci Eng, 1997（4）: 4.

❸ FAGIN R. Combining Fuzzy Information from Multiple Systems［J］.Journal of Computer and System Sciences, 1999（58）: 1.

❹ WEBER M, WELLING M, PERONA P. Unsupervised Learning of Models for Recognition［C］. In Proceeding of the 6th European Conference on Computer Vision, Springer-Verlag, London, 2000.

❺ FLICKNER M, SAWHNEY H, et al. Query by Image and Video Content: The QBIC System［J］. Computer, 1995（28）: 9.

❻ SMITH J R, et al. VisualSEEK: A Fully Automated Content-Based Image Query System［C］. In Proceedings of the Fourth ACM International Conference on Multimedia, MULTIMEDIA'96. ACM, New York, 1996.

❼ MANJUNATH B S, et al. Netra: A Toolbox for Navigating Large Image Databases［J］. Multimedia Syst, 1999（7）: 3.

❽ JACOBS C E, FINKELSTEIN A, SALESIN D H. Fast Multiresolution Image Querying ［C］. In Proceedings of the 22nd Annual Conference on Computer Graphics and Interactive Techniques, SIGGRAPH'95. ACM, New York, 1995.

第 2 章　网络 Flash 动画学习资源概述

Flash 动画能整合多种媒体元素，在学习内容表述上有着巨大的优势，其丰富的动态视觉效果和交互功能对于提高学习者的学习兴趣和热情具有很大的作用。对于教育工作者来说，Flash 动画能帮助教师拥有更多的教学手段，能更有力地获取与处理学生反馈，从而提高教育教学质量；对于学习者来说，Flash 动画能给予形象、生动的知识内容展示，并能进行交互和学习评价。但如何获取适合教育的 Flash 动画是一个关键问题。面对海量的网络 Flash 动画学习资源，要准确找到需要的动画，往往耗费大量检索时间。因此，有需求的学生和教师会选择放弃继续搜索 Flash 动画学习资源，这样就使 Flash 动画这种重要的资源无法得到充分利用。在对 Flash 动画内容进行分析之前，首先基于其教育特性来研究 Flash 动画学习资源的基本概念及其教育功能。

2.1　网络 Flash 动画学习资源分析

网络 Flash 动画学习资源作为网络数字化学习资源的一个种类，是表达教学内容的重要媒体，是一种方便且强大的教育与学习工具。本研究将使用 Flash 动画创作软件制作和发布到网络上的、能够用于教与学过程的作品统称为网络 Flash 动画学习资源，如 Flash 课件、Flash 游戏、Flash MV、Flash 卡通故事等。因此，Flash 动画学习资源同时具有课件、游戏、MV、卡通等类型动画的特点，是内容更全面、教育性更强的一种 Flash 动画资源。其中 Flash 课件是专门开发用来进行教育教学活动的 Flash 作品，是更具代表性的一种 Flash 动画学习资源，其融入了教育教学理念，能把抽象的科学知识或不易描述的物质现象形象化地呈现出来，借以提高教与学的质量。教育类 Flash 动画则范畴更为广泛，除了包含 Flash 课件外，还涵盖有教育意义的电影、短片、MV、游戏等。

2.1.1　网络 Flash 动画学习资源的特点

网络 Flash 动画学习资源是随着计算机技术、网络技术、多媒体技术及教育技术的发展而诞生的一种新型多媒体教育资源形式，具有以下特点。

文件体积小：这也是 Flash 动画的一般特点。由于 Flash 动画是基于矢量图形，而矢量图形有无限放大而不失真的特点，对图形进行缩放、变形等操作时图形也不会产生"锯齿"，文件大小仅与图形的复杂度相关，因而 Flash 动画文件占用存储空间小，更加适合网络传输。

开放性：此种学习资源可来源于网络，通过搜索引擎就可以检索并下载，所以是一种开放性的学习资源。其一般由一些教育工作者或者专业的开发人员制作并上传到网络，供网络用户共享。

交互性：交互特点在 Flash 动画学习资源中得到了充分的发挥，能根据学习者的指令进行展示，并对学习效果进行有效的评价。这能够让学习者有目的、有针对性地进行个性化学习，也可以方便获取学习效果反馈。

多样性：网络 Flash 动画学习资源的范畴很广，如 Flash 教育游戏、Flash 课件、Flash MV、Flash 广告、三维 Flash 动画等，都能够用来传授知识，应用于教与学过程中。

多媒体特性：这也是 Flash 动画的基本属性。Flash 动画可以包括文本、视频、音频、图形、图像在内的多种媒体对象，实现图、文、声并茂的内容展示。

广泛性：Flash 动画风靡全球，短时间内网络上积累了海量的 Flash 动画资源。随着教育信息化的发展，网络 Flash 动画学习资源数量也呈指数级增长。

无序性：发展迅速带来的缺憾是海量的资源缺乏管理，各 Flash 动画专题网站也没有统一的分类标准，各自为战，为网络检索带来了不便。

2.1.2　网络 Flash 动画学习资源的分类

各大 Flash 动画专题网站对其管理的 Flash 动画资源执行了不同的分类标准。一般情况下依据 Flash 媒体资源的应用领域和检索需求，将 Flash 资源划分为音乐 MV、电子贺卡、卡通动画、广告、课件、三维动画、网站、游戏及虚拟现实。[1]

本研究主要着眼网络 Flash 动画的教学特点进行分类。不同学习阶段、不同的学科及不同教学方式对 Flash 动画学习资源的要求不同，如小学阶段要求教学课件活泼、简单易理解；中学阶段要求课件严谨有深度；高等教育阶段要求课件内容具有实用性与创新性。美术要求画面质感高，数学要求课件逻辑性强，英语要求图、文、声并茂等。不同风格的 Flash 动画适合于不同的教学方式，如演示文稿风格的动画适合教学者教学用，习题交互式的动画适合学习者练习等。因此，本研究按照学段、学科、教学类型，将要研究的网络 Flash 动画学习资源分类如下。

学段：学前教育、小学教育、中学教育、高等教育、社会教育。

学科：科技、科学、品德、数学、英语、语文、音乐、美术、物理、化学、生物等。

教学类型：讲授型、练习型、实验型、情境型、娱教型。

本书主要将网络下载的 Flash 动画资源按此分类方式进行实验分析与研究。

2.1.3　网络 Flash 动画在互联网中的存在形式

在教育资源中，Flash 动画资源作为结合了文本、图片、声音等元素的综合体而存在，它能够极大地提高学习者的学习兴趣和热情，并且能够很好地帮助教学者增加教学多样性、完成教学任务和提高教学质量；然而，好的 Flash 动画教育资源的选择和获取就成为学习者和教育者面临的问题，而且也耗费了大量时间。对于当下教学任务繁重、教学时间紧凑的客观现实，学生和教师往往回避选择 Flash 动画教育资源，这样就导致了 Flash 动画作为重要的教育资源无法广泛使用的壁垒。如何为学生和教师按照教育特性选择好的 Flash 教育资源成为刻不容缓的难题，有必要对 Flash 动画教育资源在网络中存在的形式和 Flash 动画教育资源的定义进行分析总结。

存在形式又称之为引用形式，即 Flash 动画是如何被插入网页中来的。[2] 在 Web 网站中，Flash 动画一般以 SWF 格式文件独立存放在服务器上，然后通过链接、嵌入和脚本三种方式作为画面元素引用到页面中，这三种方式的特点如下。

[1]　孟祥增.Flash 网络教学资源的内容结构分析［J］.电化教育研究，2010（10）：81-85.
[2]　陈爱东.Flash 动画的内容提取与描述模型研究［D］.济南：山东师范大学，2010.

（1）链接方式容易实现。使用 <a> 超文本标记即可以文本超链接的形式将 Flash 动画呈现给使用者，课件、游戏、MV 等内容形式的 Flash 动画学习资源往往采用这种引用形式，一般通过网页中的上下文对链接的 Flash 动画进行功能性描述。此类方式的 Flash 动画可以通过单击右键，使用"另存为"的命令下载。

（2）嵌入方式较复杂。目前在网页中嵌入 Flash 动画主要是利用 Object 标签和 Embed 标签。作为网页背景、导航条、浮动广告等形式的 Flash 动画往往采用此种引用形式。嵌入方式引用的 Flash 动画需要分析网页源代码中的 URL 地址下载。

（3）脚本方式。通过使用 JavaScript 或 VBScript 等脚本形式，调用脚本函数对 Flash 动画资源进行显示。这种形式需要将播放器和脚本语言相结合，一般用来美化网站，如鼠标跟随等特殊效果。此种引用类型的 Flash 动画资源的下载较复杂，需要分析脚本的运行过程，从而截获 Flash 动画源地址。通过脚本引用 Flash 动画又分为以下几种情况：脚本中直接嵌入动画；脚本中利用函数显示动画；脚本中定义动画的地址为字符串再利用函数显示动画；脚本中定义对象，利用对象的方法显示动画；脚本中 Flash 路径与脚本文件中提取的服务器地址组合成 Flash 的 URL。

另外，还有不能识别式。它们表现的形式以网页中使用自定义的名称代替原始地址来显示 Flash 动画资源为主，其中包括大量推送的广告和符号信息等，不同用户在不同时刻打开网站时显示的 Flash 有所不同，对这类 Flash 进行分析和下载的意义不大。

在进行网络 Flash 动画爬取的过程中，需要根据不同的引用方式进行网页内容分析，获取 Flash 动画的 URL 下载。

2.1.4　网络 Flash 动画学习资源搜索

网络中存在海量的 Flash 动画资源，本书的研究需要从这些资源中搜索到可以为教育教学服务的 Flash 动画学习资源进行分析，但是如果人工方式下载与标注每一个网络 Flash 动画是不可行的，操作烦琐，且效率也十分低下。因此，本研究开发了网络 Flash 动画爬取程序（具体细节在第 3 章介绍）。该程序通过分析网页中与 Flash 动画相关的文本描述信息，判断动画在网页中的引用形式，自动将 Flash 动画下载到本地数据库，并将网页中与 Flash 动画相关的标题关键字、上下文信息、URL 等信息一同存入数据库，用于后期的内容特征分析，具体运行流程如下。

（1）种子网站设置。本研究中的 Flash 动画学习资源爬行程序需要手动设置爬行种子网站，程序首先对该种子网站的首页页面内容进行分析，下载首页内容包含的 Flash 动画及其相关信息存入数据库；然后将首页包含的所有链接 URL 都存入临时数据库，按照广度遍历算法——取出这些 URL 进行前述相同操作。

一般选择规模较大、包含 Flash 动画较多并且以教育为主题的网站作为网络爬行器的种子网站。确定种子网站的方法是通过百度、谷歌等搜索引擎，分别以"教育""Flash 动画""课件"等关键词组合进行检索，对排在前面的搜索结果进行分析，查看网站结构是否设计合理，是否含有 Flash 动画资源内容，是否贴合教育主题。如果符合要求，就记录该网址作为种子网站，存入爬行器系统的起始数据库。

（2）网页解析。网页解析模块首先将种子网页的主题信息与网页的文本代码提取出来，主题存入数据库种子网站的对应字段；然后基于前述 Flash 动画在网页中的引用形式，分析网页代码中是否包含 Flash 动画链接，如包含则将 Flash 动画链接数目及各动画链接地址存入数据库。进一步分析种子页面代码中包含的其他 URL，放入临时数据库等待队列，留待继续深度爬行。放入等待队列时，需要进行 URL 消重操作，避免同一个地址被多次遍历访问。一旦有一个重复地址，则重复访问的网址呈指数规模递增，耗费资源太多，效率极其低下。

（3）动画下载。动画下载模块从数据库将动画的链接地址取出，创建专门的线程运行下载程序代码，将扩展名为".swf"的动画文件下载到本地存储器，并将下载动画的文件名、网址、网页主题、上下文关键词等一并存入动画数据库，进行标注索引。

（4）网址遍历。该爬虫系统采用广度优先遍历算法，从种子网站 URL 开始，首先将种子网站主页中包含的 URL 依次存入临时数据库；主页分析完后，从临时数据库中取出第一个 URL 进行页面代码分析，并将该 URL 中包含的所有链接地址再依次存放在临时数据库的等待队列中；重复该步骤，依次从等待队列中取出 URL 进行分析，直到等待队列中的 URL 访问完。在将 URL 存入等待队列时一定要进行消重操作，确保无重复 URL 加入等待队列。

2.2 网络 Flash 动画在教育教学中的应用分析

如前所述，网络 Flash 动画学习资源泛指网络上共享的，能在知识传递过程中起到直接或间接作用的 Flash 作品。起到直接作用的 Flash 作品一般包括各种专门为了教育教学而创作的课件等，即基于教学设计理念，围绕一定的知识内容，结合特定的教学手段而创作的，主要用来进行教学辅助的 Flash 动画作品。这类 Flash 动画具有很强的教学目标和学科针对性，其面向的使用对象也很单一，即特定知识的学习者。该类动画的内容包含知识结构、重点难点、测验反馈等内容，可以直接应用于课堂教学或网络自学习。在创作该类动画时，需要专业的教育者参与其中，融汇先进的教育教学理念，因此在教育教学中，此类 Flash 动画的使用价值很高。但由于其开发成本较高，网络中专门的 Flash 动画学习课件较少，有些还需要收费使用。因此，在很多情况下，教师和学习者（统称为 Flash 动画需求者）会借助于有间接作用的 Flash 动画资源来解决问题。

有间接作用的 Flash 动画学习资源的范围较广，除了专门的 Flash 动画课件外，其他类型的 Flash 动画，如游戏、广告、MV、Flash 网站等❶，都可以被教师创造性地应用于教育与教学中，起到提高教学效果、辅助教学的作用。这些 Flash 动画资源由创作者根据个人喜好或者职业需求而创作产生，没有特定的教学内容和学习目的，也不针对特定的学习对象。此类动画的创作意图多样化，没有教育教学限制，海量存在于网络中，创作质量也是良莠不齐，但也存在大量高质量的 Flash 动画作品，这些作品可以在很多方面帮助学习者，能传递相关知识内容，如创作手法、实现技术、画面美工、创新创意等，一款 Flash 动画游戏就可以包含上述诸多能辅助教学的内容。

2.2.1　网络 Flash 动画在教育教学中应用的优势

Flash 动画具有体积小、传输快、易开发、多媒体、交互强等特性，在教育教学中应用具有以下优势。

（1）呈现多种媒体形式的教学内容。Flash 动画集文本、图形、图像、视频、音频等多种媒体于一身，能通过动态形式描述学习内容，生动形象。不同的媒体形式适合描述不同的学习内容，多种媒体可以灵活整合来表达各种学习内容。

（2）能够支持网络学习。Flash 动画其容量很小，适合网络传输。大量的学习内容可以以 Flash 动画为载体，在网络中共享。Flash 动画技术还支持微课、慕课、网络教学等各种在线学习形式。

（3）提供教学反馈。Flash 动画强大的交互功能使该类资源能够及时、准确地提供

---

❶　谭金波 . 基于规则的网络教育资源分类技术研究［J］. 中国远程教育，2010（3）：67–70.

学习者的学习效果反馈。比如，课件中每个章节都可以安排随机测验，学习者测试完毕可以直接给出测试结果和错误分析。

（4）满足个性化学习功能。学习者可以通过 Flash 动画实现自主学习，利用交互按照自己的喜好、进度进行学习活动。对于同一个 Flash 动画课件，借助导航、菜单等功能，不同的学习者会有不同的学习过程。

（5）能满足各阶段的学习者需求。Flash 动画能够创作满足从学前阶段到高等教育阶段的所有学习者需求。

（6）能支持模拟实验和仿真教学。Flash 动画的虚拟现实和三维动画功能可以很好地再现实验过程，使得不用实物设备就可以让学生了解实验过程和实验结果，达到仿真教学的目的。

（7）资源丰富，使用成本低。网络上存在海量共享的 Flash 动画学习资源，学习者可以随时下载自己需要的学习内容，省去了购买学习软件、学习资料的费用。

2.2.2 网络 Flash 动画在教育教学应用中的评价分析

本书推荐本系统中的 Flash 网络教育资源，系统中拥有 Flash 资源 539828 条，类型为课件结果集中包含了大量的教育资源，其中 Flash 类别是按照改进的 BP 神经网络分类算法并结合文本分类思想进行分类，具有较高的可信度和应用价值。检索出结果集有 13464 条记录，然后按照 ID 的顺序选择前 10000 条记录进行人工分析，并根据拥有"直接或间接使用价值"的 Flash 进行教育应用分析，得到 5113 条 Flash 教育资源。这些资源将成为 Flash 网络教育资源分析的对象，根据一定的原则进行进一步的人工分析。

从本书介绍的基于内容的 Flash 检索系统，得到 5113 条 Flash 教育资源，根据 Flash 教育资源的内容特征进行描述。

首先教育学科资源具有两种属性，即学科属性和学段属性。根据这两种属性分别对 Flash 进行分类，得到 Flash 分析结果，如表 2-1 所示。

表 2-1 根据学科和学段属性的 Flash 分析

单位：个

学段	学科							合计
	语文	数学	美术	英语	音乐	生物	其他	
学前	797	48	112	85	170	8	101	1321

续表

学段	学科							合计
	语文	数学	美术	英语	音乐	生物	其他	
小学	133	33	12	962	40	3	1	1184
初中	667	20	10	152	25	7	6	887
高中	75	0	0	1653	2	0	1	1731
合计	1672	101	134	2852	237	18	109	5123

从表 2-1 中可以简单了解到 Flash 在各个学段和各个学科的简单应用情况。以下对特定学科和特定学段的 Flash 进行详尽阐述，从 Flash 的教育性、艺术性、技术性和适应环境四个方面进行分析。

1. 学段分析

普遍的教育资源都会根据学习者的学段特性而进行区分，Flash 教育资源也不例外。学生在不同的学习阶段所能应用的 Flash 内容也会有所不同。无论是 Flash 课件的表现形式还是其内容艺术均会有很大的区别，本研究将从不同的学段来探究 Flash 课件在其应用中所存在的差异性。

1）教育性方面

教育性指在 Flash 完成教学任务中的那些内容，如简单单一问题、复杂关系问题、系统性问题和整体局部问题。按照这样的分类原则得到学段和教育性属性的 Flash 分析，如表 2-2 所示。

表 2-2　按照学段和教育性属性的 Flash 分析

单位：个

教育性	学段			
	学前阶段	小学阶段	初中阶段	高中阶段
简单单一问题	695	942	409	133
复杂关系问题	68	163	343	404
系统性问题	242	69	126	1193
整体局部问题	317	10	2	1
合计	1322	1184	880	1731

以下主要从学段入手，探究 Flash 课件在教育性方面的特性。

（1）学前阶段。从表 2-2 中可知学前阶段 Flash 课件有 1322 个，在所有人工分析资源中占比为 25.8%，可见，学前阶段能够大量使用 Flash 资源。现代儿童观已经对学前教育的课程设计产生了巨大影响，其中最重要的是在课程内容方面。在当代，学前阶段教学中已经涉及大量的课程，如兴趣班、技能班等，其中的学习内容严重超载。而该阶段学生思维发展水平处于直觉行动思维和具体形象思维阶段，对抽象的知识符号缺乏理解。这样不可避免地在传统教学中给学前阶段学习增添了难度，而多媒体课件的导入丰富了该阶段的教学设计，其中 Flash 课件表现最为明显。Flash 课件可以在课程内容的设计中表现出知识的生活性和真实性，使学前阶段的知识内容回归到直接经验，促进该阶段学生更好地学习。这样，再从各个知识内容角度分析该阶段的学习特性。

简单单一问题：关注是什么的问题，主要内容是指事实性知识。由于几乎没有知识基础，之前的教育都是父母的言传身教，所能理解的概念和常识需要在这里进行补充学习。这类 Flash 在该阶段学习中占比为 52.5%，如"这是花朵""这是字母 A""这是猫"等，主要将这类知识通过图形图像、解释说明的形式进行陈述，侧重于告知事实。

复杂关系问题：关注为什么的问题，主要内容是原理性知识。由于关系的认知需要对概念有很好的把握，基本的生活关系类常识都要在这里进行补充，学习难度较大。这类 Flash 占比为 5%，如"天为什么是蓝的""鸟儿为什么会飞"等，内容通过场景再现形式表现，侧重于理解关系。

系统性问题：关注改变什么和变成什么的问题，主要内容是条件和结果知识。简单的因果判断和逻辑判断需要通过这种形式，更能促进该阶段学习。这类 Flash 占比为 18.3%，如"天气阴了，会下雨"，"时间到了，要上学"等，内容通过故事讲解形式表现，侧重发散思维。

整体局部问题：关注从何而来的问题，主要内容是分清来源和归属。这类知识较为容易，也比较符合学前阶段的学习。这类 Flash 占比为 23.9%，如"兔子住在森林里""鱼儿生活在水里"等，内容通过讲故事和陈述事实形式表现，侧重解释说明。

总结建议：对于学前阶段学生，Flash 动画解决的问题主要集中在简单单一问题，通过描述客观事物来讲解故事，通过简单形象的图形图像吸引学生注意力并能传授相应知识是这类 Flash 关注的重点。

（2）小学阶段。从表 2-2 中可知小学阶段 Flash 课件有 1184 个，在所有人工分析资源中占比为 23.1%。可见，小学阶段也大量使用了 Flash 资源。小学阶段的学生有了一定的理解能力，处于重要的身心发育阶段，拥有很强的求知欲和好奇心，喜欢模仿，但是知识和价值观都不够成熟。导致他们在学习中更加强调内容的兴趣性，而且内容是可以被感知的具体形象的内容。由于语言理解力不强，在课件的制作过程中尽可能减少语言文字的表述，应更多使用图像、图形和声音，使学习内容更多地能引起小学生学习兴趣和注意。该阶段学科有了更加明显的划分，知识内容更加容易根据学科特性进行划分，这里再从学习的知识性角度分析其内容特性。

简单单一问题：关注更多的概念和名称知识。有了简单常识性认知之后，该阶段学生需要对很多学科的基础性知识有明显的了解，所以内容上需要更加注重知识性和真实性。这类 Flash 在该阶段的占比为 79.5%，如"什么是大自然""这是什么字""英文单词拼写"等，通过图形讲解形式表述。

复杂关系问题：关注更多的学科原理和学科定义知识。在学科的学习过程中，学生会遇到很多需要识记的定义，涉及很多关系和联系，所以在 Flash 内容上要强调逻辑关系和表述顺序。这类 Flash 占比为 13.7%，如"加减法运算原理""揠苗助长"等，通过故事讲解形式表述。

系统性问题：关注学科内的条件和结果知识。学科中的很多因果判断和逻辑判断需要通过这种形式。这类 Flash 占比为 5%，如"加减乘除运算题""成语应用填空"等，内容通过故事讲解形式表现。

整体局部问题：关注探究根源和文化类问题。学科中包含了很多基础的起源问题，这类讲解很少，占比为 0.8%，如《三字经》等，内容通过陈述事实形式表现。

总结建议：对于小学阶段学生，Flash 动画集中在简单单一问题，不同于学前阶段的 Flash 动画，这类 Flash 动画更加关注知识点的阐述且具有明显的学科性质，对知识讲解更加客观理性。语言方面选择教师的语气，知识的内容强调具体形象。

（3）初中阶段。从表 2-2 中可知初中阶段 Flash 课件有 880 个，在所有人工分析资源中占比为 17.1%。

初中阶段的学生要学习的内容增多、难度加深，该阶段学生同时面临较大的升学压力，在学习内容和学习方式上明显区别于小学阶段。很多学生出现了学习效率低下、学习困难等问题，最主要的因素是缺乏学习兴趣，无法真正融入学习当中，导致厌学。同时，大多数学生对学习的内容缺乏思考和系统化总结。这是初中阶段学习的最普遍问题，而新颖的 Flash 课件的教学应用会在一定程度解决这类问题。这类 Flash 更加强调对知识的理解。以下从学习的知识性角度分析其内容特性。

简单单一问题：关注学科内基础识记常识。这类 Flash 在该阶段的占比为 46.4%，如"历史事件""单词发音及拼写"等。

复杂关系问题：关注学科内复杂关系和复杂定理的陈述。这类 Flash 占比为 38.9%，如"勾股定理""英语语法讲解"等，通过故事讲解形式表述。

系统性问题：关注条件的改变和结果区分。这类 Flash 占比为 14.3%，如"英语应用时态和语境""发散作文讲解"等，内容通过情景再现形式表现。

总结建议：对于初中阶段学生，Flash 动画集中在简单单一问题和复杂关系问题，表述某一学科某一具体知识点，讲解更加富有逻辑性，学生对知识性的要求也较高，需要配合专业的讲解才能满足知识的讲授。

（4）高中阶段。从表 2-2 中可知高中阶段 Flash 课件有 1731 个，在所有人工分析资源中占比为 33.8%。该阶段学生的学习目的性强，思维也很独立，学习的自觉性很高，同时学生形成了自己的一些性格特性和学习特点。在这样的情况下，对教师的学科知识讲解及教学设计要求更加完善。由于该阶段学习内容更加沉重，学习难度明显提高，同时要面临高考压力，所以更加强调教学方法的选择和教学效益。Flash 课件的恰当选择将很好地帮助学生理解和加深记忆，同时给教师创造更好的教学效益。

以下从学习的知识性角度分析其内容特性。

简单单一问题：关注学科内概念，这类 Flash 在该阶段的占比为 7%。

复杂关系问题：关注定理的陈述，这类 Flash 占比为 23.3%。

系统性问题：关注条件的改变和结果区分，这类 Flash 占比为 68.9%。

总结建议：对于高中阶段学生，Flash 动画集中在系统性问题，在讲解知识方面更加强调知识的丰富性，在短时间内讲解大量而逻辑严密的知识，区别于其他阶段学生的需求，知识的专业性和学科知识的重难点是该内容的考虑方向。

2）艺术性方面

艺术性是指 Flash 在内容表述中的艺术形式，根据本章对 Flash 动画学习资源的描述，将艺术性分为简约符号化语言、不同绘画种类、民间传统文化汲取和拟人化的卡通形象四类，以下对其进行分析归类，如表 2-3 所示。

表 2-3　根据学段和艺术性属性的 Flash 分析

单位：个

艺术性	学段			
	学前阶段	小学阶段	初中阶段	高中阶段
简约符号化语言	739	628	187	1212
不同绘画种类	250	205	179	462
民间传统文化汲取	194	38	455	57
拟人化的卡通形象	139	313	59	0
合计	1322	1184	880	1731

（1）学前阶段。对于学前阶段的学生进行的教育活动，如同在白纸上作画，而他们又具备天生的感知和审美能力。这样就不能忽视该阶段学生对教学内容的艺术性要求，在教学中特别注意的是不能无视学前阶段学生的欣赏主体地位，不能轻视学前阶段学生审美感知力的培养，要帮助学前阶段学生树立正确的审美态度。这样在教学中就要求教师具备很好的艺术素养，在其使用课件和教学中格外注意。Flash 教育资源具备很好的教育特性和艺术表现力，在该阶段的教学中不可或缺。以下从学习的艺术性角度分析其艺术特性。

简约符号化语言：这类 Flash 在分析的学前阶段课件中占比为 55.9%。Flash 往往通过简单图形和线条表现内容，文字简单且大，颜色多为红和黄等暖色，追求简单单一；构图多为上下结构；通过似母亲或童声进行知识的讲解。

不同绘画种类：这类 Flash 占比为 18.9%。Flash 通过多维素描的形式表现实物内容，使实物更加形象。这类 Flash 只有几帧，没有声音和文字，需要教师自己对其描述。

民间传统文化汲取：这类 Flash 占比为 14.6%。Flash 通过引进日常生活中的经典形象如孙悟空、喜羊羊等形象，将知识内容通过这些形象的口吻讲述。

拟人化的卡通形象：这类 Flash 占比为 10.5%。Flash 将很多事物卡通化，如太阳、大树，从而对知识进行传达。

总结建议：对于学前阶段学生，Flash 动画的艺术表现要有乐趣性，拟人的图形图像的选择更加具有吸引力，颜色偏于暖色调，声音具有磁性，使用母亲和教师似的声音，简单的图形图像会更好地表述该阶段学生所需了解的知识。

（2）小学阶段。该阶段的学生已经具备一定的图形图像认知，也了解了有关美术绘画等方面的常识性知识，喜欢用五颜六色的颜色表达实物，也能鉴赏一些绘画作品。他们对颜色和形状的搭配要求变得苛刻，而且追求完美的形状和颜色的纯正。教师在课件的制作和选择上要符合内容，并且经常要询问学生的意见，激发学生的欣赏意识，一方面促进更好地选用课件，另一方面也培养学生的学习主体地位和艺术鉴赏能力。以下从学习的艺术性角度分析其艺术特性。

简约符号化语言：这类 Flash 在分析的小学阶段课件中占比为 51.3%。Flash 在图形图像的选择上注意形状完美，如正方形、圆形等，不出现不规则图形；颜色纯正鲜亮，文字简单明显；构图较为复杂，不能太过简单；通过拟教师声音进行知识的讲解。

不同绘画种类：这类 Flash 占比为 17.3%。Flash 多为国画、素描和版画等图像内容，形象饱满。

民间传统文化汲取：这类 Flash 占比为 3%。Flash 通过引进如灰姑娘、中国龙等国内外典型的形象，表现内容更加丰富。

拟人化的卡通形象：这类 Flash 占比为 26.4%。Flash 的卡通形象的选择更加多样，如羊、狼等形象，卡通化之后能更加引起学生情感共鸣和深化理解知识。

总结建议：对于小学阶段学生，Flash 动画集中在拟人的卡通形象上，这些形象类似卡通动画片将该阶段知识融于其中，既吸引了注意力又便于传达知识。在文化传统形象的使用中增添了知识的文化氛围，对学生文化素养的培养有很好的作用。

（3）初中阶段。初中生正处于青春期早期，审美意识初步形成，开始打扮和喜欢美的东西。随着知识面的扩大，他们的想象力和思维能力也更加丰富。初中生的审美观念、审美意识都有了很大的发展，有一定的审美追求。他们追求一定的审美趣味，能够分析一定的艺术作品和发现作品的问题。但他们的欣赏能力有限，由于缺乏知识基础，因此对高深的艺术作品缺乏欣赏能力。然而，初中生对生活中的很多事物在审美方面要求较高，对教师的课件作品也是一样。教师要选择更加具有艺术特色的课件和符合初中生认知的多媒体课件。具备艺术魅力的 Flash 作品，一方面可以激发学生的兴趣，另一方面也很好地培养学生的审美能力。以下从学习的艺术性角度分析其艺术特性。

简约符号化语言：这类 Flash 在分析的初中阶段课件中占比为 21.2%。Flash 在图形的选择上更加多样，注重构图，颜色搭配协调，注重知识内容和艺术表达相统一。

不同绘画种类：这类 Flash 占比为 20.3%。Flash 通过国画、素描形式表现内容，内容充实，形象饱满。

民间传统文化汲取：这类 Flash 占比为 51.7%。Flash 中有很多的文化特色，在表达知识内容的选择上更加多样，如坏人的形象、中国古建筑等文化符号。

拟人化的卡通形象：这类 Flash 占比为 6.7%。Flash 卡通形象的选择更加多样，如美国动漫、更加复杂的卡通作品。

总结建议：对于初中阶段学生，Flash 动画的表述更加偏重民间传统文化特色，学生更加讲求文化认同和尊崇传统概念，期待荣誉集体和文化认同。知识通过文化形象传达，更能吸引学生的认同和学习。

（4）高中阶段。高中阶段的学生在心智方面更加成熟，其中在 2011 年的《义务教育美术课程标准》也指出高中阶段学生要具备良好的美术欣赏和评述方法，了解文化生活和社会发展中的独特作用。在各学科教学内容上，都要注重培养学生对美的感悟，促进学生德、智、体、美等方面全面发展。他们对自己的爱好和审美更加完善，而且有个性化特点，追求与众不同。在教学中，教师更加注意自己的形象和知识的表述形式，Flash 课件的制作和选用要具备更加丰富的艺术特性。以下从学习的艺术性角度分析其艺术特性。

简约符号化语言：这类 Flash 在分析的高中阶段课件中占比为 70%。Flash 在图形和线条的选择上简单明白，没有复杂的修饰和辅助色彩，强调知识的清晰明了。

不同绘画种类：这类 Flash 占比为 26.6%。Flash 通过油画、国画、素描形式表现知识，强调知识的外延和哲学思考，使教学内容更加充实，如"一千个读者就有一千个哈姆雷特"。

民间传统文化汲取：这类 Flash 占比为 3.2%。Flash 将文化人物引入表述更加饱满的历史事件，如《三国演义》。

总结建议：对于高中阶段学生，Flash 动画集中在简单符号化语言，学生更加讲求知识性，对知识的逻辑性和丰富性要求高。学生学习更加自主，关注知识清晰表述和严密的思维，知识表述更加专业具体。

3）技术性方面

技术性是指在 Flash 制作中有无考虑与用户进行交互，如逻辑跳转、内容填充和复杂按钮交互等。根据本章对 Flash 动画学习资源的描述，将技术性分为无交互和有交互性两类，从技术性和学段二者关系进行分析，结果如表 2-4 所示。

表 2-4　按照学段和技术性属性的 Flash 分析

单位：个

技术性	学段			
	学前阶段	小学阶段	初中阶段	高中阶段
无交互	587	409	132	1491
有交互	735	775	749	240
合计	1322	1184	881	1731

（1）学前阶段。学前阶段学生（2~7岁）不能熟练地运用复杂的逻辑思维去思考，需要使用大量的视觉符号感受外界事物。该阶段的学生注意能力差，自主学习差，对常见事物的敏感性会减弱，在课件的展示和界面的选择上尤为注意。符合学前儿童心理的交互界面认知才能保证学生的有效学习。Flash 课件运行逻辑讲授顺序，对该阶段的学生影响很大。以下从学习的技术性角度分析其艺术特性。

无交互：这类 Flash 占比为 44.4%。基本按照顺序结构展示内容，时间短、帧数少。往往通过几个画面展示知识内容，引起学生注意即可。

有交互：这类 Flash 占比为 55.6%。这里的交互指简单的按钮交互，如字母发音练习、暂停按钮等。

总结建议：对于学前阶段学生，无交互的 Flash 动画可以长时间吸引学生注意，引起学生关注思考，如卡通动漫的形式，有交互则体现在教师有目的地指导学生模仿学习。它们的区别侧重学生的吸收程度和注意程度。

（2）小学阶段。根据皮亚杰学派的理论，小学阶段学生（7~12岁）处于具体运算阶段。他们不再受感知和表象的支配，但其感知依靠真实实物，思维方式离不开现实的具体事物。他们的情感表现也具有情景性，会因受到表扬而高兴，因批评而难过，情感表达也很直接。所以，多媒体课件的选择要贴近直接的情感表述和拟人化的实物表达。该阶段学生学习所使用的 Flash 课件也会符合这些特性，以下从学习的技术性角度分析其艺术特性。

无交互：这类 Flash 占比为 34.5%。每条 Flash 课件能够表述一个知识点，追求简单单一。运行长度较短，一般为 4~6 分钟。往往模仿课堂授课的形式表述。

有交互：这类 Flash 占比为 65.4%。交互内容包括字词填写、练习题总结反馈、运行逻辑选择。教师按照教学进度和学生反馈进行交互。

总结建议：对于小学阶段学生，专业学科开始区分，Flash 动画在关注简单的学科知识点上。一方面，为了表述方便，教师可以进行交互式教学；另一方面，学生有了自学意识，Flash 动画可以通过练习交互增加知识的理解和掌握。

（3）初中阶段。根据皮亚杰的儿童发展阶段的理解，初中阶段（12~15 岁）属于形式运算阶段，拥有了较为完善的思维能力，能够根据逻辑进行推理和判断。他们对事物的感知也从具体发展到抽象，能够有自己的理解和想法。该阶段的学生有自我的概念，希望自己能融入课堂中，成为学习主体。多媒体课件注重交互和学生的情感交流，学习氛围的营造更加重要。Flash 课件能够充分考虑到这些因素，进行场景的布置和知识的表述。以下从学习的技术性角度分析其艺术特性。

无交互：这类 Flash 占比为 15%。通过完整知识的连贯式讲解，教师进行分析和知识汇总。学生在其中有思考和反思。

有交互：这类 Flash 占比为 85%。包括教师对课件的交互，以根据学生的反馈信息控制授课内容来把控课堂和学生的交互，自己控制学习内容或自测。

总结建议：对于初中阶段学生，Flash 动画的交互性要求较高，学生通过连续动画掌握的知识有限，知识的逻辑更加严密，作业压力较大，要求教师在使用 Flash 动画课件时增加知识的逻辑性。

（4）高中阶段。该阶段的学生思维方式已经成熟，拥有完善的思考能力。他们的学习具有了很强的目的性，对教师授课方式也有了不同的偏好，有自主判断能力。在教师进行多媒体课件教学时，学生会有积极的反馈和思考。该阶段的 Flash 课件更加强调知识性。以下从学习的技术性角度分析其艺术特性。

无交互：这类 Flash 占比为 86.1%。包括知识的连贯性讲解，时间较长，学生根据需求进行简单的暂停和重复讲解，并根据自身特点进行交互。教师则通过在课件的连贯表达中进行暂停给予学生思考的时间或最后进行分析总结。

有交互：这类 Flash 占比为 13.9%。这类 Flash 占比较少，教师根据教学设计原则对 Flash 课件的运行逻辑进行控制，学生则根据自学类课件进行自查和练习。

总结建议：对于高中阶段学生，Flash 动画关注某一具体学科的具体知识点，需要以连贯的方式讲授详细内容，对知识点的总结也是这类 Flash 的关注点，所以这类 Flash 更适合自学和知识复习。

4）适用环境方面

课程作为学校进行教学的主要载体，课程的类型反映出教学内容、教学主体和教学目标的关系。所谓适用环境特性指在 Flash 课件应用于不同类型课程中所表现出来的特性，包括教师讲授、练习实践、实验和娱乐四种方式结合学段进行人工分析总结，如表 2-5 所示。

表 2-5　按照学段和适用环境属性的 Flash 分析

单位：个

适用环境	学段			
	学前阶段	小学阶段	初中阶段	高中阶段
讲授方式	730	215	714	625
练习实践方式	388	334	74	1054
实验方式	166	48	18	0
娱乐方式	38	587	74	52
合计	1322	1184	880	1731

（1）学前阶段。学前教育指幼儿园教育。在《幼儿园教师专业标准（试行）》中提到，幼儿园教师所进行的教学活动要以幼儿为本，其中最重要的指向是在课程实施的决策上。学科教学活动类型要符合学前阶段学生的身心发展规律，从而决定了课程内容和实施的方式，如"活动课在幼儿教学中的重要地位""游戏的体验的重要性"等。随着信息技术的不断发展，数字化学习资源在教学中表现出了重要的地位，而幼儿阶段的多媒体课件也在不断丰富。课件的选择更加注重课程类型和学生情感参与的匹配，而 Flash 课件与其课程类型的选择和适用环境有很大的关联。以下从学习的适用环境性角度分析其适用环境特性。

讲授方式：这类 Flash 占比为 55.2%，表现形式包括"讲授小故事""对话演练"等。

练习实践方式：这类 Flash 占比为 29.3%，表现形式包括"字母拼写练习""简单颜色涂鸦"等。

实验方式：这类 Flash 占比为 12.5%，表现形式指"虚拟现实"。

娱乐方式：这类 Flash 占比为 2.8%，表现为"游戏活动"。

总结建议：对于学前阶段学生，讲授式授课是主要形式，Flash 动画通过完整的知识片段吸引学生注意，使学生产生兴趣是这类 Flash 的主要任务。从 Flash 动画感受知识特点再进行模仿，从而促进学习发生。

（2）小学阶段。小学阶段的学习，学科进一步区分，知识更加全面。课程设置密集，课程类型多样，完全区分于学前教育。教师需要有效地衔接幼儿园教育和小学教育，合理降低课程难度和使教学方式多样化，建立有效的评价体系。在课件的选择上，注意适用环境和应用时间。以下从学习的适用环境性角度分析其适用环境特性。

讲授方式：这类 Flash 占比为 18.1%，表现形式包括"课文朗读""模拟课堂授课"等。

练习实践方式：这类 Flash 占比为 28.2%，表现形式包括"练习题""测试考试"等。

实验方式：这类 Flash 占比为 2%，表现形式为"模拟实验室"。

娱乐方式：这类 Flash 占比为 49.5%，表现形式为"游戏""音乐"。

总结建议：对于小学阶段学生，Flash 动画教学实践时讲授方式和练习可以很好地传达知识点，富有乐趣的场景表述会营造不同的课堂氛围，对创新性课堂的建设有启发作用，促进学生的知识理解。

（3）初中阶段。从全球范围看，该阶段都被认为是要提高人的科学素质。在课程设计的取向上将课程内容和组织形式相结合，课程结构上要求以学生的经验来整合知识和社会实践。应用课件要符合初中生的身心发展特点，结合 Flash 课件的应用环境。以下从学习的适用环境性角度分析其适用环境特性。

讲授方式：这类 Flash 占比为 81.1%，表现形式包括类似课堂授课和创设知识情景，这也是这个阶段的学生更加容易接受的上课方式。

练习实践方式：这类 Flash 占比为 8.4%，表现形式包括"练习题""测试考试"等。

实验方式：这类 Flash 占比为 4%，表现形式为"模拟实验室"。

娱乐方式：这类 Flash 占比为 8.4%，表现形式为"游戏""音乐"。

总结建议：对于初中阶段的学生，Flash 动画集中于以讲授方式授课。学科特性和知识性的增强，对 Flash 动画的知识传授要求增强，学生更加注重传统教学方式，渴求知识简易明了，表述连贯。

（4）高中阶段。按照国家对高中阶段学生教育的要求全面发展、因材施教、追求正确价值观形成等特点，课程的设置上表现为必修课、选修课、实验课、活动课等课程类型结构。不同的课程类型对知识的要求掌握有很大不同，同时应用不同的评价体系。因此，不同课程类型中应用的教学方法和教学授课形式应有所区别。其中，作为优秀的多媒体课件，Flash 具有很强的功能性，以表述不同类型的知识内容。以下从学习的适用环境性角度分析其适用环境特性。

讲授方式：这类 Flash 占比为 36.1%，表现形式包括类似课堂授课和创设知识情景。

练习实践方式：这类 Flash 占比为 60.8%，表现形式包括"练习题""测试考试"等。

娱乐方式：这类 Flash 占比为 3%，表现形式为"游戏""音乐"。

总结建议：对于高中阶段学生，Flash 动画集中表现在讲授和练习实践课程上，用于知识情景促进理解，练习促进记忆。在短时间理解掌握大量知识，是这类 Flash 动画制作的出发点和评价依据。

2. 学科分析

所有的教育资源都有很强的知识性，而知识性又有很鲜明的学科特性，Flash 教育资源也不例外。不同学科的内容组成和评价体系都有很大的区别，所以 Flash 课件的形式在不同学科中的表现也有差异，本研究将从不同的学科来探究 Flash 课件在其应用中所存在的差异性。在第 2 章已经对 Flash 教育资源的内容特性进行了分析，以下从教育性、艺术性、技术性和适用环境四个方面分别对其进行归类总结。

1）教育性方面

教育性具体是指在 Flash 完成教学任务中的内容，如简单单一性问题、复杂关系类问题、系统性问题、整体局部问题。从学科和教育性二者关系进行分析，结果如表 2-6 所示。

表 2-6　按照学科和教育性属性的 Flash 分析

单位：个

教育性	学科					
	语文	数学	美术	英语	音乐	生物
简单单一问题	690	68	106	1059	169	8
复杂关系问题	384	18	14	560	2	0
系统性问题	667	8	0	1166	64	8
整体局部问题	281	6	4	67	2	6
合计	2022	100	124	2852	237	22

以下将主要从学科入手，探究 Flash 课件在教育性方面的特性。

（1）语文。中小学语文教学的目的是掌握丰富的语言文字知识、培养良好的语言表达能力和提高语文素养。但实际教学中存在教学目标表述不细致和教学内容选择不当的问题。为了更有效地解决这些问题，要借鉴语言学基础理论，强调教学目标，引导学生了解民族文化，准确理解语文知识和熟练掌握表达能力。以下从学习内容角度分析其教育性特性。

简单单一问题：此类 Flash 占比为 41.2%。内容包括字词书写、拼音的发音、词组和成语的解释、文学常识和名人简介等。

复杂关系问题：此类 Flash 占比为 22.9%。内容包括字词造句、小故事短文朗读、古诗词背景和含义讲解等。

系统性问题：此类 Flash 占比为 39.8%。内容包括《三字经》《弟子规》类知识、《三国演义》讲解和类似课外读物。

整体局部问题：此类 Flash 占比为 16.8%。内容包括情感类读物、励志类、哲理类读物等。

总结建议：对于语文学科，知识点主要集中在简单单一问题和系统性问题。在词语含义讲解和文学常识识记等方面，Flash 可以形象表述知识点和富有文化气息的环境创设，这些都对语文知识的记忆理解有很大帮助。

（2）数学。数学课程发展到现代越来越注重现实应用的意义，在这种思想的影响下，当代数学教学更加注重数学教学的情景化。数学教学不再是简单地传授和获取，而是发问、数学思考、解释、拓展应用的思维过程。要充分发挥教师在情景教学中的作用。Flash 作为重要的数字化资源，在教学活动中可以很好地表现创设情景和进行知识推理，引发学生思考。以下从学习内容角度分析其教育性特性。

简单单一问题：此类 Flash 占比为 68%。内容包括加减乘除运算、数学概念和定律的讲解等。

复杂关系问题：此类 Flash 占比为 18%。内容包括分数的理解、数学问答题的解答、数学概念的对比和关联讲解等。

系统性问题：此类 Flash 占比为 8%。内容包括九九乘法表的记忆、数学思维导图构建等。

整体局部问题：此类 Flash 占比为 6%。内容包括数学故事、数学推理、发散思维等。

总结建议：对于数学学科，Flash 动画集中在简单单一问题和复杂关系两个方面，通过概念讲解和逻辑推导，对数学知识理解和推导记忆有很大促进作用。数学知识被形象生动地演绎对提高学生学习兴趣也有很大帮助。

（3）美术。中华人民共和国制定的《义务教育美术课程标准（2011 年版）》提出，美术学习要注重美术知识与技能的学习。Flash 课件在美术课上可以很好地展示美术常识，同时方便教师进行指导式教学。以下从学习内容角度分析其教育性特性。

简单单一问题：此类 Flash 占比为 85.4%。内容包括图形、图像和颜色的识别及作图等。

整体局部问题：此类 Flash 占比为 11.2%。内容包括：简单图像搭配、颜色搭配等。

总结建议：对于美术学科，Flash 动画集中在简单单一问题和整体局部问题两个方面，通过颜色搭配和图形图像的结合，对学生整体把握绘画有很大帮助。

（4）英语。在我国颁布的《普通高中英语课程标准（实验）》中，强调要了解英语的文化属性，要加深对英语国家的了解和对比本土文化的差异性。同时，在英语改革中，强调语言不只具有工具属性，更重要的是文化属性，而在英语教学中往往忽视了这一点。Flash 课件在英语知识表述中通常能通过创设虚拟化的情景很好地涉及这一点，以下从学习内容角度分析其教育性特性。

简单单一问题：此类 Flash 占比为 37.1%。内容包括单词发音及拼写、词性词义讲解等。

复杂关系问题：此类 Flash 占比为 19.6%。内容包括语法讲解、语境和时态讲解等。

系统性问题：此类 Flash 占比为 40.8%。内容包括对话类口语讲授、英文童话和课文讲解、课外读物等。

整体局部问题：此类 Flash 占比为 2.3%。内容包括英文发展史、英文单词识记法等。

总结建议：对于英语学科，Flash 动画集中在简单单一问题和系统性问题方面，通过情景模拟和练习识记，学生能很好地理解和记忆英语单词和对话，掌握语义和场景的重要性，从死记硬背到理解记忆，对英语知识点的学习有很大帮助。

（5）音乐。中小学音乐自课改以来，教学内容的形式发生了很多改变，最重要的改变是强调从知识为重到学生的情感体验为重的转变，要将课堂中的讲授内容表现为师生共同探索。更多的音乐教师选用多媒体课件进行音乐知识展示，Flash 课件表现尤为突出，以下从学习内容角度分析其教育性特性。

简单单一问题：此类 Flash 占比为 71.3%。内容包括音乐符号识别和节拍的掌握等。

系统性问题：此类 Flash 占比为 27%。内容包括对歌词和音调进行有意义的记忆、歌曲的演唱等。

总结建议：对于音乐学科，Flash 动画集中在简单单一问题方面，通过富有表现力的表述和场景阐述音乐符号，把握音乐节奏，帮助理解音乐背后的意义，促进学生感情投入，增强学习兴趣。

（6）生物。中小学阶段对自然生物课程的学习可以加强学生对自然环境的关注和对人与自然的思考。多媒体课件的使用能够使学生更好地体会自然科学的魅力，培养学习生命科学的兴趣。Flash 课件作用显著，以下从学习内容角度分析其教育性特性。

简单单一问题：此类 Flash 占比为 36.3%。内容包括动植物识别、自然概念简介、生物基础概念讲解等。

系统性问题：此类 Flash 占比为 36.3%。内容包括生态系统讲解。

整体局部问题：此类 Flash 占比为 27.2%。内容包括生物生长介绍。

总结建议：对于生物学科，Flash 动画集中在简单单一问题和系统性方面，通过图形图像的识别和生态系统的动态变化，帮助学生识记和理解生物常识。通过生动的形象演绎，促进学生的学习兴趣和学习意识。

2）艺术性方面

艺术性具体是指在 Flash 完成教学内容表述中的艺术风格，包括简约符号化语言、不同绘画种类、民间传统文化汲取和拟人化的卡通形象四类。从学科和艺术性二者关系进行分析，结果如表 2-7 所示。

表 2-7　按照学科和艺术性属性的 Flash 分析

单位：个

艺术性	学科					
	语文	数学	美术	英语	音乐	生物
简约符号化语言	645	61	8	1870	138	10
不同绘画种类	192	0	0	649	0	0
民间传统文化汲取	693	0	0	3	2	0
拟人化的卡通形象	142	39	116	330	97	12
合计	1672	100	124	2852	237	22

以下主要从学科入手，探究 Flash 课件在艺术性方面的特性。

（1）语文。《中小学语文课标（2011 年版）》强调阅读和写作的重要意义，并能熟练掌握语文知识的表达和交流。强调语境的重要性，包括文本语境、社会语境和作者语境。让学生真正融入语境的体验和教学当中，将语文的情景性与知识性联系起来。要求中小学教师更好地创设情景，Flash 课件在其中可以充当很重要的角色。以下从学习内容表达角度分析其艺术性特性。

简约符号化语言：此类 Flash 占比为 38.5%。符号化语言的运用内容只是在一些提示或者重点上，它们更多地充当凸显内容的角色，而不会作为主要成分呈现，这类语言的使用也有一定程度将知识简化的作用和将刻板的生僻汉字形象化的作用。

不同绘画种类：此类 Flash 占比为 11.4%。日常生活已经对经典文化中的形象有了解，如孙悟空形象在剪纸、电视和动画片中，其形象都有不同，而不同的形象对学生的认知和吸引力均有不同，Flash 在制作上要尽可能根据知识内容刻画其形象。

民间传统文化汲取：此类 Flash 占比为 41.4%。例如，中外文化中经典典故和著作中的故事。

拟人化的卡通形象：此类 Flash 占比为 8.4%。形象的卡通形象有助于文化人物的塑造，其中夸张和抽象手法的使用加强了知识表述力度。

总结建议：对于语文学科，Flash 动画集中在简单符号化语言和民间传统文化汲取两个方面，通过简单的语言符号表述，使用民间传统文化进行情景营造，促进语文知识的语境和语义的理解，帮助语文常识被有意义地识记。

（2）数学。在中小学数学教学中强调问题归纳和推理，要求教师能够根据学生的思维设置合理的问题，恰当地引导，准确地总结表述。课件的制作和选用更加强调合理的逻辑和准确的条件表述，Flash 课件能够很好地做到这些。以下从学习内容表达角度分析其艺术性特性。

简约符号化语言：此类 Flash 占比为 61%。把生僻的一个一个数字符号物化成现实中的实物，通过实物动态演示，有助于学生理解和掌握数学原理。

拟人化的卡通形象：此类 Flash 占比为 39%。卡通形象主要是陈述知识的形象，拉近数学知识与学生的距离，为数学知识讲解提供桥梁。很多课本上的数学知识与学生缺乏交流沟通，导致学生厌烦，从而增添了学习难度，此类 Flash 的使用很好地解决了这个问题。

总结建议：对于数学学科，Flash 动画集中在简单符号化语言和拟人化的卡通形象两个方面，简单的符号化语言和卡通形象能使数学知识表述更加简洁，使刻板的数学常识更加形象和富有乐趣，注重逻辑表述会促进学生的理解和掌握。

（3）美术。现代中小学美术教育注重学生想象力的培养，因为想象力比知识更加重要。而要做到这些，美术教学可以将文学作品、音乐和不同绘画材料等内容引进课堂中来。丰富美术课堂，为课堂增添更多元素，有利于培养学生想象力和创造力，Flash 课件可以很有效地做到这些。以下从学习内容表达角度分析其艺术性特性。

简约符号化语言：此类 Flash 占比为 6.4%。主要是图形的简单绘画，学生在看或者自己练习时，符号化语言会使作图的过程更加贴近生活，使作图变得更加有趣，增加学生的学习主动性。

拟人化的卡通形象：此类 Flash 占比为 93.5%。这部分 Flash 主要是指作图的对象为卡通形象，学生在对其作图的过程中，能增加自己的理解和创作热情。学生通过这些形象的作图，达到图形图像创作的结合，加深学生对美术作图的理解和掌握。

总结建议：对于美术学科，Flash 动画主要以拟人化的卡通形象为主，为学生的颜色搭配和图形图像设计增添乐趣，也能促进学生从整体把握作品，灵活的搭配方式也为整体设计提供灵感。

（4）英语。最近颁布的《英语课程标准》指出，中小学英语学习的内容包括语言技能、语言知识、情感态度、学习策略和文化意识。然而，在实际教学中往往忽视学生情感态度和文化意识的学习内容，导致学生死记硬背英语知识，无法真正使用学到的内容，Flash 课件的使用能很好地弥补这一点。以下从学习内容表达角度分析其艺术性特性。

简约符号化语言：此类 Flash 占比为 65.5%。这类 Flash 起到简化语言很难表达或表达复杂的情况，学生通过对这类知识的学习，达到心领神会知识的目的。当某些英文情景无法贴近现实或在现实中不常遇到时，这类符号会是学生与 Flash 内容进行默契交流的纽带。

不同绘画种类：此类 Flash 占比为 22.7%。此类通过形象的绘画为 Flash 讲授内容增添知识的多样性，为内容增添知识背景。

民间传统文化汲取：此类 Flash 占比为 0.1%。这类 Flash 通过将文化常识中的故事翻译成简单英文讲授给学生的方式表述出来。通过故事的情节发展，吸引学生认真阅读和学习，增加学习主动性和积极性，也锻炼学生阅读英文和写作的能力。

拟人化的卡通形象：此类 Flash 占比为 11.5%。这类 Flash 能够将英文使用的情景更加贴近学生的理解，在 Flash 的表现中把熟悉卡通的形象与英文对话结合起来会使学生以一种更加熟悉的心态学习英文知识。

总结建议：对于英语学科，Flash 动画集中在简单符号化语言和不同绘画种类两个方面，通过简单的符号表述英语常识，用不同的绘画表述场景，促进英语语义和语境的理解，帮助展示知识的应用场景。

（5）音乐。当前中小学音乐教育存在很多问题，如应试教育背景下对音乐教育的重视度不够、师生对音乐文化存在认知差异和当代学生对音乐课兴趣低下等。针对这些问题，Flash 课件可以通过其艺术特性进行弥补。以下从学习内容表达角度分析其艺术性特性。

简约符号化语言：此类 Flash 占比为 58.2%。此类 Flash 中充满通俗易懂的简单符号，如音乐符号、音调符号和音乐特效符号等。这些 Flash 的使用，一方面增添音乐学习的特效，另一方面给学生的学习增添乐趣，把课本上生僻的知识通过动感音符表达出来，可以很好地培养学生的学习兴趣。

拟人化的卡通形象：此类 Flash 占比为 40.9%。此类 Flash 包括通过卡通形象讲授知识和通过卡通形象演奏音乐，这类形象给予学生熟悉感，也会吸引学生注意。将音符语言通过卡通形象表述，增添了学生学习的意义，也会引起学生的共鸣。

总结建议：对于音乐学科，Flash 动画集中在简单符号化语言和拟人化的卡通形象两个方面，通过符号化语言增强音乐表现力，使用卡通形象展示内容能增强趣味性。形象的符号和生动的场景配合音乐节奏，很容易营造音乐情景，使学生融入音乐，促进学习发生。

（6）生物。自然课和生物课属于自然科学，注重学生兴趣的培养。不同的艺术表现能够提高课程的吸引力，促进学生主动学习。以下从 Flash 课件学习内容表达角度分析其艺术性特性。

简约符号化语言：此类 Flash 占比为 45.4%。此类 Flash 通过简单的符号表达自然科学常识，追求简单形象。

拟人化的卡通形象：此类 Flash 占比为 54.5%。此类 Flash 通过拟人的卡通形象促进感情共鸣，培养学习兴趣。

总结建议：对于生物学科，Flash 动画集中在简单符号化语言和拟人化的卡通形象两个方面，生物形象和生态环境介绍都能通过图形图像符号和卡通形象来表述，吸引学生去观察和理解。

3）技术性方面

技术性具体是指在 Flash 进行授课时的逻辑表现，如无交互和有交互。从学科和技术性二者关系分析，结果如表 2-8 所示。

表 2-8　按照学科和技术性属性的 Flash 分析

单位：个

技术性	学科					
	语文	数学	美术	英语	音乐	生物
无交互	539	26	7	1816	187	2
有交互	1133	74	117	1048	50	20
合计	1672	100	124	2864	237	22

以下主要从学科入手，探究 Flash 课件在技术性方面的特性。

（1）语文。在新课改下，语文教育更加强调信息技术的应用，多媒体课件在语文教学中最重要的特点之一是刺激学生视觉和听觉，使语文知识的表达更加直观。其中教师更大的作用是情景的创设和引导作用，Flash 课件在这方面表现很优秀。以下从 Flash 课件运行逻辑角度分析其技术性特性。

无交互：此类 Flash 占比为 32.3%。学生更容易掌握有意义、系统性的知识，而这类语文知识需要按照逻辑顺序进行讲解。Flash 长度较长，场景的切换和逻辑结构也更加复杂，Flash 中贴切的形象制作和营造氛围也变得更加重要。最后，也要陈述观点和总结意义。

有交互：此类 Flash 占比为 67.7%。交互包括教师讲课时根据自己的理解对知识讲授顺序的控制和学生根据自己的需要进行选择性学习。该阶段学生有了很强的自学和自控能力，合适的交互便于知识理解和掌握。

总结建议：对于语文学科，Flash 动画通过无交互可以表述一个完整的知识点，讲述一个情景知识等；通过交互则可以与学生互动，根据反应控制学习进程，帮助教师灵活地表述对语文知识的传授和解释。

（2）数学。数学教育由于其悠久的历史特性，中小学数学教育国际化成为最重要的发展趋势，无论从教育方向、教学策略还是教学模式都发生着变革。在这样的背景下，我国中小学教育需要走出属于自己的道路，否则将会面临被同化的危险。信息时代中，数学教学信息化成为主流，强调学生参与和互动，以及教师引导和发问。要积极使用多媒体课件，发挥其作用。以下从 Flash 课件运行逻辑角度分析其技术性特性。

无交互：此类 Flash 占比为 26%。根据数学知识的逻辑顺序将知识串联讲授出来，注意讲解内容时给予一定的时间停顿，给予学生一定思考时间，使 Flash 使用更加有效。

有交互：此类 Flash 占比为 74%。根据逻辑进行交互授课，有些内容需要与 Flash 进行作答来完成操作，增加交互可以增加交互者学习的主动性和记忆，如思维导图的推导过程。

总结建议：对于数学学科，Flash 动画主要是有交互的形式，学生的理解靠 Flash 进行表述，教师在旁解释，根据数学的逻辑讲授严密的推导过程，帮助学生思考和理解。

（3）美术。在中小学美术学科教学中，已经使用了大量的多媒体课件，美术课程多媒体课件设计理念中重要一点是创设探究学习的交互环境，使学生发现美术之美。设计友好的交互界面和丰富的资源能使美术教学真正数字化。以下从 Flash 课件运行逻辑角度分析其技术性特性。

无交互：此类 Flash 占比为 5.6%。这部分 Flash 通过讲解整个作图过程来完成，把握这部分整个作图的学习要比课堂讲授更生动和形象。需要教师在 Flash 讲解完成后对这部分知识展开课堂练习，才能加深对这部分知识的掌握。

有交互：此类 Flash 占比为 94.4%。由于这部分 Flash 的作用是在学生真正作图之前练习和把握整个作图，所以交互变得很简单，操作分为拖动和单击。做完这部分操作之后，学生会在真实作图过程中变得更加有条理和符合全局观。

总结建议：对于美术学科，Flash 动画主要是有交互的形式，学生通过交互进行作品制作，教师通过交互进行开发设计。交互使美术创作产生不同的可能，帮助学生进行"优良差"的判断和比较，启发创作灵感。

（4）英语。当代英语教育发生新的变革，需要教师重新定位自己，做有创新意识的教师。要求教师在课堂中进行引导和以任务为导向的教学，给学生提供更加丰富的学习资源和多样的教学方式。以下从 Flash 课件运行逻辑角度分析其技术性特性。

无交互：此类 Flash 占比为 63.7%。这部分 Flash 通过连续的场景将知识点按照逻辑用动态立体的形象展示出来，可以很形象地将系统枯燥的知识点用很活泼、灵活的方式表现，增加知识的趣味性，也更容易被接受和掌握。

有交互：此类 Flash 占比为 36.3%。这部分 Flash 通过学生单击训练发音或做词组拼写练习的方式，对课本上的这类问题进行练习，加深学生印象，从而达到加深记忆的目的。

总结建议：对于英语学科，Flash 动画主要是无交互，往往演示一个场景或语法语义解释，学生通过连续的知识陈述，增强英语有意义学习的发生。

（5）音乐。在新课程改革的背景下，音乐教师受到重视的同时，也面临着一些挑战，如教学观念的与时俱进、教学方式的改变和教学情境创设。面对这些问题，中小学教师一方面要加强自身教学能力的培养；另一方面就要使教学与信息技术结合，注重情景创设和人机交互，使用更多的多媒体课件。以下从 Flash 课件运行逻辑角度分析其技术性特性。

无交互：此类 Flash 占比为 78.9%。主要根据 Flash 发展时间顺序学习，此类 Flash 强调了音乐知识的逻辑性，学生根据其逻辑进行接受式学习，这也是学习阶段的主要形式，学生通过学习掌握大量的知识。

有交互：此类 Flash 占比为 21.1%。学生通过与 Flash 进行交互学习到关于音乐的音符和节奏特性。Flash 中存在通俗易懂的按钮，交互简单，反馈及时有效。学生通过练习发挥学习主动性，同时将学习到的知识付诸实践，可以有效地吸收知识和增加学生学习的兴趣。

总结建议：对于音乐学科，Flash 往往通过无交互的视频片段陈述知识，音乐知识强调节奏和感情投入，这就保证了知识的连贯和感情的融入，帮助学生加深对音乐的理解和感受。

（6）生物。在中小学自然生物课的讲解中，教师要充分发挥他们在教学中的引导地位，要求在其使用的课件中一方面要有丰富的资源，另一方面具备一定的交互能力。以下从 Flash 课件运行逻辑角度分析其技术性特性。

无交互：此类 Flash 占比为 1%。通过自然场景和图像展示自然常识。

有交互：此类 Flash 占比为 99%。通过交互，了解自然的动态变化和完成自然常识的问答练习。

总结建议：对于生物学科，Flash 动画主要是有交互的形式，生物的介绍和场景的推演都需要教师进行介绍和解释，交互有利于知识传授和与学生进行交流。生物概念的特点要求教师进行扩展讲解和对学生实际掌握情况进行评估，因此要增强交互和交流。

4）适用环境方面

课程作为学校进行教学的主要载体，课程的类型反映出教学内容、教学主体和教学目标的关系。适用环境特性是指在 Flash 课件应用于不同类型课程中所表现出来的特性，包括教师讲授、练习实践、实验和娱乐四种方式结合学段进行人工分析总结，如表 2-9 所示。

表 2-9　按照学科和适用环境属性的 Flash 分析

单位：个

适用环境	学科					
	语文	数学	美术	英语	音乐	生物
讲授方式	1286	27	7	760	107	8
练习实践方式	138	43	117	1494	54	2
实验方式	167	12	0	1	39	10
娱乐方式	81	18	0	609	37	2
合计	1672	100	124	2864	237	22

以下主要从学科入手，探究 Flash 课件在适用环境方面的特性。

（1）语文。好的语文课堂在于建构有效的教学模式，可以根据不同的知识内容选择不同的教学方式和知识表现形式。根据不同的知识类型落实不同的教育形式，将教学目标融合到教学模式中，选择不同的课程类型。以下从 Flash 课件授课类型角度分析其适用环境性特性。

讲授方式：此类 Flash 占比为 76.9%。大量的语文知识需要教师教授或学生自学，而这类 Flash 能很好地满足要求，通过专业的讲解和场景解说将知识融入其中。注意 Flash 制作内容强调知识性和制作专业化，对质量的要求较高，而且长度较长，最长可以为一个课时，能够完整全面地阐述要传授的知识内容。

练习实践方式：此类 Flash 占比为 8.2%。学生做练习题时，Flash 中的一些交互如正负反馈和信息提示，会降低学生学习的难度，使学生更加容易接受知识的传授。

实验方式：此类 Flash 占比为 9.9%。通过学生做测试题，根据测试结果分析学生的学习重难点，从而进行有目的的教学。

娱乐方式：此类 Flash 占比为 4.8%。此类 Flash 通过小品和动漫的形式将语文知识教授给学生，学生在欢乐中学到知识。同时通过夸张和富有想象力的手法表达，增添学习的魅力和形式，增强学生的创造力和想象力。

总结建议：对于语文学科，Flash 动画以讲授方式为主，大量的语文常识和课文需要理解识记。通过讲授，有利于系统地掌握和理解知识，提高学习效率。Flash 动画以讲授的方式能更加有效地介绍语文知识点。

（2）数学。新时代下受计算机的影响，数学课堂的教学模式发生了很大变化，在教师和学生的关系中表现明显，其中包括先导作用（引起学习兴趣）、中介作用（帮助知识有结构地传授）、试验作用（学生的自测和自发学习）和助教作用等，这些作用最终体现在课堂授课类型上。以下从 Flash 课件授课类型角度分析其适用环境性特性。

讲授方式：此类 Flash 占比为 27%。将生僻的数学知识循序渐进地传授给学生是学习数学的主要方式，而 Flash 完成数学的推演过程为课堂授课减少了大量时间，也使教师从繁重的授课中抽离出来而关注学生个体差异进行因材施教的教学。

练习实践方式：此类 Flash 占比为 43%。通过练习，Flash 提供给学生正负反馈，学生根据反馈了解自己的优缺点。

实验方式：此类 Flash 占比为 12%。通过测试，教师对测试效果进行评估，把握授课的重难点讲解。

娱乐方式：此类 Flash 占比为 18%。这部分 Flash 包括游戏类的数学题练习和发散思维类游戏，通过游戏加强对数学知识的学习，增强学生学习的主动性和热情。

总结建议：对于数学学科，Flash 动画以讲授和练习方式为主，数学中的大量常识和定义需要推导，数学试题需要练习和理解，Flash 动画能以形象的方式展示出来，帮助学生掌握。

（3）美术。多媒体技术与美术课堂教学的融合对美术课的表现产生了很大的影响，包括艺术表现形式、授课方式、学生体验等。在授课时，能够选择不同的方式进行内容展示。以下从 Flash 课件授课类型角度分析其适用环境性特性。

讲授方式：此类 Flash 占比为 5.6%。作图包括的步骤和图形图像颜色的概念都是通过讲授完成的，这是学生在实际操作之前所必需的步骤，通过 Flash 的生动讲解加深对完成任务的理解。场景的布置和讲解尽可能简单易懂，作图对象选择也需要简单而且贴近学生的理解范围，这对美术课的学习非常重要。

练习实践方面：此类 Flash 占比为 94.3%。学生需要在 Flash 上完成基本的创作，这样能对学生在纸上真正练习时做最初的预测和加深学生对整体观的理解。

总结建议：对于美术学科，Flash 动画以练习方式为主，教师和学生都可以进行练习和以尝试的方式开展绘画的教学和学习，通过尝试和练习帮助学生理解颜色和图形图像的搭配。

（4）英语。在英语课堂教学中，多媒体的有效使用可以起到创设情景、激发学习兴趣、培养学生表达能力、活化教材内容等作用，而不同的课堂形式又会加强其作用的发挥。以下从 Flash 课件授课类型角度分析其适用环境性特性。

讲授方式：此类 Flash 占比为 26.6%。这类 Flash 使用在课堂上或学生自学时，一方面将知识通过常规的方式以类似课堂授课的方式表现出来，易于被学生学习接受；另一方面增添内容趣味性和情景性，增强学生学习英文使用的想象和理解语言含义的能力。

练习实践方式：此类 Flash 占比为 52.3%。学生做发音练习和拼词练习时，Flash 中的一些交互，如正负反馈和信息提示会降低学生学习的难度，使学生更加容易接受知识的传授。

娱乐方式：此类 Flash 占比为 21.3%。这类 Flash 通过英文歌曲和英文拼词游戏使学习有了趣味性和目标性，让学生在娱乐中学习，从而降低了学习负担。

总结建议：对于英语学科，Flash 动画以讲授和练习方式为主，将完整的单一知识点进行讲授和进行英语常识的练习，加强记忆和理解，促进学习发生。

（5）音乐。音乐课的教学有独特的学科特性，倡导轻松、愉悦的授课环境，培养学生的合作意识和学习主体地位。Flash 课件的特性很适合音乐课堂，以下从 Flash 课件授课类型角度分析其适用环境性特性。

讲授方式：此类 Flash 占比为 45.1%。此类 Flash 通过演奏或讲授来完成，充满个性化的展示使音乐知识更加易于接受。

练习实践方式：此类 Flash 占比为 22.7%。这类 Flash 需要学生自行练习和实践，通过 Flash 的及时反馈使学生了解自己的优缺点，达到学习的目的。

实验方式：此类 Flash 占比为 16.4%。这类 Flash 通过记录学生的演奏表现反馈给学生，进行判断从而改进。

娱乐方式：此类 Flash 占比为 15.6%。此类 Flash 通过赋予乐趣的形象进行音乐演奏和表演，增添音乐学习的趣味性，也给予学生音乐学习需要的自由表达创作意识。

总结建议：对于音乐学科，Flash 动画以讲授和练习方式为主，讲授能够展示出知识点内容，练习可以加强记忆。Flash 动画的制作要结合音乐本身知识点和动画组成特点进行开发，尽可能展示音乐的情景性和掌握知识点特性，从而促进学习发生。

（6）生物。在现代教育教学观念的影响下，自然生物课的教师需要培养学生的学习意识和学习兴趣，通过不同的授课形式传授不同的目标知识内容。以下从 Flash 课件授课类型角度分析其适用环境性特性。

讲授方式：此类 Flash 占比为 36.3%。这部分 Flash 包括课堂上教师使用的 Flash 和学生在课前或课后使用的课件，通过一个视觉场景将一个自然情景讲解出来，学生通过观看和听将自然知识物化成具体实际，有效促进知识迁移。

练习实践方式：此类 Flash 占比为 9%。这部分 Flash 包括课后习题的练习等，学生通过与动态形象且有反馈的 Flash 内容交互，了解自己的欠缺点和不足。通过练习也可以加深自己对不足知识点的理解和学习。

实验方式：此类 Flash 占比为 45.4%。通过测试类题目判断学生的知识掌握情况，从而加强某一方面知识的学习。

娱乐方式：此类 Flash 占比为 9%。通过游戏加强对自然知识的学习，增强学生学习的主动性和热情。

总结建议：对于生物学科，Flash 动画主要集中在讲授和实验方式方面，阐述生物中大量的常识概念和自然推演过程。学生在 Flash 动画创建的情景中进行有意义的学习，教师根据情景进行介绍和解释，学生通过实验帮助理解和掌握知识。

2.2.3　网络 Flash 动画教育资源的功能分析

Flash 教育资源是指使用 Flash 和其他相关软件经过创作的 Flash 文件，在教育教学中有直接或间接应用价值的作品，即教育类 Flash 作品。

"在教学中有直接应用价值"的 Flash 文件，具体是指 Flash 创作者根据一定的教学设计理论，结合某一学科的部分知识内容而创作的 Flash 文件。其特点是具有很强的目的性和针对性，教学对象或使用对象比较专一，内容会强调知识的难点、重点。这类 Flash 作品可以不做改动就能直接应用于课堂或平时学习当中，由于在创作时用到比较好的教育教学理念，往往具有很高的使用价值。但开发成本偏高，作品较少，影响了 Flash 课件作为重要的教育教学课件进行的推广和使用。

"间接使用价值"的 Flash 文件，具体指 Flash 创作者根据个人爱好或网站动画需求等原因创作的 Flash 文件。其特点是没有明显的教学和学习意图，也没有明显的学习对象和学科特性，如精美的广告动画、用于开发智力的 Flash 游戏、搞笑动画、历史名著动画片系列等。它们往往出现在电视影像、网站导航、小游戏网站、Flash 大赛和广告宣传当中。这些 Flash 动画由于没有明显的创作限制，大量存在于网络当中，而且其中不乏高质量的作品。当它们被教师创造性地应用于课堂当中，往往会收到很好的教育教学效果，可以用如下形式表示：非课件形式的 Flash 文件加创造性的教学设计等于 Flash 教学作品。

"直接应用价值"和"间接使用价值"的 Flash 作品，统称为 Flash 教育资源，即凡是能应用于教育教学和学习中的 Flash 文件都可称为 Flash 教育资源。虽然 Flash 文件有很多特性，如占用空间小、网络传输速度快、作品易于修改、开发简单、可集成很多多媒体元素和播放要求低等特点。但当它用于教育教学中，又有哪些特性值得去研究和分析呢？从 Flash 内容出发总结分析 Flash 教育资源特征，从以下六个方面阐述。

（1）教学内容。Flash 教育资源具有学科特性，教学和学习的内容可以根据学科分类，包括数学、语文、英语、音乐、美术、历史等学科。

（2）教学对象。Flash 教育资源具有很强的学段特性，不同学段的学生适应不同的 Flash 资源，包括学前阶段、小学阶段、初中阶段和高中阶段等。

（3）教授方式。Flash 资源具有很强的适用环境特性，属于一种极富表现力的网络课件。它对学科内容的知识点实施相对完整的系统性教学活动，一般包括呈现信息、指导学习、提供练习、实施评价四种基本的教学活动。本研究补充了 Flash 的娱乐特性，Flash 的课程表现方式可以包括教师讲授、练习实践、实验和娱乐四种方式。

（4）Flash 运行逻辑。Flash 在其播放期间不同的交互将给教学带来不同的展示效果，本文将 Flash 根据课堂的需要将其逻辑结构分为无交互和有交互两大类。

无交互：一种是指在 Flash 运行过程中用户不需要进行交互，像一部影片一样进行播放；另一种指在 Flash 运行期间，用户只进行暂停、快进等简单播放控制的交互。

有交互：指在 Flash 运行期间用户需要对内容和表现形式进行的交互，如填写内容、按钮的功能化控制，这些交互直接影响到 Flash 之后的表达内容和表现逻辑。

（5）教授知识方面。根据不同学科 Flash 具有不一样的教授内容，在这些内容当中又具有很强的知识性，包括单一简单问题类、复杂关系问题类、系统问题类、整体局部问题类等；该知识分类按照麦卡锡在 4MAT 模型中使用的"四何"问题分类法。"四何"问题分类法具体指是何、为何、如何和若何。

简单单一问题："是何"知识通常由 What、Who、When、Where 引导引出的事实性问题，一般较为容易，这里用"简单单一问题"名称表述。

复杂关系问题："为何"知识通常由 Why 为引导引出的一些原理、定理、法则和逻辑推理的原理性知识；"如何"知识则通常由 How 为引导出的方法、途径等关乎方法策略性知识，它们一般涉及很多事物的关系，这里用"复杂关系问题"名称表述。

系统性问题："若何"知识通常由 What if 引导的问题，如果一个条件发生了变化将导致不同的结果出现，这类问题有助于发散思维的开发，属于创新性知识。由于此类问题往往出现在一个系统中，系统内的条件变化将导致整个系统改变，本研究用"系统性知识"名称表述。

整体局部问题：祝智庭教授针对"四何"问题，补充增加了"由何"。"由何"知识并非独立于"四何"问题，而是根据 From 引导的情景性知识。本研究强调问题的情景性、知识本身的归属关系和环境表述的重要性，将它归为一类，用"整体局部问题"名称表述。

（6）表现的艺术风格。艺术风格一般是指艺术家在进行艺术创作时所表现出来的比较稳定的艺术特色和格调。Flash 动画在其创作过程中会融入创作者一定的文化理解和展示风格，除此之外也会拥有一定的独特表现手法。这些融入了创作者独特理解的思想内容、感情表达和思想使 Flash 动画拥有了不一般的艺术风格，本研究将 Flash 的艺术风格分为简约符号化语言、不同绘画种类、民间传统文化汲取和拟人化的卡通形象等。

简约符号化语言：这类 Flash 通过简单的线条、几何图形和抽象符号来展示内容，追求形式简约，色彩简单，不做任何辅助修饰。

不同绘画种类：绘画种类包括油画、水彩、中国画等，它们都具有鲜明的艺术表现力和感染力。表现的内容展现特征深刻，富有文化内涵和哲学思考。

民间传统文化汲取：国内外都拥有不同的传统文化、生活习俗和历史背景。而这其中不同的图形、文字和展现结构都能很好地展示不同民族的历史文化和审美特色。

拟人化的卡通形象：自从迪士尼的卡通形象"米老鼠"出现以来，卡通形象已经风靡全球。典型特征是造型夸张，拥有人的一切生活属性，表达的内容更加深刻，更能引起人们的注意和思考。而且一切事物都可以拟人化处理，带给人们不同的体验和思考。

2.3　网络 Flash 动画学习资源样本集分析

广义上讲，网络中的 Flash 动画资源都可以用于教育教学，是泛义上的网络学习资源。在 Flash 动画资源中除了专门的 Flash 动画课件以外，其他类型的 Flash 动画，如游戏、广告、MV、Flash 网站等，都可以被教师创造性地应用于教育教学中，起到提高教学效果、辅助教学的作用。这些 Flash 动画资源由创作者根据个人喜好或者职业需求而创作产生，没有特定的教学内容和学习目的，也不针对特定的学习对象。此类动画的创作意图多样化，没有教育教学限制，海量存在于网络中，创作质量也是良莠不齐，但也存在大量高质量的 Flash 动画作品，这些作品可以在很多方面帮助学习者，能传递相关知识内容，如创作手法、实现技术、画面美工、创新创意等，一款 Flash 动画游戏就可以包含上述诸多能辅助教学的内容。

狭义上讲，网络 Flash 动画学习资源是指网络上发布的 Flash 动画格式的教学课件。课件是专门为了教育教学而制作的教育类 Flash 动画，即基于教学设计理念，围绕一定的知识内容，结合特定的教学手段而创作的，主要用来进行教学辅助的 Flash 动画作品。这类 Flash 动画具有很强的教学目标和学科针对性，其面向的使用对象也很单一，即特定知识的学习者。该类动画的内容会包含知识结构、重点难点、测验反馈等内容，可以直接应用于课堂教学或网络自学习。在创作该类动画时，需要专业的教育者参与其中，融汇先进的教育教学理念，因此在教育教学中，此类 Flash 动画的使用价值较高。但由于其开发成本较高，网络中专门的 Flash 动画学习课件较少，有些还需要收费使用，因此很多情况下，教师和学习者（统称为 Flash 动画需求者）会借助于有间接作用的 Flash 动画资源来解决问题。

为了分析网络 Flash 动画学习资源的内容结构特征，作者从互联网下载了大量 Flash 动画课件。作者利用前述的 Flash 动画爬虫程序，以"http：//www.flash34.com/flasher/""https：//ac.qq.com/"" http：//www.flash8.net/"等各大著名 Flash 专题网站的主页为种子，进行 Flash 动画资源的下载。然后由 10 位研究生分别在下载的 2 万多个 Flash 动画中挑选能够应用于教学内容描述的动画，并手工标注其所属的学科、学段和教学类型，最终获得 4808 个教学属性明显的 Flash 动画学习资源，以用于后续的内容结构特征分析实验。

　　Flash 动画适用于不同的教育阶段。一般按照我国受教育过程分为学前教育阶段、小学教育阶段、中学教育阶段、高等教育阶段、社会教育阶段等。不同阶段的 Flash 动画在内容形式、主题使用等方面也不尽相同。同一学科在不同阶段的内容也不同,呈循序渐进状。学习者在不同的学习阶段会需要不同内容的 Flash 动画,其表现形式、艺术需求、适用学习类型也有很大差异。Flash 动画学习资源具有学科特性,按照学习内容可以将网络下载的 Flash 动画分为数学、语文、英语、音乐、美术、生物、物理、化学、科技及其他各类。不同学习内容的 Flash 动画其创作特点、内容形式、课件主题等都不相同。结合教学类型,本研究获取的 Flash 动画样本数据统计如表 2-10 所示。

表 2-10　按照学科和教学类型统计结果

单位: 个

学科	教学类型					
	讲授型	练习型	实验型	情境型	娱教型	合计
语文	764	77	0	289	75	1205
数学	61	225	0	16	27	329
英语	1058	128	0	584	168	1938
科学	170	25	170	11	18	394
科技	99	71	282	0	0	452
艺术	19	82	0	0	221	322
品德	24	0	0	122	22	168
合计	2195	608	452	1022	531	4808

　　注: 艺术类包括音乐和美术等学科;科学类包括物理、化学和生物等学科;高等教育的 Flash 动画课件较少,且学科分类太多,这里统一归于科技类。

　　从表 2-10 中数据可以看出,讲授型的 Flash 动画最多;讲授型动画中,语文和英语学科居多。毕竟 Flash 动画需求者首先是以自学为目的。讲授型课件能循序渐进地呈现学习内容,利于学习者掌握知识的基本内容,是网络课件存在的主要形式。而练习型和实验型 Flash 动画课件主要用于辅助知识的传递。学习者往往是在掌握基本知识后,才进行练习测试。数据显示,数学、英语等学科的练习型课件居多。实验型的 Flash 动画资源最少,基本上是科学和科技类的动画,像语文、数学等学科根本没有实验需求。这也反映了当前我国的教育特点及网络 Flash 动画学习资源的特点。

按照各学段和各学科的 Flash 动画样本数如表 2-11 所示。

表 2-11　按照学段和学科统计结果

单位：个

学段	学科										合计
	语文	数学	英语	音乐	美术	物理	化学	生物	科技	其他	
小学	612	42	897	169	78	0	0	0	0	0	1798
中学	395	221	1094	0	0	188	20	201	0	4	2123
高等	0	0	0	0	0	0	0	0	453	0	453
合计	1007	263	1991	169	78	188	20	201	453	4	4374

由于学前教育阶段的 Flash 动画基本是卡通形式，无学科属性，所以本研究不做探讨；社会教育方面的 Flash 动画则基本是测试题模式，学科属性复杂，界面单一，甚至全文本形式，本文也不做研究。

从统计结果可以大体了解网络中存在的 Flash 动画学习资源在不同学习阶段、不同学科内容中的应用状况。分析发现，小学和中学阶段的 Flash 动画数量最多，内容丰富，小学阶段的动画画面视觉效果复杂，质量最好。而高等教育阶段则相对较少，画面内容简单，多用于公式、实验讲解等内容。在学科方面，英语和语文内容相关的 Flash 动画较多。小学阶段的语文和英语动画都比较多，中学的英语动画比较多。

在教学类型上，小学阶段的 Flash 动画适用于讲授型学习环境，一般用生动多彩的画面内容吸引观看者，动态多样地呈现学习内容。中学阶段的 Flash 动画更需要实验型和练习型环境，呈现动态、逼真的物理和化学等学科的实验过程。高等教育阶段的 Flash 动画课件则适用于各种类型环境。一般专业课程的基础知识用讲授型来呈现学科内容，实验型则针对特殊的专业课，如建筑学、机械、化工等。社会教育阶段的 Flash 动画练习型居多，主要用来进行考试培训，如专升本考试、各种职业资格考试等。

2.4　网络 Flash 动画的内容结构特征描述模型

基于以上对网络 Flash 动画学习资源的教学属性的分析，本研究构建其内容结构特征描述模型。本研究将 Flash 动画的内容结构特征分为外部特征和内容特征两部分。外部特征一般包括 SWF 格式文档的元数据，如文档大小、创建时间、创作者等；内容特征则有元素对象、动态效果等。❶ 依据 Flash 动画的内容结构和特征的提取复杂度，本研究将 Flash 动画内容结构特征分为三个层次，即组成元素特征、场景特征和高级语义特征。高级语义特征提取相对复杂，本书第 5 章进行了情感特征的初步研究。Flash 动画的内容结构特征描述模型如图 2-1 所示，本研究将在后续内容中主要介绍场景特征的分析与提取、组成元素特征的分析与提取和画面情感特征的分析与提取。

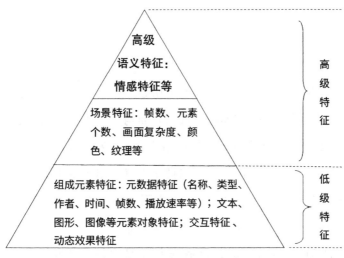

图 2-1　Flash 动画的内容结构特征描述模型

---

❶　徐振国 . Flash 动画的内容结构特征提取研究［D］. 济南：山东师范大学，2016.

第 3 章   网络 Flash 动画获取

　　Flash 动画资源以其生动、直观和易于交互等优点在推动教育发展中发挥了重要作用。互联网技术的发展使得这些 Flash 资源的发布与共享不再受时间、空间的限制，成为人们获取这些资源的一个重要途径。但网络资源的丰富且动态更新，又使人们从中寻找需要的 Flash 资源变得越来越困难。网络搜索引擎的出现基本上解决了这个问题。为了适应特定用户对特定领域查询的需求，各类面向特定主题、信息分类精确、数据全面、更新及时的搜索引擎便应运而生并蓬勃发展起来。

　　本研究开发的网络 Flash 多媒体动画爬行器是专门为查询和搜索 Web 中存在的 Flash 媒体资源而设计的搜索系统。爬行系统从 Web 的网页信息中，高效、准确地提取出对 Flash 动画资源的相关描述，其检索的对象是 Flash 媒体信息。网络当中包含有大量的 Flash 动画形式的教育教学资源，从这种海量、异构、动态变化的网络中搜索到可以为教育教学服务的 Flash 动画形式的教育资源。该系统就是根据包含 Flash 动画的网页在互联网上分布的特征，通过一定的算法在尽可能少地耗费计算机资源的情况下快速搜索到包含有 Flash 媒体的网页，从 Flash 资源所在的网页中提取出 Flash 媒体资源，再从这些素材资源中提取出用于描述、标引 Flash 媒体资源的语义信息，从而确定 Flash 媒体资源的主题。将此系统应用到基础教育资源建设中，对于学习环境的构建、教育资源信息化的建设具有重要的意义。

　　本章首先对 HTML 文档的文本信息和标签做了介绍，然后对包含 Flash 资源的网页及其主题页面在 Web 中的分布特征进行深入分析。在分析和比较现有的 Flash 资源主题搜索算法优缺点的基础上，归纳了提高搜索效率的几个关键因素。网络 Flash 资源爬行器可以作为 Flash 资源搜索引擎系统的核心组成部分，其负责网络 Flash 资源的发现与搜集；搜索算法是搜索系统的关键技术，它决定了搜索系统的查准率和查全率；Flash种子搜索原则一般选择网站规模大、包含 Flash 数据多、爬行速度快、网页结构合理、搜索效率高的网站作为网络爬行器的种子。

本爬取系统对所搜索到的 Flash 媒体网页集合进行必要的消重化处理，利用网页内容消重和链接消重达到净化多媒体网页集合的目的，使得到的 Flash 媒体资源更加优化，可以更好应用于教育教学当中。

本研究中涉及的网络 Flash 动画资源均为利用自主开发的爬取程序，从互联网上进行爬取获得，本章主要介绍网络 Flash 动画获取的相关知识与爬取技术。

3.1 多媒体主题搜索相关技术介绍

3.1.1 概述

对于搜索引擎来讲，网络爬行器是其核心组成部分。搜索引擎分为通用型和主题式两类搜索引擎，主题式搜索引擎以查询和检索某一专业领域或学科领域的互联网信息资源为目的，通过智能化的搜索方式提取到互联网上有关主题方面的信息。在主题搜索引擎中，爬行器按照管理员预先设定的主题去采集网上的相关信息，可以减少被采集的信息数量，这样就能够提高数据库中的信息质量。

3.1.2 搜索引擎的组成

搜索引擎由主题搜索器、索引器、检索器和用户接口四个部分组成，基本结构如图3-1 所示。

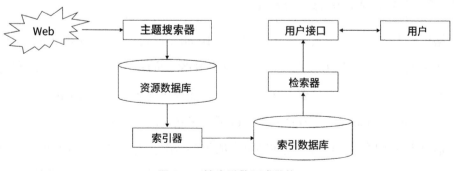

图 3-1 搜索引擎组成结构

（1）主题搜索器。主题搜索器即俗称的网络爬行器，它从一个种子出发，通过 HTTP 等协议请求并下载网络资源，分析资源并提取链接，后按照一定的规则循环访问网络。主要内容涉及网页资源的解析、爬行页面的选择和主题搜索算法的计算等。主题搜索器的核心在于搜索器的搜索算法，搜索算法决定了一个主题搜索引擎的效率和返回结果的准确度，二者关系到搜索引擎的关键指标。在搜索算法领域，很多专家、学者从理论和实践方面做了很多研究，提出了许多主题搜索算法，主要包括以 PageRank 和 HITS 为代表的基于链接结构评价的搜索策略、以 Shark-Search 和 Best-Fish 为代表的基于内容评价的搜索策略。

（2）索引器。索引器用来对网络爬行器采集到的网页进行处理，提取到网页的索引项，然后将得到的索引项编制入库以备用户检索。网页处理过程主要包括以下几个阶段：文档特征提取、网页筛选、标引、相关度分析、归类和最后的入库、生成文档库的索引表。索引表一般采用倒排序表（Inversion List）的形式，它由索引项查找相应的文档。为了检索器能计算出索引项之间的相邻或接近（Proximity）关系，索引表也可能要记录索引项在文档中出现的位置。索引器的性能受索引算法的影响很大，它可以使用集中索引算法或分布式索引算法进行索引。

（3）检索器。检索器和用户查询直接相关，用户输入查询主题，检索器会根据用户的查询主题在索引库中快速地检索出相关资源，匹配主题的相关度高低，最后通过用户接口返回给用户。检索器的性能取决于检索算法、信息查询和组织方式。

（4）用户接口。用户接口直接面对用户，用户在接口输入查询内容，接口返回给用户查询结果，建立一定机制用于用户交互反馈。用户接口所要达到的目的是让用户使用搜索引擎，高效率、多渠道地从搜索引擎中得到及时有效的信息。

3.1.3 多媒体网页信息分析处理

网络中的大部分网页一般采用半结构化的 HTML 编写，网络爬行器搜索页面时首先要解决怎样解析这些 HTML 页面，同时提取出 HTML 页面中包含的结构信息和内容信息。对于 HTML 文档，页面主要由文本、标签、注释三部分组成。文本由嵌套它的标签控制，如 "<title>" Flash 资源教育网 "<title>"，格式化的文本语言，不同标签内的文本传递的信息也是不同的，利用标签在网页中的重要程度，确定网页主题与搜索需要的相关度；除了脚本语言和注释外，在网页文档中的所有数据，只要不是标签的组成部分，都可以看作文本。

1）超文本传输协议（HTTP）

（1）协议概述。HTTP 的发展是万维网协会（World Wide Web Consortium）和互联网工程任务组（Internet Engineering Task Force）合作的结果，它们发布了一系列的请求评论（RFC），其中最著名的是 RFC 2616。RFC 2616 定义了 HTTP 中人们今天普遍使用的一个版本——HTTP 1.1。HTTP 是一个客户端和服务器端请求和应答的标准（TCP），客户端是终端用户，服务器端是网站。通过使用 Web 浏览器、网络爬行器或者其他的工具，客户端发起一个到服务器上指定端口的 HTTP 请求，应答的服务器上存储着被请求的资源，如 HTML 文件和图像。这个客户端为用户代理，这个应答服务器为源服务器，在用户代理和源服务器中间可能存在多个中间层，如代理、网关，或者隧道。

尽管 TCP/IP 协议是互联网上最流行的应用，HTTP 并没有规定必须使用它和基于它支持的层。事实上，HTTP 可以在任何其他互联网协议上或者在其他网络上实现。HTTP 只假定（其下层协议提供）可靠的传输，任何能够提供这种保证的协议都可以被其使用，如图 3-2 所示。

图 3-2　地址栏登录窗口

通常，由 HTTP 客户端发起一个请求，建立一个到服务器指定端口的 TCP 连接，HTTP 服务器则在那个端口监听客户端发送过来的请求。如图 3-3 所示，一旦收到请求，服务器向客户端发回一个状态行，如"HTTP/1.1 200 OK"和响应的消息，消息的消息体可能是请求的文件、错误消息或者其他一些信息。

图 3-3　TCP 连接服务器端界面

HTTP 使用 TCP（传输控制协议）而不是 UDP（用户数据报协议）的原因在于打开一个网页必须传送很多数据，而 TCP 提供传输控制，按顺序组织数据和纠正错误。通过 HTTP 或者 HTTPS 请求的资源由统一资源定位符 URL 来标识。

（2）协议功能。HTTP 是超文本转移协议，是客户端浏览器或其他程序与 Web 服务器之间的应用层通信协议。在互联网上的 Web 服务器上存放的都是超文本信息，客户机需要通过 HTTP 传输所要访问的超文本信息。HTTP 包含命令和传输信息，不仅可用于 Web 访问，也可以用于其他互联网 / 内联网应用系统之间的通信，从而实现各类应用资源超媒体访问的集成。当我们想浏览一个网站的时候，只要在浏览器的地址栏里输入网站的地址就可以了，如 "www.sdnu.com"，但在浏览器的地址栏里面出现的却是 "HTTP：//www.sdnu.com"。浏览器的地址栏里输入的网站地址即称为 URL（统一资源定位符），每个网页也都有一个互联网地址。当在浏览器的地址框中输入一个 URL 或是单击一个超链接时，URL 就确定了要浏览的地址。浏览器通过超文本转移协议（HTTP）将 Web 服务器上站点的网页代码提取出来，并翻译成网页。

URL 的组成含义，如 HTTP：//www.sdnu.com/cbxy/index.htm。它的含义如下："HTTP：//" 代表超文本转移协议，通知 sdnu.com 服务器显示 Web 页，通常不用输入；"www" 代表一个 Web（万维网）服务器；"sdnu.com/" 包含网页的服务器的域名或站点服务器的名称；"cbxy/" 为该服务器上的子目录；"index.htm" 为子网中的一个 HTML 文件。互联网的基本协议是 TCP/IP，TCP/IP 模型最上层的是应用层，它包含所有高层的协议。高层协议有文件传输协议（FTP）、电子邮件传输协议（SMTP）、域名系统服务（DNS）、网络新闻传输协议 NNTP 和 HTTP 等。HTTP 可以使浏览器更加高效，使网络传输减少。它不仅保证计算机正确快速地传输超文本文档，还确定传输文档中的哪一部分，以及哪部分内容首先显示等。

2）多媒体信息的相关标签

多媒体资源分类在各类网站中，其存在的方式一般分为三种：第一种作为网页的组成成分嵌入在网页中，称之为嵌入式多媒体，如 Flash、在线播放的音视频等；第二种通过网页的锚文本链接，有可能提供自由下载功能，称为超链接式多媒体；第三种存在于提供多媒体检索的网络数据库中，允许检索、浏览，但一般面对特定的对象。网络中以第一种、第二种形式存在的多媒体，都有相应的链接地址和表征此多媒体类型的格式扩展名，网络爬行器系统依据多媒体的格式扩展名，可以判断出此类多媒体的类型。在HTML 语言中用不同的标记来表征不同类型的多媒体信息。

（1）<Object> 和 <Embed> 标记信息。对于 <Object> 标签，只支持 IE 系列的浏览器或者其他支持 ActiveX 控件的浏览器，这样的标签内可以插入的多媒体资源包括视频、音频和动画。例如，下面的一段代码表示了 <Object> 标签中插入 SWF 格式动画。

<Objectclassid="clsid：D27CDB6E-AE6D-11cf-96B8-4445535" hight="292"width="100

0"codeBase="HTTP：//download.17173.com/pub/shockwave/cabs/Flash/swflaab#version=5，0，
0，0">

  <PARAM NAME="FlashVars" VALUE="">

  <PARAM NAME="Play" VALUE="−1">

  <PARAM NAME="Loop" VALUE="−1">

  <PARAM NAME="Quality" VALUE="High">

  <Embed src="images/wanwan.swf" quality="high"

pluginspage="HTTP：//www.17173.com/shockwave/download/index.cgi?P1_Prod_Ver
sion=ShockwaveFlash"type="application/x−shockwave−Flash"width="1000"

  </Embed>

  </Object>

  <Embed> 标签支持 Mozilla 系列的浏览器或其他支持 Netscape 插件的浏览器的
"pluginspage" 属性告诉浏览器下载 Flash Player 的地址，如果还没有安装 Flash Player，
用户安装完后需要重启浏览器才能正常使用。为了确保大多数浏览器能正常显示 Flash，
通常把 <Embed> 标签嵌套放在 <Object> 标签内。支持 ActiveX 控件的浏览器忽略
<Object> 标签内的 <Embed> 标签。Netscape 和 Mozilla 系列的浏览器只读取 <Embed> 标
签而不会识别 <Object> 标签，省略了 <Embed> 标签，那么 Firefox 就不能识别 Flash 了。

  （2）<Img> 标记信息。在网页中显示图片信息的标记主要是 <Img> 标记，其显示
图片信息的代码一般如下：<Img src="tupian_url" width="360" height="400" alt="tupian−
info">，其中 src 属性的值标记图片的地址，通过这个网络地址，网络爬行器可以下载所
对应的图片。当图片无法显示时，alt 属性用于在所应显示图片的位置上替代显示的信
息，其内容就是 alt 属性标记的内容，但 alt 属性不是在每个 <Img> 标记中都存在。标签
中的 width 和 height 属性是对图片位置和尺寸的描述，与图片内容的信息无关，只是在
一定程度上表明图片在网页中的重要性和地位。

  （3）<a> 标记信息。<a> 标记用来链接网页当中的多媒体信息，其通常的代码大致
如下：

  <a href="url_file. 格式扩展名"> 锚文本 </a>

  Href 的属性指链接的文件名，这种文件可以是多媒体信息文件，也可以是其他的任
何文件，在文件的最后会有链接文件的扩展名，标明了文件的类型。<a> 标记链接的多

媒体信息可以是音频、视频、动画、图像中的任何一种。但对于动态生成的文件，判断起来就困难一些。因为链接地址中有类似"?""#"等在脚本中存在，脚本生成是一些jsp、asp、php 等程序的扩展名，这样根据扩展名就无法判断多媒体信息的类型。另一种办法是通过 HTTP 的 HEAD 请求来获取动态生成的内容的 MIME（Multipurpose Internet Mail Extension）类型，从而判断是否为多媒体数据，但是这样做需要进行 HTTP 请求，其代价是比较大的，而且这类信息通常是不稳定的，加之目前互联网上的多媒体文件通常以静态的方式呈现给用户，所以本文采取最直接的办法，即遇到动态的链接直接丢弃，根本不去处理，这也是目前大多数搜索引擎采用的处理办法。

锚文本是一些描述性文字，用来描述一个网页指向另外一个网页的链接信息。一方面，锚文本只是对该网页的简单描述或者页面内容的概述，而不是网页的准确描述和说明。从这个方面可以看出，锚文本在一定程度上客观地表述了网页的主题，对其所链接的网页做了客观评价。锚文本一般比较精炼、简短，通常只用一个词或者一句话来概括目标网页并且对所链接网页进行必要的说明，这些说明可以吸引浏览者，发挥锚文本的描述选择性作用，所以在一定程度上锚文本决定了用户是否选择网页链接的可能性，在计算查询主题与网页内容的相似度的时候锚文本起着相当重要的作用。当前锚文本信息被很多商用搜索引擎用来提高网页搜索的准确率。另一方面，由于锚文本简短的原因，所表达的内容不会太多，在网页检索过程中会影响网页检索的查全率。为了提高网页搜索的查全率，锚文本的上下文相关文本也被提取出来，被加入主题相关度的计算过程当中，这在很多主题搜索算法中都有应用。

当然，有些锚文本与网页相关度计算关系很小，甚至是无效的，如网页当中的"取消""返回""关闭此页"等，这些都无法提供对目标网页的描述预测信息。多媒体网页链接在其父网页中通常以链接列表的形式出现，我们称这些链接列表为"主题团"，"主题团"中包含的锚文本称为"主题团标题"，利用它对这些链接主题进行指示性作用。在网页的源文件中对锚文本进行处理，其中网页分块起着关键作用，分块原则按照网页中 <Table> 标签分为不同的链接序列，"主题团"内的标题一般按照 4 个启发式规则提取出来。规则如下：

A. 周围文本比该文本的字号小；

B. 文本字数很少（少于 10 个）；

C. 颜色与周围文本不同；

D. 文本能独立成一段。

被认定为"主题团标题"一般要满足 4 个规则中的 2 个及 2 个以上，作为表征多媒体主题的重要信息。

3）Web 中主题页面的分布特征

在现在的互联网中，网页多以动态网页的形式存在，呈半结构化或者无结构化和异构性状态，网页资源更加丰富、更新更快，规模大、增长快。虽然网页资源在互联网中看起来杂乱无章，无任何规律可循，但结合前人的研究成果及网页资源在互联网的分布特征，这其中还是有一定规律可循，总结起来有如下几个基本特征：中心页面特征、主题关联特征、主题聚焦特征、隧道特征，这些特征用于表征多媒体网页的特定主题，从而被网络搜索器利用。

（1）中心页面（Hub）特征。在 Web 上的很多页面有如下特征：含有很多出向连接并且这些连接趋向于同一个主题。此特征是美国康奈尔大学克莱因伯格教授经过研究得出的结论，这类页面被称为 Hub 页面。换一种说法，Hub 页面是一种中心性的页面，指向相关主题页面，也能称为权威页面。一般而言，一个 Hub 页面指向的主题页面越多，其权威性越高，页面的质量越好；Hub 页面的质量越好，其所指向的页面越权威。

（2）主题关联特征。主题关联特性由 Linkage/Sibling Locality 翻译而来，由阿格瓦尔等人提出。该特征实质上是 Hub 特性的另一个表达形式，只是从页面编辑的角度来考虑，在页面编辑过程中编辑者添加的超链接总是倾向于与本页面相关或者与本页面相关的其他页面。Linkage Locality 指的是如果一个页面与主题有关，那么它的父网页和子网页很大程度上与主题也相关，所以在说明一个父网页的相关度对子网页相关度的影响时，可以给它乘上一个较高的权重，作为预测子页面主题相关度的依据。

（3）主题聚焦特征。研究发现，现在很多非门户网站都趋向与一个或几个主题相关，与同一个主题相关的页面一般会较为紧密地在站点内链接成团，不同的主题之间却很少有相互的链接。网页浏览者在浏览网页时一般会有一定的目的性，倾向于浏览同一个主题的网页。所以在网站设计初期，先明确一个设计目标，使用分类分层的思维和对网站总体布局的设计理念，将目标集中在一个或者几个主题上。

（4）隧道特征。在 Web 中存在很多主题页面团，这些主题页面团之间往往通过若干与主题无关的链接连接在一起，这些作为连接若干主题团的与主题无关的链接，就像一条长长的隧道，即所谓的隧道特征。在网络搜索器搜索过程中，页面搜集的质量和搜索器最终资源的发现率受隧道特征的影响极大。保存隧道会提高网页搜索的查全率，这会降低主题相关性判别算法中的过滤阈值，而主题相关性判别算法中的过滤阈值和页面搜索的准确率有关，阈值越高，准确率越高，阈值越低，准确率越低，所以保存过多的隧道又会降低搜索准确率。二者存在一定的矛盾关系，找到平衡点至关重要。

本实验采用处理页面的 DOM 结构、可视信息等一些启发式规则将页面内噪声去除，具体是把 HTML 网页表示成 DOM 树，找到文档树中包含的 <Table> 节点，<a> 标记、<Object> 标记、<Embed> 标记一般包含在 <Table> 节点之间形成链接序列，提取出该链接序列，否则不予提取。这是本实验室其他工作人员开发的 HTML 解析器的工作原理。

3.2 网络爬行器概述

3.2.1 网络爬行器定义

网络爬行器也被称作 Spider，是遍历网络图的一个程序，它将遍历过程中途经的网页保存起来，是搜索引擎的重要组成部分。网络爬行器（Spider）能在 Web 上漫游，寻找要添加进搜索引擎索引中的列表，爬行器有时也称为 Web 爬虫（Web Crawler）或 Web 机器人或搜索器。网络爬行器的功能就是尽可能多和快地给搜索引擎输送网页，实现强大的数据支持。网络爬行器是通过网页的链接地址来寻找网页，从网站的某一个页面（通常是首页）开始，读取网页的内容，找到在网页中的其他链接地址，然后通过这些链接地址寻找下一个网页，这样一直循环下去，直到把这个网站所有的网页都抓取完为止。如果把整个互联网当成一个网站，那么网络爬行器就可以用这个原理把互联网上所有的网页都抓取下来。网络爬行器性能的好坏直接影响着搜索引擎质量的高低。网络爬行器属于多个领域交叉的研究范畴，理论基础主要包括信息检索人工智能理论，特别是机器学习理论和概率统计理论，此外结合了 Web 信息处理的一些新方法和新技术；涉及 Web 挖掘、机器学习、自然语言、信息检索处理等领域。

爬行器通常以若干种子网页作为爬行的起点，通过分析种子网页得到网页中的 URL 链接，将得到的 URL 链接放入待爬行的 URL 队列中，整个爬行过程就是不断从队列中取出 URL 下载该网页，分析该网页得到 URL，直到达到某个条件的时候停止。

网络在不断快速的发展过程中，网络中的信息量也巨大。一方面，一个搜索引擎不可能覆盖整个 Web，当前著名的搜索引擎谷歌也只覆盖了整个 Web 的 10%；另一方面，网络爬行器在爬行过程中要把爬行过的网页保存起来，因此在不断地爬行过程中，必定会受到硬件资源的限制，那么它所能存储的网页也是有限的。由于上述两方面的问题，就要求网络爬行器在爬行时尽量找到 Web 中的高质量网页来保存。因此，采用一个优良的爬行策略对一个优秀的搜索引擎是十分必要的。

3.2.2　搜索引擎分类

随着互联网的迅速发展，网上的信息量呈几何级增长，各种各样的搜索引擎产生和发展起来，在这些搜索引擎当中，谷歌、百度等占领了大部分市场，另外还存在着大大小小成千上万个搜索引擎。依据搜索引擎的工作原理和特点，一般分为以下几个种类。

（1）基于网络爬行器的搜索引擎。全文搜索引擎提取各个网站的网页文字信息而建立数据库，通过这些数据库中的记录，检索到与用户查询条件匹配的相关信息，然后将这些记录相关信息的记录按照一定的排列顺序返回给用户。

从搜索结果来源的角度出发，全文搜索引擎可细分为两种。一种是拥有自己的爬行器，俗称"蜘蛛"程序或"机器人"程序，这种搜索引擎自己建立数据库，将搜索到的网页存储到数据库当中，当用户查询时自动从自身的网页数据库中返回结果，如谷歌、百度等都是这样的原理。另外一种是租用其他搜索引擎的数据库，并按自定的格式排列搜索结果，返回结果信息，如来科思（Lycos）引擎。

（2）基于目录分类索引的搜索引擎。从严格意义上讲，目录分类索引并不算真正的搜索引擎，虽然有搜索功能，但仅仅是根据目录分类把网站分类列表。这类搜索引擎人工收集 Web 站点提交的分类信息，并不使用网络机器人来下载 Web 文档；目录分类索引将 Web 信息按照主题分类并以树状形式加以组织，一般不对文档内容进行自动分析和索引，而是对站点网页文档等进行分类，用户在查询的时候可以不用输入关键词，仅仅依靠搜索引擎提供的目录分类就可以找到需要的信息。其中雅虎最具有代表性，其他如新浪、搜狐、网易也有此类搜索引擎。

（3）元搜索引擎。一般情况下搜索引擎对 Web 的覆盖率都很低，不超过 30%。元搜索引擎首先对用户查询请求进行预处理，处理成为其他底层搜索引擎能够处理的格式，然后向各个搜索引擎发出查询请求，对返回的结果进行消重、排序等方面的处理，并将结果返回给用户。这种搜索引擎有代表性的如 InfoSpace、DogPile 等，国内如搜星，都是元搜索引擎，它们对搜索结果的排序规则也各不相同。

3.2.3　网络爬行器的基本组成结构

网络爬行器要完成的功能：获取爬行链接，下载网页并分析该网页，将分析网页得到的链接进行处理，保存爬行过的网页。网络爬行器的基本组成结构如 3-4 图所示。

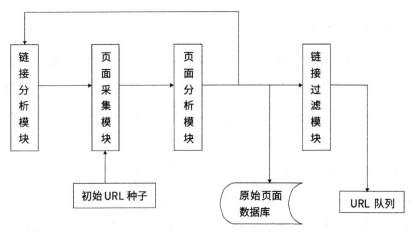

图 3-4　网络爬行器基本组成结构

链接分析模块：分析获取超链接的使用协议、主机名或者对方的 IP 地址，获取链接所在服务器的路径，以用于页面采集模块建立通信连接，抓取网络资源。

页面采集模块：主要工作是通过各种 Web 协议编写请求信息，通过 Socket 网络通信从服务器请求获取网页头信息，分析网页头信息确定以某种方式接收主体信息，获取网页主体信息，然后将获取页面交由后面的模块进一步处理。它是网络爬行器和互联网的接口，一般采用多线程技术。

页面分析模块：对页面采集模块采集的网页进行分析，提取符合要求的页面超链接，网页的链接有相对路径和绝对路径之分，必须对网页进行处理得到统一的标准格式的 URL。

链接过滤模块：过滤掉不符合要求的超链接，并且按照一定的策略和算法维护已访问的 URL、未访问的 URL 和不能访问的 URL。

原始页面数据库：用来存放爬取下来的原始页面文档。

3.2.4　网络爬行器的体系结构

3.2.3 节介绍了网络爬行器的基本组成结构，简单概述了网络爬行器的总体架构，本小节在 3.2.3 节基本结构的基础上，以层的思想来建立网络爬行器的体系结构，即一层控制、二层过滤、三层存储，其体系结构如图 3-5 所示。

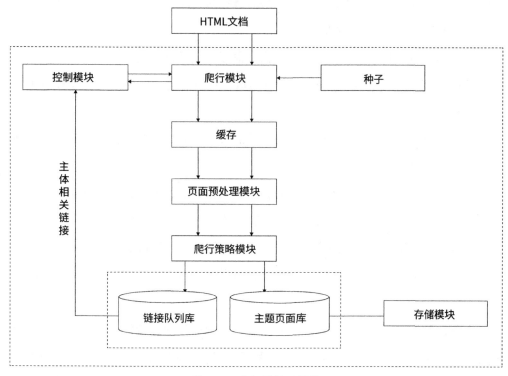

图 3-5 爬行器体系结构

（1）控制模块。控制模块主要完成四个功能。

第一，区分站内外链接和其他链接，对爬行的链接类别进行控制。内部链接指网站内部网页之间的链接，是引导用户浏览网站的主要手段，也是引导爬行器爬行的主要策略；外部链接指外部网站与本网站的链接，外部网站之间的链接；其他链接指除了内部链接和外部链接以外的链接。

第二，实现了爬行模块和链接队列库之间的通信，控制模块建立和维护一个线程池，线程池中的每一个对象都是爬行模块的一个基本单元，为爬行模块提供未访问的URL 链接，它从链接队列库中获取一个处于等待状态且链接价值最高的链接分配给每个爬行单元，如果队列为空的，会等待新任务的发送。

第三，检测爬行系统的运行状态，在没有活动的下载线程且等待队列为空的条件下，可以正常地退出爬行系统。

第四，作为启动系统的入口，提供系统运行的可视化界面，界面主要包括选择所要爬行的多媒体类型部分、启动或终止系统运行部分和对系统的爬行过程进行监视的部分三个部分。

（2）爬行模块。爬行模块的主要功能是向链接队列库请求一个处于等待状态且相关度最高的 URL 进行爬行，具体步骤如下。

①爬行模块向控制模块发出请求，再由控制模块向链接数据库请求一个处于等待状态且相关度最高的 URL，并将该 URL 设置为运行状态。若请求失败，该线程退出；若成功，转到步骤②。

②向该 URL 对应的 Web 服务器发出下载请求，若下载失败，转到步骤⑦，否则将网页内容读入缓存。

③对该网页内容进行特征提取并进行内容相关度计算，若与搜索主题相关，则将其存入页面数据库，转到步骤④，否则将直接转到步骤⑦。

④从缓存中开始读取网页内容，通过页面解析器对页面进行解析。

⑤对其中的超链接进行处理，相对地址向绝对地址转换、对查询串和锚点进行处理。

⑥根据控制模块对该类链接的不同设置进行相应的处理，若设置返回"true"，则通过爬行策略模块的爬行算法对该链接进行链接特征提取和链接相关度计算；若与主题相关，且链接队列中没有此链接，则将其存入链接队列数据库，并将其状态置为等待，否则将其直接丢弃。若读到网页末尾，转至步骤⑦，否则转至步骤④继续读取网页内容。

⑦如果在下载网页时发生错误，则将该 URL 的状态置为错误；若在下载网页时没有发生错误，但与主题不相关，则将该 URL 的状态置为抛弃；若在下载网页时没有发生错误，并且与主题相关，则将该 URL 的状态置为完成。

⑧若该 URL 的状态被置为完成，则用该 URL 的链接特征和内容特征来更新主题词典。

3.2.5 存储模块

存储模块包括临时页面存储、目标页面存储、中间链接存储、更新存储四层存储机制，逐层存储网页信息。

第一层临时页面存储，只是将网页内容读入缓存中，这样避免了系统与数据库的直接通信，减少了对无关网页的存储，节省了空间，对运行速度也有提高。

第二层目标页面存储是根据抓取的网页相似度，将与搜索主题相关的目标网页存入网页数据库。

第三层中间链接存储，根据控制模块对爬行链接类别的控制与过滤模块对链接相关度的计算，对网页内的链接进行存储。该层存储通过维护五个 URL 队列来实现。

（1）等待队列。在此队列中，链接处于等待状态，等待系统处理，并将新发现的链接插入此队列。

（2）处理队列。即当一个链接被处理时，进入处理队列。为了保证一个链接不被多次处理，会将处理过的链接移送至错误队列或者抛弃队列或者完成队列中。

（3）错误队列。在下载网页时发生错误，链接会被归入此队列，错误队列中的链接不会进一步被处理。

（4）抛弃队列。下载网页时没有发生错误，但与搜索主题相关度小于阈值，这时要放入此队列，系统也不会对它做进一步处理。

（5）完成队列。若网页没有错误且相关度符合阈值要求，就要将此链接放入等待队列，处理完毕后送入完成队列中。在此过程中要提取出该链接的链接特征和内容特征，用于下一步的爬行。

第四层更新存储，利用目标网页的链接特征和内容特征来更新主题词典，这在主题爬行器中较为常用。主要是判断主题词在网页当中的权重，然后根据主题词典中该特征词阈值来判定该网页文档是存储还是抛弃。若能达到阈值就可以存储，并且可以对网页中高频词进行统计，超过阈值就添加到词典中，从而达到更新词典的目的。

3.2.6　网络爬行器搜索策略

（1）采用队列存储结果的网络爬行器搜索策略。网络爬行器是搜索引擎的重要组成部分，实际上是一个自动提取网页的程序，利用程序遍历网络，为搜索引擎下载网页。网络爬行器从一个或多个初始的网站种子出发，分析网站的网页链接信息和内容信息，不断从当前页面中抽取新的 URL 放入队列，直到满足爬行系统的条件为止，通常指 URL 队列为空或者人工终止网络爬行器的运行。

（2）采用图存储结构的网络爬行器搜索策略。同一站点基本上是围绕一个主题组织起来的，链接将各个网页联系起来，各站点间通过友情链接相互联系。每个网页由图像、文字、动画、超链接等组成，用户顺着网页链接能够浏览一个个新的网页。当前的网页定义为父网页，通过超链接打开的网页是子网页，把每个网页看成一个节点，超链接成为链接节点的有向边，若用图来表示，网络爬行器在网络上抓取网页链接的过程类似于有向图的遍历过程。按照这种存储结构将爬行器的搜索策略分为广度优先策略、深度优先策略和有限深度的广度优先策略三种。依据实际的网页链接顺序，对图结构中的每个顶点建立一个单链表，每个单链表中的节点都依附于该顶点的边，站点内部链接紧密形成网页集团，网页集团的大小决定了该站点的规模，通过少量的外部链接和外站点相连，所以优秀的链接地址对选择种子集至关重要。

广度优先策略指在抓取过程中，先完成当前层次的抓取后，然后进一步对下一层次进行爬行，抓取网页。广度优先策略设计和实现相对简单，可以覆盖尽可能多的网页，Flash 动画下载系统就是利用广度优先策略的搜索方法，如图 3-6 所示。

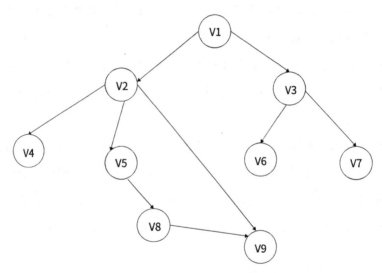

图 3-6　广度优先策略爬行

对图 3-6 广度优先策略搜索的顺序是 V1、V2、V3、V4、V5、V9、V6、V7、V8。

深度优先策略指在抓取过程中，从某个根节点出发，首先访问此节点，然后沿着以有向边为路径不断往深层搜索，直到此路径上没有可访问的节点；回退到该路径上没有被深度访问的节点，重复深度搜索策略直到所有的节点被访问到；深度搜索策略对路径的搜索深度很深，但容易陷入网络中的陷阱。对图 3-6 深度优先搜索的顺序是 V1、V2、V4、V5、V8、V9、V3、V6、V7。

有限深度的广度优先策略指将广度优先策略和深度优先策略结合起来，首先设置一定的搜索深度，然后利用广度优先策略进行爬行，当达到一定的爬行深度以后就停止搜索。对图

3-6 来说，若设置有限深度为 3，则爬行顺序为 V1、V3、V2、V7、V6、V9、V4、V5。

3.3　网络搜索算法的改进

在互联网中，多媒体资源一般以嵌入式、超链接式、动态生成多媒体三种方式存在。前两种形式存在的多媒体网页的源文件中有多媒体类型的文件扩展名和相应的链接地址，可以依据多媒体如 Flash 动画的文件扩展名，来判断此多媒体的类型，从而也是建立网络 Flash 爬行器的基础；至于第三种方式，用一些函数来动态生成网页，目前没有此类信息的提供，很难分析这样的网页。

3.3.1　基于 Topic-PageRank 主题搜索算法

PageRank 算法不考虑网页的相对重要性，在迭代的过程中按当前网页的出度平均分配权值，对待每个链接出的网页平均权值分配，这与网页资源的实际情况不符合。从链接结构角度看，相对重要的网页可以按网页的入度和出度来判定，入度和出度较大的网页比较重要。加权 PageRank 就是基于此方面的考虑，认为网页的重要性和网页的入度和出度呈正比。网页之间靠链接把网页联系起来，一个网页中有链接指向另一个网页，说明两个网页的内容很大程度上会相关，但同时同一个网页中不同链接指向的网页内容与当前网页内容的相关程度是有差别的。Topic-PageRank 以主题为中心的 PageRank 算法，网页权值的分配和网页内容的相似度成正比，即当前网页的内容和被链接的网页内容越相似分配到的权值比重就越大。

对于 PageRank 算法的改进会产生主题漂移现象，此现象指知名网站在迭代过程中获得的权重提高了，即使相关度很小也会排在结果的前列，这样会极大破坏查询的相关性。加权 PageRank 算法以网页重要性为比例分配权值，导致知名网站会获得更高的权重，在一定程度上加剧了主题漂移现象的发生。而在 Topic-PageRank 算法中根据网页的相关性来分配权值就能有效解决这种主题漂移现象的产生，但同时忽略了排序中对权威性的需求。

从提高搜索准确性角度看，必须从网页内容和链接分析两个方面对 PageRank 算法进行改进，网页与主题的相关性由网页内容相关性分析来确定，网页的权威性和主题资源搜索的覆盖率由网页的链接分析来确定，即在利用 PageRank 算法对爬行队列中的页面进行排序时，网页的链接相似度分析被加入 PageRank 算法中。Topic-PageRank 算法体现了这一点，它将链接锚文本的主题相关度和链接所指向的网页的实际主题相关度联系起来，考虑这两个因素来确定链接被点击的概率，与这两个因素联系越相关，那么被点击的概率越高。改进后的 Topic-PageRank 算法为

$$\text{TPR}(p) = \frac{1-d}{N} + d \times \sum_{i=1}^{n} \text{TPR}(T_i) \times P(T_i, p) \qquad (3-1)$$

式中，$\text{TPR}(T_i)$ 为网页 T_i 的 PageRank 值，网页 p 的 PageRank 值由 TPR（p）代表，d 为阻尼系数；网页 T_i 指向网页 p；$P(T_i, p)$ 为网页 T_i 到达网页 p 的概率；n 指链接到网页 p 的网页数量；N 为已经下载到待爬行队列中与主题相关的网页数量。

上面提到一个网页到达另一个网页的概率受链接锚文本和主题相关度和链接所指向网页的实际主题相关度两个因素的影响。概率 $P(T_i, p)$ 的值与这两个因素成正比，锚文本的主题相关度越高，那么 $P(T_i, p)$ 的值越大。概率 $P(T_i, p)$ 的计算公式为

$$P(T_i, p) = \omega \times \frac{\text{sim}_{\text{cowtent}}(p)}{\sum_{i=1}^{n} \text{sim}_{\text{cowtent}}(i)} + (1-\omega) \times \frac{\text{sim}_{\text{imk}}(p)}{\sum_{i=1}^{n} \text{sim}_{\text{imk}}(i)} \qquad (3-2)$$

式中，$\sum_{i=1}^{n} \text{sim}_{\text{content}}(i)$ 为所有从网页 T_i 链出的网页内容相似度的集合；$\sum_{i=1}^{n} \text{sim}_{\text{imk}}(i)$ 为所有从网页 T_i 中链出的网页链接信息相似度的集合；ω 为影响因子，取值范围为 0~1。待爬行链接的网页内容相似度是通过继承其父网页的内容相似度得到的，所以只能通过获取网页的锚文本和 URL 信息来计算网页内容相似度，可以利用布尔模型来计算网页的内容相似度。所用公式为

$$\text{sim}_{\text{content}}(i) = \alpha \times \text{sim}_{\text{anthor}}(i) + \beta \times \text{sim}_{\text{URLFanyi}}(i) \qquad (3-3)$$

$$\text{sim}_{\text{anchor}}(i) = \frac{|D_{\text{anchor}}(i) \bigcap T|}{|T|} \qquad (3-4)$$

$$\text{sim}_{\text{URLFanyi}}(i) = \frac{|D_{\text{URLFamyi}}(i) \bigcap T|}{|T|} \qquad (3-5)$$

式（3-3）~ 式（3-5）中，$\text{sim}_{\text{content}}(i)$ 为网页的内容相似度；$\text{sim}(i)$ 为各部分文本内容与搜索主题词之间的内容相似度；$D(i)$ 为文档集合，T 为主题关键词；URLFanyi 为利用中英文翻译词典将网页的 URL 地址翻译成的中文文本内容。经过研究统计，发现不同位置的文本内容对网页的标识程度是不同的，一般为主题词和翻译而来的中文文本分配不同的权重，比例为 6:4。实验时将得到的网页内容相似度作为一个字段和网页的其他信息存入数据库中，以便于计算网页链接分析相似度。

Topic-PageRank 算法改进的具体细节可表述为：

①要使网页的 TPR 值贡献越大，则要求网页链接主题相关度越高；

②网页入度 TPR 值越高，则此页面的 TPR 值越高；

③ TPR 指被传递到下个页面时不再以均等的方式。

3.3.2　基于改进 Shark-Search 的多媒体主题搜索算法

在现在快速发展的互联网时代，Web 中蕴含了大量的多媒体资源，包括图像、动画、视频、声音等多媒体形式，这些多媒体资源表征 Web 信息的主要方式为信息的开放性、资源的丰富性、时间空间的灵活性、形式的新颖性。

网络 Flash 爬行器的目的是在 Web 中搜索与教育主题相关的，并且包含 Flash 动画的网页。首先利用启发式策略评价待爬取链接价值，然后分析爬取链接的网页是否包含 Flash 动画资源，根据指定的教育主题定向及时地爬取种子网页中的链接，这同其他主题网页搜索类似。网络 Flash 爬行器爬取的网页既要保证和搜索主题相关，同时要包含 Flash 资源，这是与主题网页搜索不同的地方。

Shark-Search 算法是一种经典的主题搜索算法。针对 Flash 动画资源在网页中分布的特点，本研究对 Shark-Search 在搜索宽度、主题相关性判断及待爬行链接选取上做了相应改进，同时采取"先搜索、后判断"的策略，从而提高了网络爬行器对网页的搜索效率。

1）Fish-Search 算法与 Shark-Search 算法

Fish-Search 算法是一个早期的由德布拉等提出的主题网页动态爬行算法。Fish 算法将每条鱼代表一个 URL，主题爬行器在 Web 中爬取网页的过程模拟为鱼群在大海中觅食的过程。原理为当鱼找到食物即发现相关网页时，那么它的繁殖能力就会增强即搜索宽度会增加，并且它繁殖的后代寿命与它自身相同即搜索的深度不会变；当没有发现食物即没有发现相关网页时，那么它的繁殖能力会保持不变即搜索宽度不会变，并且它的后代寿命缩短即其搜索深度减去 1；一旦鱼进入污染区即网页不存在或者读取时间太长的情况出现时，这条鱼死去即会放弃对该链接的爬行。待爬行 URL 的优先级是基于页面内容与主题的相关性及链接选取的速度来确定。不过它对相关性的判断是二值判断，即相关 / 不相关，为离散化的。后来赫索维奇在 Fish-Search 算法的基础上提出了 Shark-Search 算法。

Shark-Search 算法对 Fish-Search 算法的改进体现在两个方面：一方面，不再使用 Fish-Search 的二值判断，而是用连续的值函数来表示相关性，取值在 0~1 之间；另一方面，链接主题的相关性受锚文本及其上下文和父链接相关性继承的影响。算法对网页中不同区块的链接进行聚类，然后将相同类的所有链接锚文本作为该类的描述文本，以此来计算该类与主题的相关性，用来替代 Fish-Search 算法中锚文本上下文对链接相关性的影响。

2）改进 Shark-Search 算法

（1）网页链接分块。Flash 资源在网页中的存在形式一般为两种：一种是可以在线浏览的 Falsh 素材，即网页嵌入式；另一种是需要通过下载获得的 Flash 素材，即超链接形式。通过大量包含 Falsh 多媒体素材的网页分析得出：包含动画的网页链接在其父网页中通常以链接列表的形式出现，这些链接列表称为"主题团"，对于主题团利用后续章节详细介绍。

（2）网页内容相似度计算。网页链接按照 <table> 标签分为不同的"主题团"，将"主题团"标题与主题的相关度作为待爬行链接中锚文本和 URL 地址的权重。

其中，Score(block_title) 是链接 u_i 在向量空间模型中所在"主题团"标题与主题的相关度，关键词集合 $T=(t_1,t_2,\cdots,t_n)$ 由所有的检索关键词组成，计算中采用向量空间模型（VSM），$V_i(d)=[t_1,w_1(d);\cdots;t_i,w_i(d);\cdots;t_n,w_n(d)]$ 是一个范式的矢量公式，指向标题文档 D 中的每一个文档 d，其中 $w_i(d)$ 为 t_i 在文档 d 中的权重，Score(anchor) 和 Score(url) 分别表示链接 u_i 的锚文本和 URL 地址与主题的相关度，采用布尔模型进行计算；β 为相关因子，用以调节链接的锚文本和 URL 地址所占的比重。采用 TF-IDF 词频统计方法计算权重，公式为

$$w_i(d)=\frac{tf_i\log\left(\dfrac{N}{nt_i}+0.01\right)}{\sqrt{\sum_{i=1}^{n}\left[tf_i\log\left(\dfrac{N}{nt_i}+0.01\right)\right]}} \tag{3-6}$$

式中，tf_i 为关键词 t_i 在文档 d 中出现的频率，N 为用于特征提取的全部训练文本的文档总数，nt_i 为出现关键词 t_i 的文档频率。

采用向量空间模型计算"主题团"标题与主题的相关度，公式为

$$\text{Score(block\_title)} = \text{sim}(d,q) = \cos(\theta) = \frac{\sum_{i=1}^{n}[w_i(d)\times w_i(q)]}{\sqrt{\sum_{j=1}^{n}w_j^2(d)\times \sum_{j=1}^{n}w_j^2(q)}} \qquad (3\text{-}7)$$

式中，$w_i(q)$ 为关键词 t_i 在查询 q 中的权重，通常当查询中包含就为 1，否则就为 0。两个范化矢量之间夹角的余弦表示"主题团"标题与查询主题的相关度。

（3）网页链接相关度计算。对于链接结构方面，资源相邻性特点包含于 Flash 多媒体的主题网页中。资源相邻性是指在一个网站中，该网站的某一部分或某几部分区域中往往包含 Flash 多媒体资源，并且相同主题处于同一 Flash 多媒体资源的主题区域中。根据此特点我们做出如下假设：

①如果一个网页是与主题相关的包含 Flash 多媒体的网页，那么此网页的子链接很可能是与主题相关的包含 Flash 多媒体的网页。

②如果一个网页是与主题相关的包含 Flash 多媒体的网页，那么此网页在父网页中的兄弟链接很可能是与主题相关的包含 Flash 多媒体的网页。

根据以上假设，在计算网页链接相关度时，链接结构对一个 URL 链接相关度的影响可以用父网页和兄弟网页的链接相关度来揭示。本研究引入一个动态因子把这种影响实时地反馈给每个子链接。表示链接结构对一个 URL 链接相关度贡献的公式为

$$\text{Structure\_score}(u_i) = \sum_{j=1,\ u_i\in d_j}^{t} \lambda(d_j)P(d_j)/t \qquad (3\text{-}8)$$

式中，u_i 为正在爬行的链接，$\lambda(d_j)$ 为动态因子，t 为父链接的总数，计算公式为

$$\lambda(d_j) = (n'+\theta) \ / \ (n+\theta) \qquad (3\text{-}9)$$

式中，n' 为父链接 d_j 的已爬行子链接中主题相关页面的个数，n 为父链接 d_j 已爬行子链接的总个数，θ 为归一化因子（通常取 0.5）。在爬行的过程中，$\lambda(d_j)$ 会不断地动态调整。$P(d_j)$ 用来衡量通过父链接能爬行到多少主题相关页面的能力，表示从父链接继承来的链接相关度和已爬行过兄弟链接的平均链接相关度，计算公式为

$$P(d_j) = (1-\sigma)R(d_j)+\sigma \sum_{k=1,d_k\in d_j}^{N} P(d_k)/N \qquad (3\text{-}10)$$

式中，$R(d_j)$ 为父链接 d_j 的主题相关度，σ 为偏置因子，d_k 为 d_j 的一个已爬行子链接，

N 为 d_j 已爬行子链接的总数，$\sum_{k=1,d_k\in d_j}^{N} P(d_k)/N$ 为父链接 d_j 中已爬行子链接的平均链接得分。在计算链接相关度 potential_score 时，可以考虑上面描述的链接内容和链接结构两个方面的因素，计算公式为

$$potential\_score(u_i) = \lambda Content\_score(u_i) + (1-\lambda)Structure\_score(u_i) \quad （3-11）$$

式中，λ 为一个比例因子，用来平衡链接结构和链接内容这两个因素所占的比重。

3.4 多媒体 Flash 网页资源的消重与净化

多媒体 Flash 网页资源中存在很多的重复网页，而网页消重可以消除重复的网页，降低存储的成本，提高搜索引擎的性能。本研究基于网页的内容进行消重化处理，以网页内容为向量特征来比较近似值，分析如何确定网页的主题内容，利用经典的算法，从多方面来改进网页的消重化处理。

网络 Flash 爬行器指在 Web 中搜索与 Flash 资源主题相关的并且包含 Flash 动画的网页。目前各大搜索引擎（如谷歌、百度）相继推出了多媒体搜索引擎，主要是利用网页中的相关文本提取描述多媒体信息的关键词进行多媒体信息检索，这种搜索引擎能够直接、快速地从 Web 中寻找多媒体资源。但所搜索到的网页往往有大量的重复，根据中国互联网网络信息中心 2009 年发布的《中国互联网络发展状况统计报告》显示，用户在回答"检索问题时遇到的最大问题"这一提问时，选择"重复信息多"选项的占48%，排名第一位。将相似的网页消除，可以节省网络带宽，减少占用的空间，提高索引的质量，提高查询服务器的效率和质量。

网页重复主要表现为两种：一种是网页的链接地址相同；另一种是网页内容相同。基于链接地址的消重较为简单，相比而言，基于内容的网页消重由于自然语言的复杂性，一直是搜索领域的难题。近年来有关文本特征的提取算法可分为两类：基于词频统计和基于字符串的提取。前者通过统计出现在文本中的关键词个数，将高频词作为文本特征来计算相似度，此方法召回率高，但常常引起误判，准确率差；后者按照一定规则选取一些字符串来代替文本进行相似度计算，具有较高的准确率。

3.4.1　网页重复的特征

网页文本是用 HTML 语言编写的，是一种标识性的语言，利用大量标签来对信息类别进行标记，如标记文本标题的 <TITLE> 和标记自然段分割的 <P> 等。通过分析这些标记，可以让计算机获取网页文本中包含的各种信息。网页重复指网页之间文本内容完全或很大程度上的相同，有以下特征。

（1）重复率高。网页的重复主要由于转载网页的应用，由于用户对一些网页的兴趣比较大，网络信息在传递过程中通过网页复制进行信息共享，经典的文章及一些话题受众多的网页，有时转载达到几十次之多。

（2）存在噪声。网页转载时一般都"原样照搬"，保持文本的结构和内容，保留版权，并会在开头加入引文信息。所以这些网页在去掉噪声之后，在结构和内容方面会保持高度一致。

（3）部分存在重复。有一些相同的内容信息在一个网站中是分几页显示的，而在其他网站中，就有可能是在一页当中显示。而有些网站在转载其他网站网页的过程中，会加上自己的一些信息，如评论等，也会造成信息的部分重复。

3.4.2　网页消重的经典算法

1）Shingling 算法

Shingling 算法主要目的是发现内容大致相同的网页，即内容相同只是格式上微小的不同；另外还有签名和 Logo 的不同。为了确定两个文档之间关系的紧密程度，引入了相似度的概念。相似度指两个网页的相似程度，一般把相似度确定为 0~1，两个网页相似度越接近于 1，证明两者相似度越高。包含度指一个网页包含另一个网页的程度，为计算两个文档的相似度和包含度，为其保留几百字节的 Sketch（结构图）即可。Sketch 的计算效率比较高，而得出的两个 Sketch 其所对应的相似度和包含度的计算在时间上和得出的 Sketch 呈线性关系。该算法把它的词法分析为序列标示，同时忽略格式、命令、大小写等细节，从而把文档和标示的字串所组成的集合联系起来。

给出一个文档 D，定义它的 W–Shingling $S(D, S)$ 为 D 中所有大小为 W 的不同的 Shingle（相邻子串），给定 Shingle 的大小，两个文档 A 和 B 的相似度 r 定义为

$$r(A,B) = \frac{|S(A) \cap S(B)|}{S(A) \cup S(B)} \tag{3-12}$$

可以得到，文档的相似度介于 0 和 1 之间，且 $r(A, A) = 1$。

给定一个 Shingle 大小为 W，U 是所有大小为 W 的 Shingle 的集合。现给定一个参数 S，对于一个集合 W 属于 U，定义 Mins (W) 为

Mins $(W) = \{ W$ 中最小的 S 个元素组成的集合；$W \geq S$ 或等于 $W\}$

"最小"是 U 中元素的数值顺序，modm (W) 等于集合 W 中所有可以被 m 整除的元素的集合。

具体步骤：

①取得网络上的文档；

②计算每个文档的 Sketch；

③比较每对文档的 Sketch，判断是否超过一定的相似度阈值；

④聚类相似文档。

使用 Shingling 算法进行消重，通过简单的方法对数据量很大的文档进行分割、计算、合并，将数据分割成块，对每一块进行计算，然后对得到的每一块数据进行合并。一般合并结果很简单但是消耗时间较长，因为这要涉及 I/O 的操作，每一次合并都是线性级别的，全部的操作过程呈几何级增长，所以对硬件要求较高。

2）Simhash 算法

Simhash 是一种降维技术，可以将高维向量映射为位数较小的指纹。它首先将文档转换为特征码的集合，每个特征码都有一个权值，特征码的生成需要用到 IR 技术，即对文档进行分词、大小写转换等，一个附有权值的特征码的集合构成一个高维向量，Simhash 可以将这种高维向量转换为 f 位的指纹，如 64。

如果给定一个从文档中提取的带有权值的特征码的集合，Simhash 生成 f 位的指纹的过程为：生成 f 位的向量 V，将每一位都初始化为 0，将每个特征码都哈希成 f 位的哈希值，然后对 V 的第 f 个元素增加或减少其对应的权值的大小。如果对应值为 1，就增加第 f 个元素对应的权值大小的值；如果为 0，就减少第 f 个元素对应的权值大小的值。所有的特征码完成这些处理以后，得到的结果中 V 的元素有的为正，有些元素为负，这些元素符号决定了最终指纹相应位数上的值。

3.4.3 网页正文重复性判断算法描述

网页的特征码由主码和辅码两部分组成。依次提取网页正文中每个段落段首的第

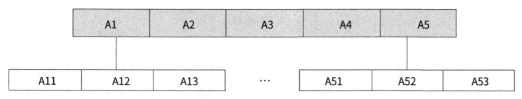

一个文本，组成主码。再从各段落中将每一个标点符号前面的一个文本提取出来，依次构成辅码，由于长度方面的限制，辅码的提取只针对每段的前 n 个标点符号进行提取，若某段标点符号小于 n，则相应的辅码剩余位用空格占位替代。若某一页面正文共有 5段，则提取的特征码结构如图 3-7 所示。

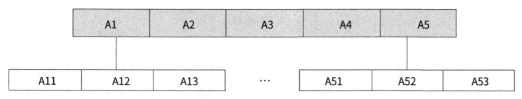

图 3-7 网页特征码结构

假设网页 A 对应的特征码为 TA，网页 B 对应的特征码为 TB，判断两个网页是否为重复网页的步骤为：

①比较 TA 和 TB 的主码，若主码完全相同则认为网页 A 和 B 是内容相同的网页，跳转到步骤④，否则跳转到步骤②。

②若 TA 和 TB 的主码比较结果为下述情形之一：其中一个的主码是另一个的主码的真子集；若两者不互为真子集，但两者主码去交集的结果较大，则跳转到步骤③进行进一步的判断；若两者交集为空或者交集结果较小，则认为 TA 和 TB 是内容不同的网页，跳转到步骤④。

③对 TA 和 TB 的交集，即两者主码相同的部分进行处理，判断对应的辅码是否相同，若完全相同或大部分相同，则认为两者是内容相同的网页，但若相同的辅码很少，则认为两者是内容不同的网页，跳转到步骤④。

④判重结束。

3.4.4 网页消重系统结构

网页作为半结构化的信息文档和纯文本文档有很多不同，网页中的有效信息包括如下形式：网页标题、网页正文、导航信息、超链接、图片、声音、视频、动画等多媒体信息。本文中网页消重主要是指对网页中的文本内容进行消重处理，网页的文本内容是主要处理对象，网页消重系统结构如图 3-8 所示。

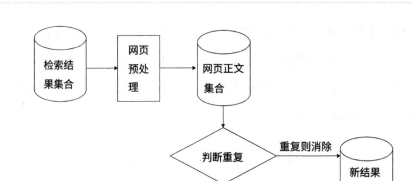

图 3-8　网页消重系统结构

网页消重首先对检索得到的集中网页进行预处理，将多余信息屏蔽，获得网页的内容信息，然后对网页内容进行消重处理。根据上文所述的有关消重算法的研究，可以看出判断两个网页是否重复的算法能否有效，关键是特征码与网页正文内容之间是否高度对应，若特征码和网页正文内容是以近似检索结果的一对一映射关系对应的，则此算法就能保证准确性，那么在判断两个网页是否重复这个问题上就会有很强的可操作性。在分析算法的有效性时，本文主要以中文页面的文本内容为出发点：常用汉字约为 7200 个，特征码主码的长度为 n，则在不同网页出现相同特征码主码的概率为 1/7200 的 n 次方。而对于一些常用的词条，如新闻段首一般为"据报道"等开头。假设有 x 段落以这样的词开头，则出现重复特征码的概率为 1/7200 的 $n-x$（$n>x$）次方，当 n 取稍大的一些值时，相对于检索集合中的大量网页来说变化较小，同时由于算法中设计了相应的辅码，会进一步降低特征码重复的可能性。

3.4.5　实验结果分析

采用上述算法对一批数量在 500~1000 个的网页集合进行处理。集合中包含了一些内容完全相同或部分相同的网页。将实验结果与人工判别的结果进行比较，发现判断重复网页的正确率在 95% 以上。出现错误的判断有些是由于网页转载时出现错码等现象，有的是两个重复网页的段落排列差异太大。本研究利用网络爬行器在新浪网和高校教育网上搜索到 175062 个有关 Flash 的网页，这些网页中的 Flash 含有大量的重复的 Flash 广告，首先消重相同链接的 Flash 广告；然后对链接消重后的网页集合进行进一步的网页内容消重，将这些网页分类做成包含 500~5000 个的网页集合库导入消重系统当中，分别进行网页集合的消重处理，实验结果如表 3-1 所示。

表 3-1　多媒体网页消重系统实验结果

网页数量 / 个	特征码提取时间 / 秒	消重处理总时间 / 秒
500	2	3
1000	6	8
1500	8	10
2000	13	15
3000	22	26
4000	31	36
5000	39	45

根据实验结果可以看到，特征码提取占用了消重过程的大部分时间。因此，提高特征码提取的效率显得尤为重要，其关系着整个网页资源消重系统的速度与可用性。消重系统的性能以查全率和准确率为标准，如式（3-13）和式（3-14），这两项指标关系着消重系统的好坏。

$$查全率 = \frac{正确消重网页数量}{存在的重复网页数量} \tag{3-13}$$

$$准确率 = \frac{正确消重网页数量}{消除的网页数量} \tag{3-14}$$

但不能片面强调查全率或者准确率，只有二者达到适当的阈值，消重系统才能有比较好的可用性。一般情况下，二者的差异度阈值达到 0.04 时，查全率和准确率基本达到相同的值，消重系统能有比较好的效果，继续增加查全率会急剧下降。本系统实验过程是在 P4、双核 CPU2.2、内存 2GB 的计算机上实现的，操作系统为 Windows XP。随着网页集合的增大，消重系统进行消重处理时所占用内存呈线性增长，处理含有 5000 个网页的集合只需要 16MB 的内存，对整个操作系统影响不大，有很好的适应性和实用性。

3.5　网络 Flash 资源爬行器的系统实现

本书的研究工作是山东省科技攻关项目——基于本体的 Flash 内容管理和搜索引擎

系统的研究与开发的一部分。根据上文提出的网络爬行器系统模型，采用 Java 程序设计语言在 Windows XP 操作系统下实现网络 Flash 爬行器的设计，利用三层过滤（即网页内容过滤、链接内容过滤、链接类型过滤）和四层存储（即目标页面存储、中间链接存储、临时页面存储、更新存储）的体系结构，提出改进的搜索算法，从网页内容搜索和网页链接搜索两个方面进行网络爬行，以适应不同的网络环境，并在爬行过程中采用多线程技术。

3.5.1　数据库设计

本系统需要三个 Access 数据库：用户注册信息数据库 UserInfo、提取的网页信息数据库 InternalLink、包含 Flash 多媒体数据的网页数据库 wh_MultiMedia00。三个数据库的逻辑结构如表 3-2、表 3-3、表 3-4 所示。

表 3-2　UserInfo 的逻辑结构

字段名称	数据类型	字段意义	备注
UserName	文本	用户的用户名	主键
PassWord	文本	用户的密码	—

表 3-3　InternalLink 的逻辑结构

字段名称	数据类型	字段意义	备注
ID	自动编号	数据库中记录的个数	主键
URL	备注	链接的 URL 地址	—
Status	文本	链接的访问状态	W：没有访问 R：正在访问 C：访问完成 E：访问出错
Contain_or_not	文本	是否含有 Flash 动画	—
Hyper_Links	数字	网页中链接的总数量	—
L_Layer	数字	网页的逻辑层	网站首页到达该网页的步数计算
P_Layer	数字	网页的物理层	根据网页的状态判断
IsChecked	文本	该网页是否已经爬行	—
VisitedTime	日期/时间	访问网页的时间	—
ExMessage	文本	访问网页时出错信息	—

表 3-4　wh_MultiMedia00 的逻辑结构

字段名称	数据类型	字段意义	备注
ID	自动编号	用于记录包含 Flash 数据的网页数量	主键
URL	备注	网页的 URL 地址	—
LocalFileName	文本	爬行网页的时间	—
FlashCount	数字	网页中包含 Flash 的数量	依据 Flash 文件的扩展名计算
URLCode	备注	网页的 HTML 代码	—

（1）合并数据库。当数据库积累到一定数量时，为了使用方便，往往把几个 Access 数据库合并成一个库，如我们要合并 Flash 爬行器爬行得到的多个 wh_MultiMedia00 库，每个库中包含一个名为 Flash 的表，把这些库中的表合并成一个表，从而用一个库就可以包括所有库中的数据，提高了对存储资源的利用。要完成这项工作就要把一个库中的数据导入另一个库中，步骤如下。

①建立一个新库 mergenumber.mdb，但不用建立新表。

②文件—导入外部数据—导入命令，从文件中导入已有的表，默认名称 Flash，后导入的表会自动被命名为 Flash1、Flash2 等。

③打开被导入的表，如 Flash1，全选复制其数据，回到 Flash 表当中，添加入表，Access 数据库会自动增加 ID 字段的记录。

④依次添加其他数据库中的数据，压缩并修复数据库。

一般情况下，Access 数据库容量不能超过 2GB，所以对 Access 数据库的优化非常重要；尤其要注意字段的设计和所存储的数据类型，不能存储过多中文字符，如允许还是要用英文字符及数字。

网络上介绍了不少合并 Access 数据库的方法，如果在百度或者谷歌上搜索，搜索结果当中大部分是利用 SQL Server 链接进行合并，使用 Insert Into 语法进行多条记录的追加；另外有介绍使用查询的方法将库的记录累加。前者的问题是经常出现异常，丢失数据；后者的问题是怎么把查询的表转换为正常使用的表。二者都有可取之处，只是操作起来会出现各种问题。相对而言，Access 数据库是微软 Office 软件中附加的一个简单灵活的数据库，面向一些中小型的数据库开发与应用，一般容量不能超过 2GB，用起来比较适中。

（2）URLcode 代码转换成网页。URLcode 代码转换成网页的基本操作是将 Flash 媒体数据库当中的 URLcode 代码转换成网页，这样做的好处：第一，可以减少数据库空间，因为 URLcode 代码占用大量的空间，在转换之后可以减少对 URLcode 代码的存储，大大节省占用空间；第二，可以将 URLcode 代码转换为可视化的网页，便于操作，得到有形的可视化数据。程序利用 date( ) 方法获取 URLcode 代码获取时间，并用时间来命名获取的网页名称，转换后得到的网页名称是获取时间加 ID 号，扩展名为 htm，这样就保证了网页名称的唯一性，不会出现名称重复的情况。其操作简单，单击"选择数据库"按钮，选择"目标数据库"，然后开始处理。其中有一步要提前做好，即在可执行程序的同目录下建立一个 Temp_Pages 文件夹，目的是把转换的 URLcode 代码形成的网页集中在一个文件夹当中，这样便于对网页查看；同时要尽可能多地建立文件夹，每个文件夹包括的网页数量最好不超过 10 万个。

3.5.2　网络 Flash 爬行器的运行流程

（1）网络 Flash 爬行器爬行种子的搜索。网络 Flash 爬行器利用 Flash 网站作为种子，对种子网站进行爬行，对网站的每一层从物理和逻辑两个角度遍历网站，搜索到包含 Falsh 媒体的网页，将网页的链接存储到网页存储数据库 wh_MultiMedia00 中，然后从 wh_MultiMedia00 数据库中取出链接将 Flash 动画下载下来。

Flash 种子搜索原则一般选择网站规模大、包含 Flash 数据多、爬行速度快、网页结构合理、搜索效率高的网站作为网络爬行器的种子。搜索方法：登录百度、谷歌、雅虎等大型搜索引擎首页，输入关键词，进入搜索页面，对排在前面的搜索网站进行分析，打开种子网站进入代码页，同时检查网站的整体结构是否合理，网站登录速度是否能达到爬行要求，然后判断是否含有可爬行的 Flash 链接。如果有就记录种子链接，导入起始数据库中，启动爬行器系统进行爬行，将爬行到的链接存储进数据库当中。

（2）网络 Flash 爬行器搜索种子关键词总结。本文对 Flash 种子的搜索按综合性、游戏、小游戏、MV、课件、教育教学、动画电影、儿童 Flash 进行分类，搜索种子关键词的总体情况如表 3-5 所示。

表 3-5　搜索种子关键词总体情况

搜索关键词	种子数目 / 个	最大逻辑层 / 层	最大物理层 / 层
综合性	98	20	7
游戏	106	20	6
小游戏	43	20	5
MV	18	20	5
课件	31	20	5
教育教学	59	20	5
动画电影	15	20	6
儿童 Flash	36	20	5

从表 3-5 中可以看出，种子选取以综合性、游戏、教育教学为主。逻辑层指网络 Flash 爬行器按逻辑计算所能达到的层数，网络爬行器所能到达的逻辑层一般不超过 20 层；物理层指网络 Flash 爬行器按物理计算所能到达的层数，即实际到达的层数，爬行器到达的物理层一般不超过 10 层。

在开始选取种子网站的时候，一些大型的网站，如新浪、网易、中华网等，爬行速度很快，但 Flash 爬行效率太低，并且重复 Flash 数目较多，基本上是 Flash 广告；所以之后选择专业的 Flash 种子网站，虽然关键词有所不同，但网站之间的 Flash 类型有共同之处，如 Flash 游戏种子网站主要含有 Flash 游戏，但同时还包含 Flash 类型的 MV、课件等，对这种专门的网站进行了重点的爬行，并且对网络上的儿童教育教学类 Flash 网站也进行了专门的爬行。即使这样，种子网站的选择方面还存在着很多不足，如初中、高中类的 Flash 课件很少，只在一些教学网上存在，但数目很少，且有些不能爬行到链接。

根据游戏类型的不同，对 Flash 游戏类种子网站又细分为以下几类：战争类、益智类、儿童类、体育类、策略类、敏捷类、休闲类、专辑类。儿童 Flash 主要存在于一些儿童教育网站上面，如 www.7zzy.com 等网站，其并不是专门的 Flash 网站。除此之外，对 Flash 课件、Flash 教育教学种子网站的搜索主要集中在几个教育资源网上，Flash 资源相对集中，爬行到的网页较多，但无效网页即不含 Flash 的网页也较多，爬行效率总体不高。

3.5.3 网络 Flash 爬行器的运行过程

网络 Flash 爬行器运行从种子网站首页开始，将种子网站链接输入到 Internal Link 数据库里，利用 ODBC 数据源将 UserInfo、InternalLink、wh_MultiMedia00 三个数据库联系起来，运行爬行器系统抓取网页链接并将包含 Flash 媒体的网页链接存储到相应的 wh_MultiMedia00 数据库中。

流程如下：

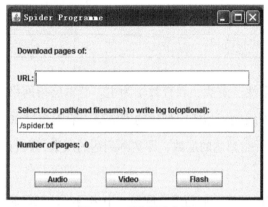

图 3-9　系统登录窗口

（1）在开始菜单中 R 运行栏中启动命令提示符之后，输入 Java MultiMediaSpider 用户名、用户密码，进入登录界面，如图 3-9 所示。

单击"Flash"按钮选项，开始对种子网站进行爬行，抓取包含 Flash 媒体的网页。网络 Flash 爬行器在爬行过程中，每次抓取到包含有 Flash 媒体的网页时都会在程序窗口中显示，并且详细显示抓取到的网页链接的完整名称。用户名和密码可以在 UserInfo 数据库中直接设置，这样就可以设置多用户登录网页爬行器系统进行系统爬行，提高爬行的速度和效率。爬行器程序运行窗口和用户界面窗口如图 3-10 和图 3-11 所示。

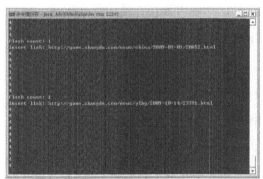

图 3-10　程序运行窗口

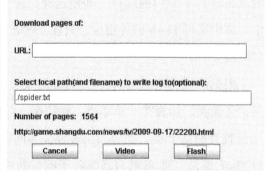

图 3-11　用户界面窗口

（2）详细的网页抓取过程。

①选取搜索到的部分链接作为种子链接放入 InternalLink 数据中的等待队列中。

②网络 Flash 爬行器调用网页抓取模块抓取网页，开辟多个线程抓取，每个线程抓取一个链接 URL，并且把该 URL 放入链接的运行队列中。

③当网页不存在或出现错误时，将该链接放入链接的错误队列中，否则将该网页抓取后放入缓存。

④调用网页解析模块，将网页的链接及主题信息提取出来，并将页面的主题信息放入 InternalLink 数据库中，利用爬行策略模块对提取得到的链接进行主题相似度计算，同时设定某一阈值，将大于这一阈值的链接按相似度的大小放入 InternalLink 数据库等待队列中，以便于进一步爬行；爬行完成后放入链接的完成队列中。如果抓取到的网页包含 Flash 媒体资源，就将该网页的链接放入 wh_MultiMedia00 数据库。

⑤检查 InternalLink 数据库，看在等待队列中是否有超链接，如果有，则转入步骤②。如果没有，检查是否有线程在活动，如有则等待直到有新的链接加入等待队列；没有则退出。

3.5.4　实验结果及分析

（1）硬件环境。

CPU：Intel Pentium DualE 2200 2.2GHz 2.19GHz 双核处理器

内存：DDR 2.0GHz

硬盘：320GB

（2）软件环境。

操作系统：Microsoft Windows XP

数据库：Access 2003

开发语言：Java

集成开发环境：JCreator Pro

JDK：Jdk1.6

（3）参数选择和评价指标。经反复测试，选择 $\beta=0.8$、$\sigma=0.6$、$\lambda=0.5$ 时，实验效果较为理想。利用两个评价方法来评价算法的效果好坏，评价指标为：

①查全率＝搜索到的有效页面个数 / 总有效页面个数；

②查准率＝搜索到的有效页面个数 / 总页面个数。

（4）实验结果分析。本研究人工选取了规模较大的包含 Flash 较多的专业 Flash 动画网站作为爬行种子，开辟 10 个线程，逻辑层限制为 20 层，物理层限制为 10 层。截至 2010 年 9 月，网络 Flash 爬行器爬行到的数据结果如表 3-6 所示。

表 3-6　爬行器搜索数据总结

种子数 /个	爬行的网页总数 /个	包含 Flash 的网页数 /个	包含的 Flash 总数 /个	平均每个网页包含的 Flash 电影数目（Flash 总数 / 爬行的网页总数）/个
512	12052395	2763885	3877395	0.322

注：包含 Flash 的网页数表示搜索到的 Flash 网页数量；爬行的网页总数指爬行的总的网页数量。

表 3-6 是对 512 个种子网站搜索到的 Flash 数据，爬行到的网页总数 12052395 个，包含 Flash 的网页数 2763885 个，爬行器系统搜索效率 = 包含 Flash 的网页数 / 爬行的网页总数，从表 3-6 中得出本爬行器系统搜索效率为 22.9%；每个包含 Flash 的网页含有的 Flash 平均个数 = 包含的 Flash 总数 / 包含 Flash 的网页数，从表 3-6 中得出每个包含 Flash 的网页含有的 Flash 平均个数为 1.403 个。

为了对系统进行更细致的检验，从中随机抽取 10 个种子作为种子链接，开辟 10 个线程，利用标准的 Fish 算法和改进的 Shark-Search 算法同时爬行，搜集包含多媒体 Flash 的网页，结果如表 3-7 所示。

表 3-7　两种算法性能比较

算法	种子个数 /个	网页总数 /个	有效网页个数 /个	运行时间 /分钟	平均爬行速度 /（个/分钟）	查准率 /%	查全率 /%
标准 Fish 算法	10	48637	986	500	98	2.027	81.02
Shark-Search 算法	10	43948	4872	500	88	11.08	73.68

同时以 100 分钟为间隔，统计两种算法的查准率随时间变化关系，如表 3-8 所示。

表 3-8　两种算法的查准率随时间变化关系

算法	查准率 /%		
	100 分钟	200 分钟	300 分钟
标准 Fish 算法	2.15	3.27	2.71
Shark-Search 算法	4.21	9.46	15.10

从表 3-7、表 3-8 可以看出，改进的 Shark-Search 搜索算法虽然查全率有所降低，

但却大大提高相关网页的查准率，与标准 Fish 算法相比提高了 12 个百分点。从表 3-8 可以看出，改进的算法虽然开始时查准率也不高，但是该算法具有增量学习的功能，随着时间的推移，当有新的主题相关网页发现时，系统便进行重新学习，使系统对主题的判断变得逐渐精确，其查准率也逐渐提高。

第4章 网络Flash动画的分类

    Flash动画资源作为教育资源建设的一个重要方面成为教育技术学的研究领域。面对网络中越来越多的Flash动画，如何管理才能使人们准确而方便地找到自己想要的资源，成为一个引人注意的问题。解决这一问题行之有效的方法就是对其进行分类，通过分类管理、分类检索可以极大地提高管理的效率和检索的效率。

    Flash动画分类模块是本章所要深入讨论的内容，分类部分主要包含Flash动画内容特征选择、分类算法研究、分类结果评价等方面的内容。本研究从实际需要出发，确定了对Flash动画进行分类的总体思路，即通过对Flash动画内部结构和元素的提取分析，建立基于内容的Flash动画分类框架。

    本章对Flash动画分类的研究现状进行了综合叙述，对分类的背景和意义进行了阐述。分类系统选取了Flash动画的14个类别特征项来标识一个Flash动画的类型，这些特征项分别是文件大小、变形数、图形数、文本数、声音数、按钮数、影片剪辑数、脚本数、帧数、游戏匹配度、动画匹配度、MV匹配度、课件匹配度和广告匹配度，其中最后5项为文本特征项。这种选取方法既包含了Flash动画的内容特征，又将文本特征纳入分类体系之中，实现了两者的优势互补。

    笔者通过实验选择确定了Flash动画内容分类的算法，即采用BP神经网络分类算法，并对该算法进行了深入而细致的分析和介绍，发现其缺陷并研究了改进算法。BP神经网络通过样本的训练，学习获得神经元之间连接的各项参数，主要是各连接权值和阈值，这就是神经网络的学习过程。然后将要分类的Flash Movies的各特征项的值输入到经过学习的BP神经网络中，经过计算获得其类别。最后依据上述的设计思路和理论分析，确定了系统每个参数的设计方法，最终设计了一套基于内容的 Flash 动画分类系统，并对该系统的性能做了全面检测。

4.1　研究现状

分类是提取待分类目标的相关特征，将这些特征与各类别特征通过某种算法进行计算，将目标标识为某一类别的过程，它是数据挖掘、机器学习和模式识别中一个重要的研究领域。

现阶段对 Flash 动画分类领域的研究主要集中在基于 Flash 动画外部特征和环境上下文信息的分类方法。这些外部特征和上下文信息主要包括 Flash 动画的文件名、关键词、所在网页中的标题和描述文本、元数据信息及创作时间等，这种方法具有一定的可行性，但缺乏对 Flash 动画内容的理解，在很多情况下无法揭示和表达 Flash 动画的实质内容和语义关系。

中国香港城市大学的杨骏和丁大伟等较早地对 Flash 动画的内容、结构进行研究，建立了一个基于内容的 Flash 动画分类框架 FLRAME 和原型系统。该系统将 Flash 动画分为游戏、MV、动画、交互、广告、介绍和其他七类，使用组成元素、场景复杂度和交互三层描述模型对 Flash 动画进行特征描述，利用贝叶斯分类算法对 Flash 动画进行分类，取得了一定成效，但并未建立一个完整的内容管理平台并投入使用，此外并未见到其他相关研究。

国外对基于内容的 Flash 动画分类的研究也非常少，至今缺乏系统的理论描述模型和应用系统。

目前对于分类算法的研究颇多，常用的分类算法主要有决策树分类算法、贝叶斯分类算法、神经网络、遗传算法、K 临近法、粗糙集及模糊逻辑技术。

决策树分类算法是以实例为基础的归纳学习算法，它从一组无次序、无规则的元组中推理出决策树表示形式的分类规则。此算法采用自顶至下的递归方式，在决策树内部节点比较属性值，并根据属性值从该节点向下分支，叶节点就是要学习的类。从根节点到叶节点的每一条路径对应着一条合取规则，整个决策树对应着一组析取表达式规则。

昆兰于 1986 年提出了著名的 ID3 算法 ❶，该算法目的在于减少树的深度，却忽略了对叶子数目的研究。为了弥补 ID3 算法的不足，昆兰于 1993 年提出了 C4.5 算法 ❷❸，C4.5 算法在预测变量的缺值处理、剪枝技术和派生规则等方面做了较大改进。为了适应对大规模数据集处理的需要，又提出了若干改进的算法，其中 SPRINT（Scalable Parallelizable Induction of Decision Trees）和 SLIQ（Super-vised Learning in Quest）是比较有代表性的两个算法。

贝叶斯分类算法是统计学分类方法，它是利用概率统计知识进行分类的一种算法。该算法方法简单、分类准确率高、速度快，能够运用到大型数据库中。在许多场合，贝叶斯分类算法甚至可以与神经网络分类算法和决策树分类算法相媲美。由于贝叶斯定理假设一个属性值对给定类别的影响独立于其他属性值，而这种假设在实际环境中经常是不成立的，因此它的分类准确率可能会受到较大影响。为此，就出现了许多降低独立性假设的贝叶斯分类算法，如 TAN（Tree Augmented Naire Bayes）算法。

神经网络是一种模仿动物神经系统的行为特征，进行分布式并行信息处理的数学算法模型。这种网络依靠系统的复杂程度，通过调整内部大量节点之间相互连接的关系，从而达到处理信息的目的。

对神经网络的研究可以追溯到 20 世纪 40 年代，沃伦·麦卡洛克和沃尔特·皮茨在分析神经元基本特性的基础上提出了神经元的数学模型，并从原理上证明了神经网络可以计算任何算术和逻辑函数。他们被视为神经网络研究领域的先驱。

20 世纪 50 年代后期，弗兰克·罗森布拉特提出了感知机网络和联想学习规则 ❹，构造了一个感知机网络并公开演示了它进行模式识别的能力，这是神经网络的第一个实际应用。随后由于计算机的计算能力及算法研究遇到了瓶颈，人们对神经网络的研究逐渐失去了信心。

美国物理学家霍普菲尔德于 1982 年及 1984 年在《美国国家科学院院刊》上发表了

---

❶ QUINLAN J R. Induction of decision trees [J]. Machine Learning, 1986 (1): 1.

❷ QUINLAN J R. C4.5: Programs for machine learning [M]. California : Morgan Kauffman nn Publishers Inc, 1992.

❸ QUINLAN J R. Improved use of continuous attributes in C4.5 [J]. Journal of Artificial Intelligence Research, 1996 (4): 77.

❹ ROSENBLATT P. The perceptron: A probabilistic model for information storage and organization in the brain [J]. Psychological Review, 1958 (1): 65.

两篇关于人工神经网络的研究论文❶，引起了研究者的极大关注。霍普菲尔德的论文论述了一个新的概念——用统计机理解释某些类型的递归网络的操作，这些网络可作为联想式存储器，这使人们重新认识到神经网络的能力及付诸应用的可行性。

这些分类方法的发展为进一步的研究提供了条件，但由于 Flash 动画结构复杂、动画形式变化多样及特有的交互性等因素，对 Flash 动画的内容特征研究和基于内容的网络 Flash 动画分类管理的研究还很少，至今没有一个完整的基于内容的 Flash 动画分析和管理平台。

4.2　Flash 动画的文件结构

Flash 动画源文件的格式是 FLA，经过 Flash 软件的编辑设计，最终生成 SWF 格式的动画文件，它不仅可以使用 Flash Player 直接播放，还可以嵌入到网页、Word 和 PPT 等文件中。Flash 动画的文件结构是指 SWF 格式的文件结构。研究 Flash 动画的文件结构对于了解它的组成结构和运行原理，并分析提取 Flash 动画类别的内容特征参数具有重要意义。

SWF 格式文档分为文件头（Header）、文件主体（Body）和结束标签（End Tag）三部分（见图 4-1），使用一系列相对独立的二进制标签来定义动画全部的内容。文件头描述了 Flash 动画的一些基本信息，如是否压缩、版本号、文件容量、页面尺寸、总帧数、每秒播放帧数等；End Tag 就是一个只有标签头的结束标签，用来标记动画的结束；Body 部分使用和 End Tag 结构相同的一系列 Tags 组成，每个 Tag 都包含标签头（Code）和标签长度（Length）两部分。其中标签头是一个 16 位无符号整数，标记此标签的类型和长度；标签长度是一个有符号的 32 位整数，标记标签内容的实际长度值。这些标签分为定义标签（如 DefineShape、DefineText 等）和控制标签（如 PlaceObject、ShowFrame 等）两种。称为字典（Dictionary）的结构主要用来描述文档中各字符和对象的含义，并供控制标签使用，各标签使用 Dictionary 实现动画。

❶ HOPFIELD J J. Neural networks and physical systems with emergent collect computational abilities［J］. Proc Nail Acad. Sci USA，1982（79）：8.

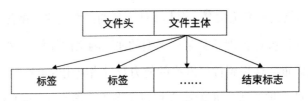

图 4-1　SWF 格式文件的存储结构

1.SWF 文件头

所有 SWF 文件头的内容都如表 4-1 所示。它标识了 SWF 文件的一些基本信息，如文件大小、文件长度、版本号、帧数等内容。

表 4-1　SWF 文件头结构

内容	类型	描述
标记（Signature）	UI8	"F"表示无压缩；"C"表示压缩（6.0 以上播放器支持） 标记字节"W"，无特殊意义 标记字节"S"，无特殊意义
版本（Version）	UI8	标记版本（如 0x06 表示 SWF 6）
文件长度（File Length）	UI32	整个文件的字节数
文件大小（File Size）	RECT	文件大小
帧频率字段（Frame Rate）	UI16	每秒钟播放的帧数
帧数字段（Frame Count）	UI16	文件的总帧数

SWF 文件头以 3 字节的文件标识开始，当文件标识为"FSW"时，表示 SWF 动画文件没有经过压缩；如果文件标识为"CSW"，则表明 SWF 动画文件是经过压缩处理的，从文件的第 9 字节开始到最后都采用了 Zlib 压缩算法进行压缩。

文件标识后面的一个字节用来标识 Flash 动画文件的版本，文件版本的值是一个数字。例如，文件版本字段的值为"0x04"，表示 SWF 文件的版本为 4。

文件长度字段用来标识包括文件头在内的整个动画文件的大小，以字节为单位。如果 SWF 动画文件是没有经过压缩的，则文件长度字段的值和文件的实际大小是相同的；如果 SWF 动画文件经过了压缩处理，那么该字段的值就是解压后文件的大小。

文件大小字段定义了动画没有经过缩放时显示区域的大小，它使用 RECT 数据类型，通常情况下，RECT 数据类型的 Xmin 字段和 Ymin 字段的值为 0，而 Xmax 和 Ymax 字段的值为显示区域的宽和高。

帧频率字段用来标识理想状态的动画播放速度，它的单位为"帧 / 秒"。在实际播放时，并不一定严格按照这个速率来播放，它的真实播放速率和播放平台的硬件性能有关。

帧数字段定义了动画文件中帧的总数量。

2.SWF 文件的主体

SWF 文件的主体是由一个个的标签构成的，标签之间是相互独立的，标签的结构都是一致的，由标签头和标签内容两部分构成。

（1）标签头。标签头分为短标签头和长标签头两种。如果标签的长度小于 62 字节，采用短标签头；如果标签的长度大于 62 字节，则采用长标签头。

短标签头是一个 UI16 类型的数据，它是一个双字节字符，低 6 位定义了标签数据的长度，高 10 位用来标识标签的类型。短标签头的格式如表 4-2 所示。

表 4-2　短标签头的格式

字段	数据类型	说明
短标签头	UI16	表示标签类型和长度

短标签头只能表示长度小于 0x3F 的标签长度，如果标签长度大于 0x3F，就必须用长标签头。长标签头和短标签头的结构类似，只不过长标签头比短标签头多了一个长度字段，该字段为 SI32 类型，长度是 4 字节，用来存储标签数据的实际长度。长标签头的存储结构如表 4-3 所示。

表 4-3　长标签头的存储结构

字段	数据类型	说明
长标签头	UI16	表示标签类型和标签长度
标签长度	SI32	超出 0x3F 时的标签实际长度

（2）标签内容。SWF 文件中的标签按功能可以分为定义标签和控制标签两种。定义标签用来定义 SWF 文件中的元素及属性，如按钮、图形、文本、图像和声音等；定义标签在定义每一个元素时，都会分配给它一个唯一的 ID，用来唯一地标识该对象。SWF 文件中的定义标签及功能如表 4-4 所示。

表 4–4　SWF 文件中的定义标签及功能

标签名称	值	标签功能
DefineShape	2	用来定义形状的相关信息
DefineShape2	22	
DefineShape3	32	
DefineShape4	83	
DefineVideoStream	60	用来定义视频的相关信息
VideoFrame	61	
DefineMorphShape	46	用来定义形变动画的相关信息
DefineMorphShape2	84	
DefineBits	6	用来定义图像的相关信息
JPEGTables	8	
DefineBitsJPEG2	21	
DefineBitsJPEG3	35	
DefineBitsJPEG4	90	
DefineBitsLossless	20	
DefineBitsLossless2	36	
DefineSprite	39	用来定义影片剪辑的相关信息
DefineButton	7	用来定义按钮的相关信息
DefineButton2	34	
DefineButtonCXform	23	
DefineButtonSound	17	
DefineFont	10	用来定义字体的相关信息
DefineFont2	48	
DefineFont3	75	
DefineFontInfo	13	
DefineFontInfo2	62	
DefineFontAlignZones	73	
DefineText	11	用来定义静态文本的相关信息
DefineText2	33	
DefineEditText	37	用来定义动态文本的相关信息
CSMTextSetting	74	

SWF 文件中的控制标签根据作用不同可以分为三类：一是用来控制 SWF 文件自身属性变化的标签，如 Protection 标签用来设置 SWF 文件是否导入保护；二是用来控制 SWF 文件元素的属性及其变化，这类标签通过元素在 SWF 文件中的 ID 寻找对象，控制元素的属性及属性变化；三是这一类标签被称为动作标签（Action Tags），用来改变动画的播放顺序和实现人机交互。SWF 文件中的控制标签及功能如表 4-5 所示。

表 4-5　SWF 文件中的控制标签及功能

标签名称	值	标签功能
SetBackgroundColor	9	用来设置 SWF 文件的背景颜色
ExportAssets	56	定义 SWF 文件中可以导出的对象
Metadata	77	定义了 SWF 文件的元数据
FrameLable	43	当前帧的锚文本
Protection	24	设置 SWF 文件是否有导入保护
EnableDebugger	58	定义 SWF 文件是否可以调试
EnableDebugger2	64	
PlaceObject	4	在舞台上放置对象或者改变对象的属性
PlaceObject2	26	
PlaceObject3	70	
RemoveObject	5	移除 SWF 舞台上的对象
RemoveObject2	28	
ScriptLimits	65	用来限制脚本语言的最长执行时间和递归深度
DoAction	12	控制 Flash Player 执行脚本语言
FileAttributes	69	定义 SWF 动画是否包含元数据及是否可以访问网络
End	0	SWF 文件或影片剪辑的结束标志
ShowFrame	1	显示某一帧的内容

SWF 文件中的元素必须先使用定义标签定义其基本属性，每一个元素都会获得一个唯一的 ID 号，所有的 ID 号都会存放在一个"Dictionary"中，之后就可以通过控制标签来控制元素的属性变化、交互效果及动态效果等，控制标签通过"Dictionary"中的 ID 来确定所要控制的元素。

在 SWF 文件内部，动画的播放主要是通过定义标签和控制标签来实现的。Flash 动画的播放流程如图 4-2 所示。

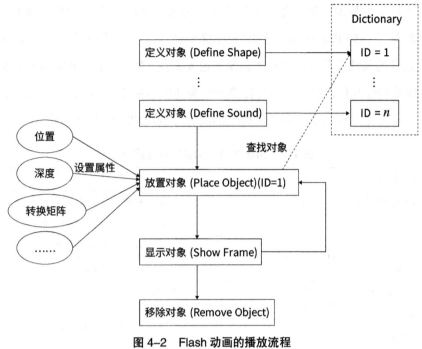

图 4-2　Flash 动画的播放流程

4.3　基于内容的 Flash 动画分类算法

基于内容的分类算法有很多种，如贝叶斯分类算法、决策树分类算法、关联规则、遗传算法等。本研究经过大量实验，在总结经验和分类效果的基础上，选择了最适合的分类算法——BP 神经网络。BP 神经网络是一种按误差反向传播算法学习的多层前馈网络，是目前应用最广泛的神经网络模型之一。

4.3.1　神经网络的基本原理

人脑的工作原理一直是让人困惑但又试图去揭开的谜团，多少年来的研究，人们试图从生物学、心理学、医学、生理学、哲学、计算机科学、信息学、认知学等多方面去解释这一原理。在多年的研究过程中，各学科之间相互影响、相互渗透，逐渐形成了一个新兴的研究领域——人工神经网络。

1. 生物神经元结构

19 世纪末的生物学领域，沃尔德格等人创立了神经元学说，使人们认识到复杂的神经系统是由数目繁多、相互连接的神经元组合而成，神经元是人类神经系统的结构和功能单位。人的大脑是由大约 10^{11} 个高度相连的神经元组成，每个神经元约有 10^4 个连接，构成一个庞大的生物神经网络，生物信号通过神经元与神经元之间的传递，在这个神经网络中传播，完成人体的控制、协调功能。

人脑的神经元由三部分组成：树突、细胞体和轴突。树突是呈现树枝状的神经纤维，它主要是接受其他神经元的刺激信号，将信号传送到细胞体。细胞体负责对树突传送来的信号进行整合和处理。轴突是细胞体向外伸出的一根比较长的神经纤维，它负责把细胞体的输出信号传送到其他神经元。一个神经元的树突或细胞体与另一个神经元的轴突末梢的结合点称为突触，它是神经元之间信号传递的接口。生物神经元的结构如图 4-3 所示。

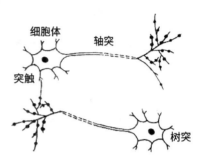

图 4-3　生物神经元的结构

在整个生命周期中生物神经系统结构在不断地发生着变化，以适应新的外部环境的变化。有一些神经元连接可能因为长时间的"废弃"而慢慢地消退，而有一些神经元可能因为不断地强化刺激逐渐形成新的连接，这些变化主要发生在神经系统发育过程中。到后期主要通过加强或减弱突触连接来改变神经系统结构。

人工神经网络远没有人脑神经系统那样复杂，它是对人脑的简单模仿，但其具有两个关键特征：一是人工神经网络与人脑一样，都是由若干可计算单元高度连接构成的复杂网络；二是单元之间的连接和信息处理方式决定了网络的功能。

2. 人工神经元模型

人工神经元模型是由大量计算单元广泛互连形成的计算网络，它是对人脑神经网络的简单模拟。人们提出了许多神经元模型，归结起来主要有两种：一种是单输入神经元；另一种是多输入神经元。无论是单输入神经元结构，还是多输入神经元结构，都具有以下几个特征。

（1）像生物神经元那样具有一个或多个突触，在人工神经元中用连接权值 ω 来表示突触的连接强度。

（2）有一个数据累加器，用来整合处理多路输入信号，累加器的功能类似细胞体对神经刺激信号的处理。

（3）传输函数用以规范神经元的输出。通常情况下，传输函数都将输出信号限制在[0,1] 或 [−1,1] 区间，使神经元输出为有限输出。

1）单输入神经元

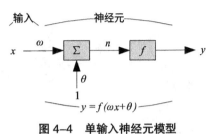

图 4-4　单输入神经元模型

一个单输入神经元模型如图 4-4 所示。其中 x 为输入信号，ω 为连接权值，θ 为偏置值，f 是一个传输函数。输入信号 x 乘以连接权值 ω 得到 ωx，将其送入累加器，另一个输入 1 乘以偏置值 θ，将其同样送入累加器，经过累加器计算输出 n，n 称为净输入，将 n 输入传输函数 f，在 f 中计算得到神经元的输出 y。

神经元计算公式如下：

$$n = \omega x + \theta \tag{4-1}$$

$$y = f(n) \tag{4-2}$$

偏置值 θ 和连接权值是可调整的参数，在实际的设计过程中，可以选择合适的传输函数 f 及适当的参数 θ、ω，以达到最满意的效果。

如果将这个简单的单输入神经元模型和前面所讨论的生物神经元模型比较，x 相当于刺激信号，ω 相当于突触的连接强度，累加器和传输函数相当于细胞体，y 就是经过细胞体处理过的输出刺激信号。

2）多输入神经元

通常情况下，一个神经元都有若干输入，神经元对信息的处理是非线性的。具有 m 个输入信号的神经元，如图 4-5 所示。

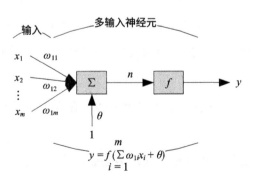

图 4-5　多输入神经元模型

其中，神经元的输入分别为 x_1，x_2，…，x_m，相对应的权值分别为 ω_{11}，ω_{12}，…，ω_{1m}。θ 为一个偏置值，净输入 n 等于所有输入值与权值之积的和，再加上偏置值 θ，公式表示如下：

$$n = \sum_{i=1}^{m} \omega_{1i} x_i + \theta \qquad (4\text{-}3)$$

将 n 送入神经元的传输函数 f，经过非线性计算得到神经元的输出 y，计算公式为

$$y = f(n) = f\left(\sum_{i=1}^{m} \omega_{1i} x_i + \theta \right) \qquad (4\text{-}4)$$

3）传输函数

传输函数 f 可以为线性函数，也可以为非线性函数，应该根据实际情况选择最为合适的传输函数，常用的传输函数有下面三种。

（1）阈值函数。当函数自变量 x 取值小于 0 时，函数值 y 为 0；当函数自变量 x 取值大于或等于 0 时，函数值 y 为 1，公式表示如下：

$$y = \begin{cases} 0, & x<0 \\ 1, & x\geq 0 \end{cases} \qquad (4\text{-}5)$$

阈值函数又称为阶梯函数，如果人工神经元模型的传输函数采用这种函数，神经元的输出就为 0 或者 1，反映了神经元的抑制或兴奋。如图 4-6 所示，图 4-6（b）描述了单输入神经元使用了阈值函数的输入输出特征曲线，可以在图中明显地看出连接权值和偏置值对函数的影响。

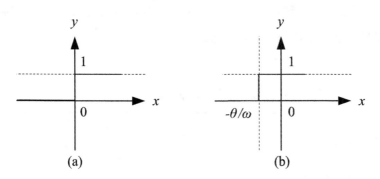

图 4-6　阈值函数

（2）分段线性函数。分段线性函数如图 4-7 所示，整个函数分为三段：

$$y = \begin{cases} 1, & x \geq 1 \\ x, & -1 < x < 1 \\ -1, & x \leq -1 \end{cases} \qquad (4-6)$$

分段线性函数在 [-1,1] 区间内的放大系数是相同的，它类似于一个线性放大器，当工作于线性区间时是一个线性组合器，放大系数趋于无穷大时变为一个阈值单元，如图 4-7 所示。

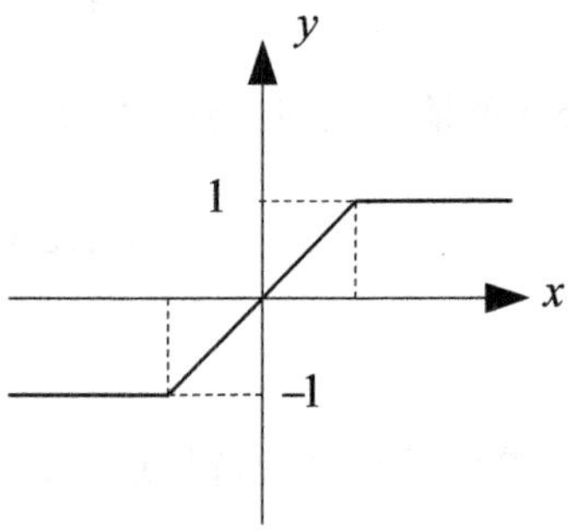

（3）S 形传输函数。S 形函数（又称 Sigmoid 函数），如图 4-8 所示。S 形函数是人工神经网络中最常用的传输函数，该函数的定义域为（-∞，+∞），输出值则在 0 到 1 之间，其数学表达式为

$$y = \frac{1}{1 + e^{-x}} \qquad (4-7)$$

也可以在上述 S 形函数中加入斜率参数 α，可以通过改变斜率参数获取不同斜率的 S 形函数，其数学表达式为

$$y = \frac{1}{1 + e^{-\alpha x}} \qquad (4-8)$$

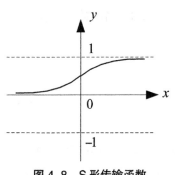

图 4-7　分段线性函数

图 4-8　S 形传输函数

由于 S 形传输函数是可微的，因此该传输函数被广泛应用于 BP 神经网络算法的训练之中。

还有一些其他的传输函数，如表 4-6 所示，在实际的设计过程中，应该选择与实际情景适合的传输函数，下面给出了这些传输函数。

表 4-6　其他的传输函数

函数名称	输入输出关系
线性函数	$y = x$
对称硬极限函数	$y = -1,\ x < 0$ $y = +1,\ x \geq 0$

续表

函数名称	输入输出关系
饱和线性函数	$y=0,\ x<0$ $y=x,\ 0\leqslant x\leqslant 1$ $y=1,\ x>1$
正线性函数	$y=0,\ x<0$ $y=x,\ x\geqslant 0$
双曲正切 S 形函数	$y=\dfrac{e^{x}-e^{-x}}{e^{x}+e^{-x}}$
竞争函数	$y=1$，具有最大 x 的神经元 $y=0$，所有其他神经元

3. 网络结构

1）神经元的层

通常情况下，具有多个输入的单个神经元功能十分有限，不能满足复杂的实际情况的应用需要，那么就需要将多个神经元组成并行结构，这个可以进行并行处理的多个神经元组合结构称为"层"，如图 4-9 所示。

本文中用大写字母表示矩阵，X 表示输入向量的矩阵：

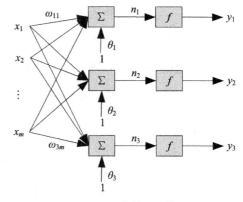

图 4-9　三个神经元的层

$$X = \begin{pmatrix} x_1 & x_2 & \cdots & x_m \end{pmatrix}$$

权值向量矩阵 W 表示为

$$W = \begin{pmatrix} w_{11} & w_{12} & \cdots & w_{1m} \\ w_{21} & w_{22} & \cdots & w_{2m} \\ w_{31} & w_{32} & \cdots & w_{3m} \end{pmatrix}$$

图 4-9 是由三个神经元组成的单层网络。输入向量 X 的每一个元素通过权值向量矩阵 W 与每一个神经元相连接，每一个神经元都有偏置值、累加器和传输函数，输出值 y_i 为

$$y_i = f\left(\sum_{j=1}^{m} x_j \omega_{ij} + \theta_i\right) \qquad (4-9)$$

式中，m 为输入的个数，ω_{ij} 为第 j 个输入与第 i 个神经元之间的连接权值，θ_i 为第 i 个神经元的偏置值。

2）前馈网络

前馈网络是指网络拓扑结构有向无环、没有反馈的网络结构。网络中的节点层从功能上可以分为两种：一种是输入层，负责把外界数据传递给隐层；另一种是隐层和输出层，其中的节点具有信息处理的能力。在前馈网络中，各层接受前一层的输入，并将处理结果传给下一层，信息处理逐层传递，不存在反馈环路。

一个典型的多层前馈网络如图 4-10 所示。该网络有一个输入层、两个隐层和一个输出层，隐层和输出层由具有计算能力的神经元构成。每一个激活函数可以是不同的函数，并不一定所有的激活函数都必须是同一类型。如果所有隐层节点的传输函数都选用 S 形函数，那么这个网络就是 BP 神经网络，网络权值和阈值用误差反传算法训练获得。输出层节点的传输函数随用途不同而有所不同，如果 BP 神经网络用于模式识别，输出节点传输函数一般采用 S 形函数或阈值函数；如果用于函数逼近，则输出层节点应选用线性函数。

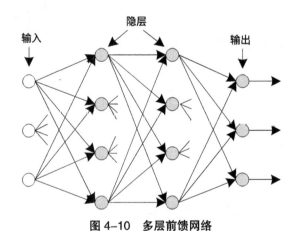

图 4-10　多层前馈网络

3）反馈网络

反馈网络是指网络拓扑结构中有环路的神经网络。在反馈网络中所有的节点都是计算单元，每个节点既可以接受输入，又可以向外界输出，可以用图 4-11（a）所示的无向图表示，其中如果总节点数为 n，那么每个节点有 $n-1$ 个输入和一个输出。

霍普菲尔德神经网络是典型的反馈神经网络，如图 4-11（b）所示。霍普菲尔德网络的每一个输出都会反馈到相应的输入中，作为输入参数。其传输函数可以选择 S 形函数构成连续状态的霍普菲尔德网络，也可以选择阈值函数构成离散状态的霍普菲尔德网络。

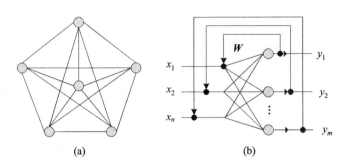

图 4-11　反馈神经网络

4. 神经网络的学习

学习是通过教授或体验而获得知识、技术、态度或价值的过程，从而导致可量度的稳定的行为变化，更准确一点来说是建立新的精神结构或审视过去的精神结构。❶ 人的大脑具有学习的能力，人的知识和能力在不断地学习实践过程中逐渐地丰富和提高。人脑的学习过程就是一种经过不断地训练，使个体发生持久的或相对持久的适应性行为变化的过程。在生物学层面上，人脑的学习能力的变化过程是神经元连接数量和突触连接强度的变化过程。

人工神经网络的功能主要体现在神经网络的拓扑结构和连接权值上，神经网络的连接权值集中体现了神经网络的知识存储。神经网络通过对样本的训练学习，不断调整连接权值及其他参数，使网络的输出逐渐地向期望输出逼近，这一过程就是神经网络的学习。

1）学习方式

神经网络的学习算法很多，归结起来有以下三种方式。

（1）监督学习。监督学习是训练神经网络和决策树的最常用技术（见图 4-12），这种学习方式需要外界存在一个"教师"，即期望输出。在学习过程中，从训练样本集中

---

❶ 学习的定义［EB/OL］.（2006-04-22）［2023-04-13］. http：//baike.baidu.com/view/8261. htm.

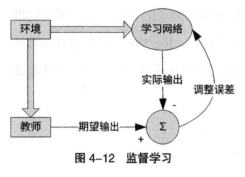

图 4-12　监督学习

不断地向学习网络中输入数据，将神经网络的实际输出与期望输出做比较，当实际输出与期望输出不相等时，根据误差信号对神经网络的参数做相应修改，使网络的输出逐渐逼近期望输出。当网络对所有样本均能给出期望输出时，网络的学习过程结束，这时的网络已经学会了样本集中的规则了。

（2）无监督学习。有时神经网络所要解决问题的期望信息很少甚至完全没有，此时无监督学习的优势就十分明显了。无监督学习不存在教师信号，学习网络完全按照环境数据的规律来调节自身的参数或拓扑结构，如图 4-13 所示。在学习过程中，不断地向学习网络中输入信息，学习网络按照特有的结构和学习规则，在数据流中发现存在的规律，同时调整网络的参数，这一过程称为网络的自组织，最终是网络能对属于同一类的信息进行自动分类。

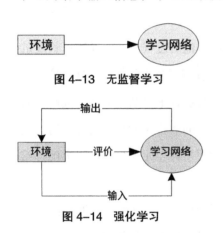

图 4-13　无监督学习

图 4-14　强化学习

（3）强化学习。这种学习方式介于监督学习和无监督学习之间，外部环境对学习网络的输出结果只作评价，而不是给出期望输出，学习网络通过强化那些受到好评的动作来完善网络的性能，如图 4-14 所示。

2）学习算法

（1）δ 学习算法。δ 学习算法也称为最速下降法，是最常用的神经网络学习算法，常用于多层感知器及 BP 神经网络。

δ 算法的学习信号为

$$\delta = (d_i - y_i) f'(\cdot) \tag{4-10}$$

式中，$f'(\cdot)$ 为传输函数的导数，因此要求传输函数必须是可导的，在 δ 学习算法中神经元的传输函数一般选用连续可微的 S 形函数。

假定学习网络神经元的期望输出为 d_i，实际输出为 y_i，那么误差信号表示为

$$e_i = d_i - y_i \tag{4-11}$$

学习的主要目的是使 e_i 达到最小，以使网络中每一个单元的实际输出最大限度地逼近期望输出。期望输出与实际输出间的平方误差表示为

$$
\begin{aligned}
E &= \frac{1}{2}(d_i - y_i)^2 \\
&= \frac{1}{2}\left[d_i - f\left(\boldsymbol{W}_i^{\mathrm{T}}\boldsymbol{X}\right)\right]^2
\end{aligned}
\tag{4-12}
$$

如果要使 E 达到最小，$\boldsymbol{W}_i$ 应与误差的负梯度成正比：

$$\Delta \boldsymbol{W}_i = -\eta \nabla E \tag{4-13}$$

式中，η 为学习速率，为一个比较小的正常数。由（4-10）可得误差 E 的梯度为

$$\nabla E = -(d_i - y_i)f'\left(\boldsymbol{W}_i^{\mathrm{T}}\boldsymbol{X}\right)\boldsymbol{X} \tag{4-14}$$

由式（4-11）和式（4-12）可得权值调整公式为

$$\Delta \boldsymbol{W}_i = \eta(d_i - y_i)f'\left(\boldsymbol{W}_i^{\mathrm{T}}\boldsymbol{X}\right)\boldsymbol{X} \tag{4-15}$$

式中，$\Delta \boldsymbol{W}_i$ 为权值调整矩阵，$\boldsymbol{X}$ 为输入矩阵，权值调整公式也可写为

$$\Delta \omega_{ij} = \eta(d_i - y_i)f'\left(\omega_{ij}x_j\right)x_j \ , \ j = 0,1,\cdots,m \tag{4-16}$$

（2）误差纠正学习。令 $y_i(n)$ 为输入值 $x(n)$ 在时刻 n 时神经元的实际输出值，$d_i(n)$ 表示对应的期望输出值，那么误差信号可以表示为

$$e_i(n) = d_i(n) - y_i(n) \tag{4-17}$$

误差纠正学习是一个最优化问题，目的是使某一基于 $e_i(n)$ 的目标函数最小化，最常用的目标函数为均方误差，表示为

$$K = E\left(\frac{1}{2}\sum_i e_i^2(n)\right) \tag{4-18}$$

式中，E 为求期望算子，$\displaystyle\sum_i$ 为对所有输出层神经元求和。为了简化计算复杂度，在实际计算过程中，通常用 K 在时刻 n 的瞬时值代替期望值：

$$\varepsilon(n) = \frac{1}{2}\sum_i e_i^2(n) \tag{4-19}$$

依据最速下降法可得

$$\Delta\omega_{ij}(n) = \eta e_i(n)x_j(n) \tag{4-20}$$

式中，η 为学习速率，$\Delta\omega_{ij}(n)$ 为第 i 个神经元的第 j 个连接权值的调整值。

当神经元的传输函数为线性函数时，误差纠正学习规则与 Widrow-Hoff 学习规则一致。

（3）赫布规则。唐纳德·奥·赫布在《神经网络设计》一书中提出了著名的赫布学习的一个假设："当细胞 A 的轴突到细胞 B 的距离近到足够激励它，且反复地或持续地刺激 B，那么这两个细胞或一个细胞中将会发生某种增长过程或代谢反应，增加 A 对细胞 B 的刺激效果。"[1] 该假设指出，当神经元 i 与神经元 j 同时处于兴奋状态时，两者之间的连接强度将会增强。

根据 Hebb 规则，假设神经元的输入为 $X = (x_1, x_2, \cdots, x_n)^T$，输出为

$$y = f(\boldsymbol{W}^{\text{old}}X) \tag{4-21}$$

式中，$\boldsymbol{W}^{\text{old}}$ 为未进行调整的权值矩阵，权值的调整量为

$$\Delta\boldsymbol{W} = \eta yX \tag{4-22}$$

由此可得神经元的权值修正公式为

$$\boldsymbol{W}^{\text{new}} = \boldsymbol{W}^{\text{old}} + \Delta\boldsymbol{W} = \boldsymbol{W}^{\text{old}} + \eta yX \tag{4-23}$$

式（4-23）表明，权值调整量与输入输出的乘积呈正比，输入 X 将会对权值调整有很大的影响。所以，在学习开始时，应该将权值初始化为零附近的较小随机数，并且要预先设置权值饱和值，以免出现权值无限增长的情况。

（4）竞争学习。在竞争学习中网络各输出单元相互竞争，最后只有一个最强者被激活。假定神经网络的某一层为竞争层，对于一个特定的输入 X，竞争层所有神经元中输出值最大的神经元为优胜神经元，表示为

$$K = \max\left[f(\boldsymbol{W}^T_i X)\right], \quad i = 1, 2, \cdots, n \tag{4-24}$$

---

❶ 马丁·哈根，霍华德·德姆斯. 神经网络设计［M］. 戴奎，译. 北京：机械工业出版社，2002.

式中，K 为竞争中获胜的神经元。此时，神经元 K 是唯一一个有权调整权值向量的神经元，权值调整量为

$$\Delta \omega_{kj} = \eta \left(x_j - \omega_{kj} \right) \tag{4-25}$$

式中，η 为一个较小的学习步长，$\eta \in (0,1]$。调整获胜神经元 K 的权值的结果是使 W 进一步逼近输入向量 X，这样当下次出现与 X 相近的向量时，神经元 K 更容易获胜。在反复的竞争学习之后，竞争层的各神经元的权值向量被逐渐调整为输入样本空间的聚类中心。❶

4.3.2　BP 神经网络

BP 神经网络是一种基于误差反传的多层感知器，它的学习过程包括两个过程：一个是工作信号的正向传播；另一个是误差的反向传播。在正向传播过程中，输入信号从输入层输入，经过各个隐层的计算、处理、传播，最后到达输出层输出。如果实际输出信号与期望输出不等，则会计算误差信号，进入误差反传过程。误差反传过程将误差信号从输出层开始，经过各个隐层向输入层反向传播，并计算各层权值的调整量，调整各单元的权值。信号的正向传播和误差的反向传播不断重复进行，在这个过程中，权值不断得到调整，最终将达到一个输出误差可接受的稳定网络，即网络的训练过程。

1.BP 神经网络的网络结构

在多层感知器网络中，BP 神经网络是应用最为广泛的一种。BP 神经网络一般由三层构成，即输入层、隐层和输出层，一般将这种感知器称为三层感知器。一个典型的 BP 神经网络如图 4-15 所示。

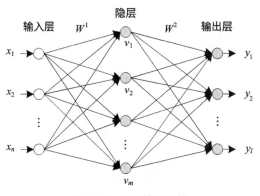

图 4-15　BP 神经网络

---

❶　韩力群 . 人工神经网络理论、设计及应用［M］. 2 版 . 北京：化学工业出版社，2007.

该网络是一个三层感知器网络，第一层为输入层，输入向量 $X = (x_1, x_2, \cdots, x_i, \cdots, x_n)^T$，输入层的输出是下一层的输入。网络的第二层为隐层，隐层的输出向量为 $V = (v_1, v_2, \cdots, v_j, \cdots, v_m)^T$，隐层的输出是输出层的输入。最后一层是输出层，输出向量为 $Y = (y_1, y_2, \cdots, y_k, \cdots, y_l)^T$。每一层都可以有不同数目的神经元，甚至传输函数也可以不同。期望输出向量用 D 来表示，$D = (d_1, d_2, \cdots, d_k, \cdots, d_l)^T$。输入层到隐层的权值矩阵用 W^1 表示，$W^1 = (W_1^1, W_2^1, \cdots, W_j^1, \cdots, W_m^1)$，其中列向量 W_j^1 表示输入层各神经元到第 j 个隐层神经元之间的权值向量矩阵。隐层到输出层之间的权值矩阵用 W^2 表示，$W^2 = (W_1^2, W_2^2, \cdots, W_k^2, \cdots, W_l^2)$，其中列向量 W_k^2 为隐层各神经元与输出层第 k 个神经元之间的权值向量矩阵。下面讨论各层之间的传递关系。

在讨论之前，本文假设传输函数 f 均为单极性 S 形函数

$$f(x) = \frac{1}{1 + e^{-x}} \tag{4-26}$$

因为 S 形函数具有连续可导的特性，并且

$$f'(x) = f(x)[1 - f(x)] \tag{4-27}$$

输入层：

$$X = (x_1, x_2, \cdots, x_i, \cdots x_n)^T \tag{4-28}$$

隐层：

$$u_j^1 = \sum_{i=0}^{n} \omega_{ji} x_i, \quad j = 1, 2, \cdots, m \tag{4-29}$$

$$v_j = f(u_j^1) = f\left(\sum_{i=0}^{n} \omega_{ji} x_i\right), \quad j = 1, 2, \cdots, m \tag{4-30}$$

输出层：

$$u_k^2 = \sum_{j=0}^{m} \omega_{kj} v_j, \quad k = 1, 2, \cdots, l \tag{4-31}$$

$$y_k = f(u_k^2) = f\left(\sum_{j=0}^{m} \omega_{kj} v_j\right), \quad k = 1, 2, \cdots, l \tag{4-32}$$

以上公式就是神经网络各层之间的数学传递关系，它们共同构成了三层神经网络的

数学模型。

2. 反向传播算法（BP 算法）

以下推导用于多层网络学习的 BP 算法。设网络输出层第 j 个神经元的输出为 y_j，那么该单元的误差信号定义为

$$e_j = d_j - y_j \qquad (4-33)$$

式中，d_j 为第 j 个神经元的期望输出。输出层第 n 次迭代时平方误差总和的瞬时值为

$$E(n) = \frac{1}{2} \sum_{j=1}^{l} e_j^2 \qquad (4-34)$$

式中，1 包括所有的输出单元。平方误差的均值表示为

$$\overline{E} = \frac{1}{N} \sum_{n=1}^{N} E(n) \qquad (4-35)$$

学习的目标函数即为 $\overline{E}$，学习的目的是使目标函数达到最小，从而使实际输出尽可能地逼近期望输出。第 j 个神经元在网络中传递工作信号并产生误差信号的过程如图 4–16 所示。

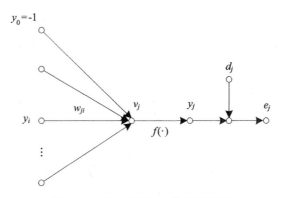

图 4–16　第 j 个神经元的信号流程

数据来源：阎平凡，张长水. 人工神经网络与模拟进化计算［M］. 2 版. 北京：清华大学出版社，2005.

计算 E 对 ω_{ji} 的梯度：

$$\frac{\partial E}{\partial \omega_{ji}} = \frac{\partial E}{\partial e_j} \frac{\partial e_j}{\partial y_j} \frac{\partial y_j}{\partial v_j} \frac{\partial v_j}{\partial \omega_{ji}} \qquad (4-36)$$

式中，$v_j = \sum\limits_{i=0}^{r} \omega_{ji} y_i$，$r$ 为第 j 个神经元的输入总数，$y_j = f(v_j)$，$\dfrac{\partial E}{\partial e_j} = e_j$，

$\dfrac{\partial e_j}{\partial y_i} = -1$，$\dfrac{\partial y_j}{\partial v_j} = f'(v_j)$，$\dfrac{\partial v_j}{\partial \omega_{ji}} = y_i$，代入式（4-35）得

$$\frac{\partial E}{\partial \omega_{ji}} = -e_j f'(v_j) y_i \tag{4-37}$$

权值修正公式表示为

$$\Delta \omega_{ji} = -\eta \frac{\partial E}{\partial \omega_{ji}} = \eta \delta_j y_i \tag{4-38}$$

式中，负号表示权值修正量沿梯度下降的方向，$\delta_j = e_j f'(v_j) = -\dfrac{\partial E}{\partial e_j} \dfrac{\partial e_j}{\partial y_j} \dfrac{\partial y_j}{\partial v_j}$。

δ_j 的计算分为两种情况：

（1）单元 j 为输出单元，权值修正公式为

$$\delta_j = e_j f'(v_j) = (d_j - y_j) f'(v_j) \tag{4-39}$$

$$\Delta \omega_{ji} = \eta \delta_j y_i = \eta (d_j - y_j) f'(v_j) y_i \tag{4-40}$$

（2）单元 j 为隐层单元，输出单元为 k，此时信号图如图 4-17 所示。

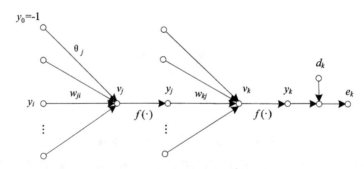

图 4-17 神经元 j 为隐层单元时的信号流

此时，神经元 k 为输出单元，则有

$$E = \frac{1}{2} \sum_{k=1}^{m} e_k^2 \tag{4-41}$$

将上式对 y_j 求导得

$$\frac{\partial E}{\partial y_j} = \sum_k e_k \frac{\partial e_k}{\partial y_j} = \sum_k e_k \frac{\partial e_k}{\partial v_k} \frac{\partial v_k}{\partial y_j} \tag{4-42}$$

由于

$$\frac{\partial e_k}{\partial v_k} = \frac{\partial (d_k - y_k)}{\partial v_k} = \frac{\partial \left[d_k - f(v_k) \right]}{\partial v_k} = -f'(v_k) \tag{4-43}$$

$$v_k = \sum_{j=0}^{m} \omega_{kj} y_j \tag{4-44}$$

式中，m 为神经元 k 的输入个数。v_k 对 y_j 求导得

$$\frac{\partial v_k}{\partial y_j} = \frac{\partial \left(\sum\limits_{j=0}^{m} \omega_{kj} y_j \right)}{\partial y_j} = \omega_{kj} \tag{4-45}$$

所以可得

$$\frac{\partial E}{\partial y_j} = \sum_k e_k \frac{\partial e_k}{\partial v_k} \frac{\partial v_k}{\partial y_j} = -\sum_k e_k f'(v_k) \omega_{kj} = -\sum_k \delta_k \omega_{kj} \tag{4-46}$$

于是有

$$\delta_j = -\frac{\partial E}{\partial y_j} f'(v_j) = f'(v_j) \sum_k \delta_k \omega_{kj} \tag{4-47}$$

$$\Delta \omega_{ji} = \eta y_i f'(v_j) \sum_k \delta_k \omega_{kj} \tag{4-48}$$

以上推导过程总结如下：

$$权值修正量 \Delta \omega_{ji} = 学习步长 \eta \times 局部梯度 \delta_j \times 输入信号 y_i$$

δ_j 存在两种情况：

（1）单元 j 为输出单元时，$\delta_j = e_j f'(v_j)$。

（2）单元 j 为隐层单元时，$\delta_j = f'(v_j) \sum\limits_k \delta_k \omega_{kj}$。

对于一般多层感知器网络，假设共有 p 个隐层，各隐层节点数分别表示为

$m_1, m_2, \cdots, m_p$，输出层节点个数为 l，各隐层输出分别表示为 $y^1, y^2, \cdots, y^p$，各层权值矩

阵分别表示为 $W^1, W^2, \cdots, W^p, W^{p+1}$，那么各层权值调整公式如下。

输出层：

$$\Delta\omega_{kj}^{p+1} = \eta\delta_k^{p+1}y_j^p = \eta(d_k - y_k)y_k(1 - y_k)y_j^p \qquad (4\text{--}49)$$

式中，$j = 1, 2, \cdots, m_p$，$k = 1, 2, \cdots, l$。

第 p 隐层：

$$\Delta\omega_{ji}^p = \eta\delta_j^p y_i^{p-1} = \eta\left(\sum_{k=1}^{l}\delta_k\omega_{kj}^{p+1}\right)y_j^p(1 - y_j^p)y_i^{p-1} \qquad (4\text{--}50)$$

式中，$i = 1, 2, \cdots, m_{p-1}$，$j = 1, 2, \cdots, m_p$。

3.BP 算法的流程

以下介绍具体的 BP 算法的步骤，即 BP 算法流程，如图 4-18 所示。

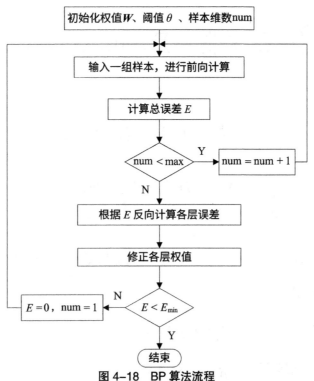

图 4-18　BP 算法流程

（1）初始化，选定结构适合的网络，置权值矩阵 W、学习步长 η 为较小的随机数，

将样本维数计数器 num 置为 1，总误差 E 设为 0，设网络训练精度 E_{min} 为一正的较小数（一般为 0.05 或 0.01）。

（2）依次输入每组训练样本，计算各层输出。使用式（4-30）和式（4-32）计算个隐层和输出层的输出值。

（3）计算网络输出总误差。设共有 N 对训练样本，每次输入一组样本，将全部样本输入后计算网络输出总误差。网络输出总误差多采用均方根误差公式 $E = \sqrt{\dfrac{1}{2}\sum_{n=1}^{N}\left(\sum_{i=1}^{l}\left(d_i^n - y_i^n\right)^2\right)}$ 作为网络的总误差。

（4）判断是否所有样本都进行了训练。如果没有，则 num 加 1，返回步骤（2），否则进行步骤（5）。

（5）计算各层误差信号。应用式（4-39）和式（4-47）分别计算各隐层和输出层的误差信号 δ_j。

（6）修正各层权值向量。应用式（4-40）和式（4-48）分别计算各隐层和输出层的误差修正量 $\Delta\omega_{ji}$。

（7）检查网络总误差是否达到了预先设定的精度要求。如果满足 $E<E_{min}$，训练结束，否则返回步骤（2）。

4.3.3　BP 神经网络的性能分析

1.BP 神经网络的特征

1）自适应性

神经网络的自适应性是指系统能够改变自己的参数配置以适应环境的变化，保持优良的性能，这是神经网络的一个重要特征。自适应性包括自学习和自组织两个方面。自学习是指当外界环境发生变化时，系统能够通过训练和学习，自动调整网络结构的各项参数，使网络对于给定输入产生期望输出，并在训练时间、误差等方面保持高效性能。神经网络的自组织是指系统能够适应外部环境，按照一定的规则调整神经元之间的连接，逐步构建起完整的网络结构的过程。

2）容错性

神经网络是对人脑组织的模仿，由大量简单的处理单元相互连接构成的网状的并行非线性系统，具有大规模并行处理的特征。虽然单个的处理单元功能有限，但是由大量单个单元构成的复杂网络就能表现出丰富的功能。结构上的非线性使网络结构的信息存储表现出分布式特点，信息分布存储在网络的各个连接权值中。神经网络的并行性和分布性使网络表现出良好的容错性能。首先，由于信息分布存储在各个单元，当网络中的某个神经元出现故障时不会对整个网络造成太大影响；其次，当网络输入模糊、残缺时，网络能够通过经验恢复记忆，从而使信息得到完整的表达与识别，这在模糊处理中具有广泛的应用。

2.BP 神经网络的能力

1）非线性映射能力

BP 神经网络能够学习和存储大量输入输出映射关系，而不需要了解映射关系的数学模型。设计合理的网络结构能通过对样本的训练和学习以逼近任意复杂的非线性映射，只要提供足够的样本供网络进行学习，便能完成由 N 维输入到 M 维输出的非线性映射。这一性能使神经网络能够作为多维非线性函数的数学模型，输入输出之间的映射规则由神经网络在训练阶段学习并存储于网络的各个连接中的能力。

2）分类能力

BP 神经网络对输入样本具有强大的分类能力。在很多实际问题中，很多事物在样本空间中的区域分割曲面十分复杂，相似的样本可能属于不同的类，而相距较远的样本反而可能是同一类。传统方法在这种情况下的分类能力有限，而神经网络则可以很好地解决非线性曲面的逼近问题，因此具有更为强大的分类和识别问题。

3）优化计算

优化计算是指在特定条件下寻找最佳参数组合，使目标函数达到最值。BP 神经网络可以把待求的参数设计为网络的节点可变参数，将目标函数设计为网络的传递函数，神经网络经过动态学习过程达到稳定状态时的参数就是问题的最优解。这种解决方法不需要复杂的求导，而是由网络自动学习获得。

4.3.4　BP 神经网络算法的局限性及改进策略

1.BP 神经网络的局限性

BP 神经网络的误差是输入样本和各层权值的函数：

$$E = \frac{1}{2} \sum_{k=1}^{l} \left\{ d_k - f\left[\sum_{j=0}^{m} w_{jk} f\left(\sum_{i=0}^{n} v_{ij} x_i \right) \right] \right\}^2 \tag{4-51}$$

将其简写为 $E = f(D, W, V, X)$。

可以看出，误差函数 E 是一个关于 D、W、V 和 X 四个变量的函数，其可调整参数的个数 num=$m \times (n+1) + l \times (m+1)$。误差 E 是 num+1 维空间中一个形状极为复杂的曲面，该曲面上的每个点的"高度"对应于一个误差值，每个点的坐标向量对应着 num 个权值，这样的空间称为误差的权空间。因此，可以把误差函数 E 看作权空间中的一个误差曲面。图 4-19 所示直观描述了误差曲面在权空间中的起伏变化情况。图 4-20 给出了用单变量函数描述误差局部极小点的情况。

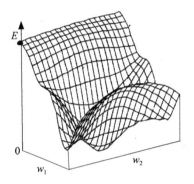
图 4-19　权空间误差曲面示意

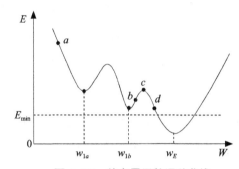
图 4-20　单变量函数误差曲线

从图 4-19 和图 4-20 可以看出，误差曲面的变化具有以下特点。

（1）存在多个极小点。极小点是使误差梯度为 0 的点，在图 4-20 中可以看出，误差曲面存在很多个极小点，大部分极小点是局部极小点，而全局极小点也可能存在多个。这使 BP 算法在以误差梯度下降调整权值的过程中，无法判断极小点的性质，因此训练经常陷入局部极小点无法跳出的问题。

（2）存在平坦区域。图中显示误差曲面存在较为广阔的区域，在训练过程中，误差的梯度变化较慢。BP 算法严格遵循误差梯度下降原则进行权值调整，训练进入平坦区域后，由于误差梯度较小而使权值调整量减小，此时训练只能增加迭代次数，缓慢进行；但只要时间足够长，总可以退出平坦区域到达极小点。

误差曲面的平坦区域会大大增加训练次数和训练时间，从而影响收敛速度；而多个极小点的出现，会使训练陷入某个极小点而无法收敛。这是 BP 算法的两个重大缺陷，其根源在于基于梯度下降的权值调整原则。针对 BP 算法的缺陷，国内外学者提出了许多改进的 BP 算法，以下做简单介绍。

2.BP 神经网络的改进策略

1）增加动量项

为了加快算法的收敛速度，可以在权值调整公式中增加动量项。用 W 代表权值矩阵，X 代表输入向量，那么含有动量项的权值调整公式为

$$w(n+1)=w(n)+\eta(n)d(n)+\alpha\Delta w(n) \tag{4-52}$$

其中

$$d(n)=-\frac{\partial E}{\partial w(n)}$$

此时权值修正量增加了前一次权值调整量的部分记忆。式（4-52）中，α 称为动量因子，一般有 $\alpha\in(0.1,0.8)$。动量项反映了之前权值调整的经验，在误差曲面剧烈波动时可以减小振荡趋势，加快收敛速度。

2）变步长算法

固定步长的梯度下降算法在计算过程中，容易导致计算陷入局部极小点和收敛速度慢等问题，因此应用中可以采用变步长算法。

由于

$$\begin{aligned}E_i&=\frac{1}{2}(d_i-y_i)^2\\&=\frac{1}{2}\left[d_i-f\left(W_i^{\mathrm{T}}X\right)\right]^2\end{aligned}$$

从而

$$\Delta w^{(p)}=-\eta\frac{\partial E_i}{\partial w^{(p)}}=-\eta\left\{d_i-f\left[\left(w^{(p)}\right)^{\mathrm{T}}X\right]\right\}f_w'\left[\left(w^{(p)}\right)^{\mathrm{T}}X\right] \tag{4-53}$$

权值修正后的 $y^{(p)}$ 展开为一级泰勒级数为

$$y^{(p)}=f\left[\left(w^{(p+1)}\right)^{\mathrm{T}}X\right]\approx f\left[\left(w^{(p)}\right)^{\mathrm{T}}X\right]+\left(f_w'\left[\left(w^{(p)}\right)^{\mathrm{T}}X\right]\right)^{\mathrm{T}}\Delta w^{(p)}$$

要获得最优步长 η，应使 $y^{(p)}$ 非常接近 $d^{(p)}$，即

$$d^{(p)} \approx f\left[\left(w^{(p)}\right)^{\mathrm{T}} X\right] f_w'\left[\left(w^{(p)}\right)^{\mathrm{T}} X\right] \Delta w^{(p)} \tag{4-54}$$

将式（4-53）代入式（4-54）得

$$d^{(p)} - f\left[\left(w^{(p)}\right)^{\mathrm{T}} X\right] \approx \eta \left\{d^{(p)} - f\left[\left(w^{(p)}\right)^{\mathrm{T}} X\right]\right\} \left\|f_w'\left[\left(w^{(p)}\right)^{\mathrm{T}} X\right]\right\|^2 \tag{4-55}$$

因此，最优步长 η 为

$$\eta = \frac{1}{\left\|f_w'\left[\left(w^{(p)}\right)^{\mathrm{T}} X\right]\right\|^2} = \frac{1}{f_w'\left[\left(w^{(p)}\right)^{\mathrm{T}}\right]^2 \|X\|^2} \tag{4-56}$$

若 x_i 是（0,1）区间的随机变量，则

$$\|X\|^2 = \frac{1}{2}(n+1) \tag{4-57}$$

式中，n 为输入单元个数。如果把 $f_w'\left(w^{(p)}\right)^{\mathrm{T}}$ 的值估计为 1/6，则

$$\eta = \frac{72\lambda}{n+1} \tag{4-58}$$

3）引入陡度因子

提出引入陡度因子的原因在于：

（1）误差曲面上存在着平坦区域。

（2）权值调整进入平坦区的原因是神经元输入进入了传输函数的饱和区。

因此，在权值调整进入平坦区后，设法压缩神经元的净输入，使其输出退出传输函数的不饱和区，从而改变传输函数的形状，使权值调整脱离平坦区。

在传输函数中引入一个陡度因子 λ，即 $o = \dfrac{1}{1+\mathrm{e}^{-\mathrm{net}/\lambda}}$。当 ΔE 接近零而 $d-o$ 仍然很大时，可以判断进入了平坦区。此时令 $\lambda>1$，使 net 坐标压缩 λ 倍，传输函数曲线的敏感区域变长，从而可使绝对值较大的 net 退出饱和区；当退出平坦区后，令 $\lambda=1$，使传输函数恢复原状，对绝对值较小的 net 具有高灵敏度。结果表明该方法对提高 BP 算法的收敛速度非常有效。

4.4 基于内容的 Flash 动画分类系统的设计与实现

神经网络的设计研究和应用研究已经取得了显著的成就，神经网络的方法也得到了广泛的应用，但是在开发设计方面还处在不断成熟和不断优化发展之中。在实际的开发设计中，主要基于对待处理问题的充分理解，在理论、经验和实验的综合基础上，通过多次改进实验，选择一套最优的解决方案。本章主要介绍基于内容的 Flash 动画分类系统的设计过程和技术细节。

4.4.1 系统结构设计

基于内容的 Flash 动画分类系统的运行过程包括两部分。首先，选择训练样本集，确定样本的参数项，设计合理的网络结构，并对样本集进行训练以获得系统的最佳参数；其次，应用这组最佳参数对待分类 Flash 动画进行分类。该系统采用 Visual C++ 6.0 作为开发平台，后台数据库选用了 Microsoft Access 2003，设计了面向对象的体系结构，具有较高的稳定性和可移植性，系统设计流程如图 4–21 所示。

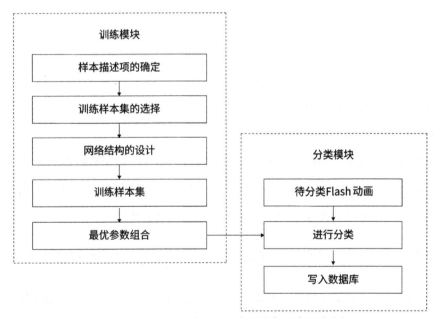

图 4–21　基于内容的 Flash 动画分类系统设计流程

4.4.2　训练样本的选择和处理

1. 样本数量的确定

网络的分类性能与训练样本的数量和质量有着密切的联系，较高的网络泛化能力需要训练样本和神经网络具备以下几个条件。

（1）训练样本应具有广泛的代表性。样本的选择应该避免人为因素的干扰，要能体现各种可能模式的平衡，不偏重某一类型，应能充分体现整体特征。尽量使每个类别的样本数量大致相等，即使是同一类别也要注意样本的多样性。

（2）训练样本应有足够的数量。对于给定的训练样本，要想找到一个神经网络输入输出间的映射关系，只能通过提高已知样本的训练精度，以提高网络对实际映射的拟合程度。样本数量过少，则不足以表达整体中蕴含的全部规律。

（3）神经网络应具有足够的信息容量。只有网络具备足够的信息容量，才能使网络学习得到输入输出之间精确的映射关系。

在实际问题的解决过程中，一般来说，训练样本越多就越能体现整体所蕴含的内在规律，但样本数量也不能无限制地扩大，否则会导致一系列的问题，甚至导致训练失败。理论上，一方面，如果能够提供足够多的训练样本，神经网络能以一定的精度无限地逼近任意映射；另一方面，网络训练所需要的样本数量与神经网络非线性映射关系的复杂程度有直接关系，非线性映射关系越复杂，达到一定训练精度时所需要的样本数量就越多，此时的网络就越复杂。因此，BP 神经网络的泛化能力与网络信息的容量密切相关，如果用 N 表示 BP 神经网络复杂程度，即网络权值和阈值的总数，那么训练样本数可以表示为

$$P \approx \frac{N}{E} \tag{4-59}$$

式中，E 为给定的训练误差。由式（4-59）可以看出，在训练误差一定的情况下，训练样本数和网络权值、阈值总数成正比例关系。

在研究过程中，从 Flash 动画资源数据库中随机选取了 1000 个样本，建立 Flash 动画训练样本库，并对其进行了人工分类，如表 4-7 所示。

表 4-7   Flash 动画样本中各类别所占比例

类别	游戏	动画	课件	MV	广告
个数 / 个	457	209	107	110	117
比例 /%	45.70	20.90	10.70	11.00	11.70

表 4-7 给出了各类别中 Flash 动画样本所含的个数和所占的比例。从数据上看，游戏所占的比例最高，几乎接近样本的一半，预示了网络中 Flash 游戏具有庞大的数量和生命力；其次是动画，所占比例约是其他每个类别的两倍；课件、MV 和广告所占的比例相差无几，课件略低。

2. 样本特征项的选择

样本特征项是对样本特征的描述，每个样本都要通过一系列特征项表征。样本的特征项将作为系统的输入量，因此特征项必须选择那些对结果影响大、便于描述与提取的变量；同时特征项之间的耦合性要小，尽量减少相互干扰。

1）内容特征

本书第 2 章对 Flash 动画的内容结构特点进行了详细分析，系统阐述了其组成结构和运行机制，分析了 Flash 动画的基本组成元素，包括文本、形状、图形、图像、声音、视频、按钮、影片剪辑、变形、蒙版、脚本和帧数等。这些元素都可以作为特征项，另外还有视觉场景数和逻辑场景数。为了分析各个特征项在分类中的可行性，本研究对 1000 个样本进行了人工分类，然后分析了各特征项在不同类别中的均值和方差，如表 4-8 所示。

表 4-8   Flash 动画中特征项的均值和方差

类别		游戏	动画	课件	MV	广告
文件大小	均值 /KB	1058.19	1818.57	688.73	1695.71	292.68
	标准差	1981.39	3021.00	821.77	2209.80	619.12
图形数	均值 / 个	268.86	314.15	167.20	236.45	46.99
	标准差	316.33	401.10	263.98	233.10	91.36
图像数	均值 / 个	41.87	8.50	17.25	14.44	8.54
	标准差	125.10	15.80	102.09	43.10	17.31
变形数	均值 / 个	7.01	11.19	5.26	16.85	2.85
	标准差	21.97	26.90	28.78	88.80	8.64

类别		游戏	动画	课件	MV	广告
文本数	均值 / 个	62.94	27.21	36.36	42.73	11.91
	标准差	92.88	41.20	40.61	51.30	15.43
视频数	均值 / 个	0.05	0.12	0.43	0.02	0.04
	标准差	0.68	0.40	4.35	0.10	0.27
声音数	均值 / 个	14.54	7.23	4.71	1.56	1.12
	标准差	20.59	12.90	6.92	1.20	4.18
按钮数	均值 / 个	28.28	8.20	26.89	3.50	3.05
	标准差	53.44	18.10	44.45	3.70	8.78
影片剪辑数	均值 / 个	132.65	46.74	23.23	31.82	15.10
	标准差	198.94	71.30	27.86	38.40	24.67
字体数	均值 / 个	5.74	4.31	4.79	5.12	2.44
	标准差	4.02	3.90	3.03	3.90	2.16
脚本数	均值 / 个	135.45	52.25	123.45	27.63	28.57
	标准差	285.31	268.80	441.80	143.20	118.80
帧数	均值 / 个	368.14	2053.05	1380.80	2524.52	338.06
	标准差	1178.66	2237.20	2571.64	1768.80	589.63
逻辑场景数	均值 / 个	12.24	2.96	7.97	2.44	1.15
	标准差	95.07	4.00	11.94	3.10	0.90
视觉场景数	均值 / 个	6.73	26.97	5.35	40.82	3.85
	标准差	13.18	48.30	6.04	55.40	6.32

在选取特征向量时，应选取最能表现事物本质的那些特征，特征项应该具有以下几个特点。

（1）区分性：对于不同类别的对象，它们的特征值应该具有明显的差异。

（2）独立性：各个特征项之间应互不干扰、彼此独立。

（3）可靠性：对于同类别的不同对象，它们的特征值应该比较接近。

所以，在表 4-8 所列的特征项中本研究选择了文件大小、图形数、变形数、文本数、声音数、按钮数、影片剪辑数、脚本数和帧数作为描述 Flash 动画的特征项。

2）关键词特征

关键词特征是关键词在类别中的表征。关键词的获得包括两个部分：一部分是在下载 Flash 动画的同时对其所在的网页源代码进行分析，提取出与 Flash 动画相关的文本；

另一部分对 Flash 动画内部进行分析，提取出 Flash 动画内部的相关文本。对提取出的文本进行分词、去重，获得 Flash 动画的关键词。

然后，采用人工搜集和筛选的方法，为每一个类别选取特征词，建立 Flash 动画类别特征词库。将关键词与特征词一一比对，得到 Flash 动画与每一类别的"匹配度"，如表 4-9 所示，将"匹配度"作为关键词特征。

表 4-9 "匹配度"示例

关键词	游戏匹配度	动画匹配度	课件匹配度	MV匹配度	广告匹配度
中小学；课件；免费；本站；试题；论文	1	0	4	0	0
林教头风雪山神庙；教学设计；基础知识中小学；动画；教育；健康；时尚；家居；中国；高中；课文；学习	0	1	9	0	3
教学设计；教学大纲；古今中外；中小学生；基础知识；黄巾起义；单枪匹马；中小学走不动；好主意全书；刘备；请看	1	1	8	0	0
副词；比较；儿歌；童谣；粤语；动画 MV	0	1	4	3	0

得到每个类别的"匹配度"之后，将其作为 BP 神经网络的输入参数参与计算，这样就将关键词纳入了 BP 神经网络系统之中，实现了文本分类方法与内容分类方法的融合。

3. 数据的处理

数据的处理过程是对输入输出数据归一化的过程，是指通过变换处理将输入输出数据限定在 [0,1] 或 [-1,1] 区间。进行数据处理的原因主要有两方面。

（1）样本的各个参数项都有不同的意义，因此它们的取值也不尽相同，甚至相差甚远。如有的输入参数在 0~10000 之间变化，而有的则在 -10000~0 之间波动。将输入参数归一在 [0,1] 或 [-1,1] 区间，可以使各输入分量对网络计算发挥同等重要的作用。

（2）神经网络采用 S 形函数作为传输函数，它的输出值在 [0,1] 或 [-1,1] 区间，因此如果不对输入数据归一化，就会产生不均等的误差，大的输入值产生较大的误差，小的输入值产生较小的误差，从而对总误差的计算产生不同的影响。此外，归一化后，能够防止由于输入数据过大而使输出饱和，继而影响权值调整。

数据处理时，应在整个数据范围内确定最大值和最小值，然后进行统一的变换处理。将输入参数归一在 [0,1] 区间通常采用以下公式：

$$\bar{x} = \frac{x - x_{\min}}{x_{\max} - x_{\min}} \qquad (4\text{-}60)$$

式中，x 为输入数据，$x_{\min}$ 为数据范围中的最小值，$x_{\max}$ 为数据范围中的最大值。

将输入参数归一在 [–1,1] 区间采用以下公式：

$$x_{\mathrm{mid}} = \frac{x_{\max} + x_{\min}}{2} \qquad (4\text{-}61)$$

$$\bar{x} = \frac{2\left(x - x_{\mathrm{mid}}\right)}{x_{\max} - x_{\min}} \qquad (4\text{-}62)$$

式中，x_{mid} 为数据范围的平均值。数据处理后，数据范围的最小值和最大值分别转换为 –1 和 1，中间值转换为 0。

4.4.3 网络参数的设计

1. 初始权值的选择

在 BP 神经网络的学习过程中，网络初始权值的选择对网络学习的最终结果及收敛速度都会产生重要影响，理想的网络初始权值可以使网络模型快速收敛到最优解。许多学者对网络权值初始化的方法进行了颇有成就的研究，先后提出了随机初始化取值方法、均匀设计取值法、遗传和免疫取值法、基于样本特征提取初始化法、记忆式取值法等算法。

本研究选用恩圭文–威德罗初始化算法确定神经网络各层的阈值和权值的初值，该算法可使各层神经元的有效区域基本均匀地分布到输入空间。与传统的随机初始化权值和阈值的方法比较，恩圭文–威德罗初始化算法具有以下优点。

（1）所有神经元都分布在输入空间内。

（2）输入空间的每一个区域都有神经元。

因此，该算法浪费的神经元少，而且输入空间的每个区域都有神经元存在，从而使网络训练速度更快。

恩圭文–威德罗初始化算法简述如下。

第一步：首先计算比例因子，$\lambda = 0.7 \sqrt[n]{m}$。

第二步：在区间 [–0.5,0.5] 中随机选择数值作为 ω_{ij} 的临时初值。

第三步：初始化权值 $\omega_{ij} = \lambda \dfrac{\omega_{ij}}{\sqrt{\sum\limits_{i=1}^{m} \omega_{ij}{}^2}}$ 。

第四步：对于隐含层的第 i 个神经元，其阈值取 $\left[-\omega_{ij}, \omega_{ij}\right]$ 区间的随机值。

其中，n 为网络的输入层数，m 为网络的隐含层数，ω_{ij} 为第 i 隐含层（或输出层）与第 j 个输入层（或隐含层）之间的初始权值。

根据以上方法计算出来的初始权值和阈值，如表 4–10 和表 4–11 所示。

表 4–10　输入层到隐层的初始连接权值和阈值

序号	1	2	3	4	5	6	7	8
1	0.6317	0.3424	0.2956	0.5290	–1.3889	–0.5803	–0.1647	–0.7934
2	0.6435	0.9791	–0.7128	0.7619	–1.1120	1.2921	–1.2236	0.27011
3	–0.4005	0.8432	0.0123	–0.0343	1.1574	–0.5635	–0.1711	1.4194
4	–1.3696	1.3001	–1.0140	0.5511	0.2653	0.6720	–0.4705	0.3683
5	0.9310	–1.3215	–1.3576	1.5658	0.4646	–1.0313	–0.3267	–1.1574
6	–0.6929	–0.6656	–0.5492	–1.1468	–0.4665	–1.4519	1.3007	–1.2424
7	1.2868	–0.2775	–1.4766	–0.5198	0.7243	1.1308	0.1520	0.5702
8	1.1779	–1.2238	–0.6405	–1.4965	–0.9348	0.8448	0.7508	1.1569
9	0.2466	–1.1801	1.3792	0.9905	–0.6571	0.1675	1.6414	0.6604
10	1.0143	–0.1834	–0.0958	0.2002	–0.7088	0.9556	0.0131	0.4495
11	–0.5753	–0.9931	–0.0797	–0.4535	0.8844	1.0756	0.5705	–1.1222
12	–1.4317	0.1644	–0.6498	1.4490	1.4763	–0.8188	1.0185	1.2129
13	0.2918	1.0556	1.4477	0.1621	0.7011	0.2945	–1.6054	–0.1637
14	–0.8581	1.7512	–1.4815	–0.6420	–0.7460	0.4492	–1.0610	0.7073
阈值	–2.5198	–0.5933	1.0166	–1.5141	–0.4373	–1.6977	–1.9159	–2.4572

表 4–11　隐层到输出层的初始连接权值和阈值

序号	1	2	3	4	5
1	0.2926	0.0424	–0.2553	0.8742	0.6590
2	0.6981	–0.2549	0.1863	0.7451	0.8670
3	0.3369	–0.5864	0.3077	–0.8559	–0.1865
4	0.3338	0.8674	0.6219	–0.0309	0.5134
5	–0.1659	0.9435	0.9759	0.7282	–0.2222
6	–0.0905	–0.5066	0.5688	0.7656	0.8274

序号	1	2	3	4	5
7	0.1165	0.1977	−0.7022	0.7994	−0.0992
8	−0.5886	0.7993	0.5251	0.7649	−0.4301
阈值	0.3464	0.3285	−0.7543	−0.1853	−0.4494

2. 学习速率的选择

在 BP 神经网络的设计当中，学习速率的选择十分重要，它直接关系到权值的调整，进而影响网络的收敛速度。因此，学者对学习速率进行了大量的研究。标准 BP 神经网络的权值调整公式为

$$\Delta w(n) = -\eta \frac{\partial E(n)}{\partial w(n)} \tag{4-63}$$

式中，η 为学习速率，$E(n)$ 为第 n 次迭代产生的误差，$w(n)$ 为第 n 次迭代时的权值，$\Delta w(n)$ 为第 $n+1$ 次迭代时的权值调整量。

从式（4-63）可以看出，如果学习速率 η 选取过大，那么权值的调整量就会过大，就会导致网络在最小值附近产生振荡而不能收敛；如果学习速率 η 选取过小，那么权值的调整量就会太小，网络收敛速度太慢，容易导致网络陷入极小点。因此，学习速率 η 的选择直接影响到权值调整量的大小，进而影响网络收敛速度和整个神经网络的性能。

随着神经网络研究的深入，关于学习速率选择的研究也不断深入，从恒定速率到自适应学习速率，出现了很多确定学习速率的方法。在网络计算过程中，如果网络计算产生的误差较大时，应加大网络权值的调整量，则学习速率应变大；如果网络产生的误差较小时，应减小网络权值的调整量，则学习速率应变小。调整公式如下：

$$\eta(n+1) = \begin{cases} 1.05\eta(n), & E(n+1) < E(n) \\ 0.7\eta(n), & E(n+1) > 1.05E(n) \\ \eta(n), & 其他 \end{cases} \tag{4-60}$$

式中，n 为训练次数，η 为学习速率。

3. 动量因子的选择

在实际应用中，通常在权值调整公式中加入动量项，公式为

$$\Delta w(n+1) = \alpha \Delta w(n) - \eta \frac{\partial E(n)}{\partial w(n)} \qquad (4\text{-}65)$$

式中，α 为动量因子，$0<\alpha<1$，通常取 0.9 左右。加入动量项的目的就是赋予权值调整以记忆功能，使它可以记忆上一次权值调整的情况，利用动量项来抑制网络训练中可能出现的振荡，起到缓存平滑的作用。

通过实验可以得知，网络训练的次数随着动量因子 α 的变化而变化，开始网络训练的次数随着动量因子 α 的增大而减少，但当达到一定值后，动量因子的变大使学习速率过大，引起网络训练产生振荡而无法收敛，网络训练次数反而随着动量因子 α 的增大而增加。因此，在神经网络设计过程中，应选择适中的动量项，动量因子 α 一经确定，通常在整个训练过程中都不应再变化。在本系统中选择 0.9 为动量因子。

4.4.4 网络结构的设计

在 BP 神经网络设计过程中，网络结构的设计是对网络中输入层、隐层和输出层的设计，而这是最为复杂的部分，也是影响网络性能的重点。虽然已有很多文献对此进行了研究，但还没有严格的理论和公式来确定隐层和隐层单元数，这是 BP 神经网络研究的主要缺陷。本节对 BP 神经网络层数的确定和网络节点数的确定进行详细介绍。

1. 网络层数的确定

BP 神经网络层数的确定实际上主要是隐层数的确定。理论证明，对于一个在任何闭区域内的连续函数都可以用含有一个隐层的网络来逼近，即具有一个隐层的三层 BP 神经网络可以实现任意 N 维到 M 维的映射。赛彬珂曾经证明，当各节点均采用 S 形函数时，一个隐层就足以实现任意地判决分类问题。只有在学习不连续的函数时才需要两个隐层。因此，BP 神经网络最多只需要两个隐层即可逼近任意函数。

适当增加隐层数量可以增强网络的处理能力，提高网络的收敛速度和泛化能力；如果隐层数量过多，则导致训练网络过于复杂，训练时间会增加，同时根据样本数确定规则，所需要的样本数量也会增加。在实际的设计过程中，应首先考虑单隐层的 BP 神经网络，当单隐层网络的隐节点数过多而网络性能改善不明显时再考虑使用双隐层网络。

在本系统中，选择了含有一个隐含层的三层 BP 神经网络。

2. 网络节点数的确定

1）输入层节点数

输入层节点数取决于输入特征向量的维数。本研究在 4.2.2 节中对样本特征项进行了详细分析，为了表述一个 Flash 动画，从内容特征和关键词特征中选出了 14 个特征项来描述 Flash 动画。这 14 个特征项实际上就构成了 BP 神经网络的输入，因此本研究中 BP 神经网络的输入层节点数应为 14 个。

2）输出层节点数

输出层节点数取决于 Flash 动画的类别数量。为了对 Flash 动画进行分析，本研究建立了 Flash 动画资源数据库和搜索平台，对 Flash 动画进行了内容特征提取分析，并参考了各大网站对 Flash 动画的分类，由此本研究将 Flash 动画分为游戏、动画、课件、MV 和广告五大类。因此，BP 神经网络的输出层节点数选为 5 个。

3）隐层节点数

在 BP 神经网络设计中，隐层节点数的选择至关重要，它直接关系到网络的性能。隐层节点的作用在于提取并存储样本的规律，每个隐节点都有 m（m 为前一层的节点数）个权值，而每个权值都是增强网络映射能力的一个参数。如果隐层节点数过少，则网络从样本中获取及存储信息的能力就差，不能全面准确地体现样本中包含的规律；如果隐层节点数过多，则可能使网络学会样本中无规律性的信息，从而降低了网络的泛化能力，而且训练的时间也会延长。

确定最佳隐层节点数最常用、最有效的方法是实验法。首先选择较少的节点数训练网络，然后逐渐增加，逐步确定网络误差最小时的隐层节点数。在进行实验时，可以参考几个确定隐层节点数的经验公式，这些公式是对隐层节点数的粗略估计，可以作为实验法的参考值。

公式 1：

$$n = \log_2 m \tag{4-66}$$

式中，n 为隐层节点数，m 为输入层节点数。

公式 2:

$$n = \sqrt{m+l} + \alpha \qquad (4\text{-}67)$$

式中，n 为隐层节点数，m 为输入层节点数，l 为输出层节点数，α 为 1~10 之间的常数。

公式 3:

$$n = \sqrt{ml} \qquad (4\text{-}68)$$

式中，n 为隐层节点数，m 为输入层节点数，l 为输出层节点数。

本研究采用公（4-68）进行试验，选取 1000 个 Flash 动画样本，$n = \sqrt{ml} = \sqrt{14 \times 5} = 8.3$，隐层节点数分别选取 7、8、9、10 进行测试，结果如表 4-12 所示。

表 4-12　隐层节点数测试结果

隐层节点数 / 个	输入层节点数 / 个	输出层节点数 / 个	误差值	训练次数 / 次
7	14	5	0.05	605
8	14	5	0.05	143
9	14	5	0.05	508
10	14	5	0.05	1036

根据以上实验结果，当网络隐层节点数为 8 时网络的性能最为突出。因此，本研究所设计的 BP 神经网络的隐层节点数设为 8 个。

4.4.5　网络训练及测试

训练样本共有 1000 个，游戏、动画、MV、课件和广告每个类别分别选择 200 个。

在采用 BP 神经网络训练之前，必须对样本数据进行归一化处理。本研究采用了式（4-60）处理，即

$$\overline{x} = \frac{x - x_{\min}}{x_{\max} - x_{\min}} \qquad (4\text{-}69)$$

式中，$\overline{x}$ 为归一化处理之后的数值，$x_{\min}$ 为训练样本数据的最小值，$x_{\max}$ 为训练样本数据的最大值。数值的归一化处理是在程序内部自动完成的，分类程序的主要类代码在附

录中。

理论证明，三层 BP 神经网络可以逼近任意连续函数。因此，本程序的网络结构中选择三层 BP 神经网络；输入层含有 14 个神经元，分别与 Flash 动画的 14 个特征项相对应；输出层含有 5 个神经元，分别对应 Flash 动画的五个类别。通过前面的实验确定了隐含层节点数为 8 个，网络结构如图 4-22 所示。

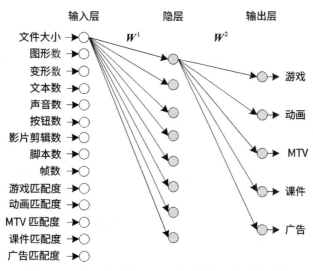

图 4-22　基于内容的 Flash 动画分类程序网络结构

以 $[X_i, X_{i+1}, X_{i+2}, \cdots, X_{i+13}]^{\mathrm{T}}$ 作为网络的输入，以 Y_{i+4}^{T} 作为网络的输出，$i = 1, 2, 3, \cdots,$ 1000，输入输出矩阵如下所示。

输入矩阵：

$$X = \begin{pmatrix} 0.6620 & \cdots & 0.3030 \\ \vdots & \ddots & \vdots \\ 0.8760 & \cdots & 0.5500 \end{pmatrix}$$

输出矩阵：

$$Y = \begin{pmatrix} 1 & 0 & 0 & 0 & 0 \\ \vdots & & \ddots & & \vdots \\ 0 & 0 & 0 & 0 & 1 \end{pmatrix}$$

其中，输出数据的编码是由该 Flash 动画的类别决定的，Flash 动画属于哪个类别，该输出项就编码为 1，其他输出为 0。

网络的传输函数采用 S 形函数，其公式为

$$y = \frac{1}{1 + \mathrm{e}^{-\alpha x}} \qquad (4\text{-}70)$$

网络训练最小误差定位 0.05，网络最大运行次数 20000 次。

4.4.6 实验结果及分析

经过一段时间的训练，网络误差达到预定要求，耗时 6 分 30 秒，网络仿真所得误差曲线变化情况及训练过程的信息如图 4-23 所示。

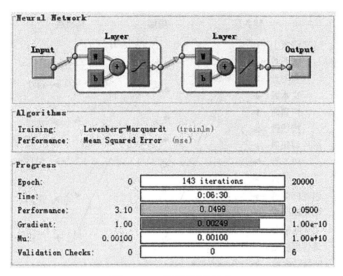

图 4-23 网络训练信息

BP 神经网络的权值和阈值的最终运行结果，如表 4-13 和表 4-14 所示。

表 4-13 输入层到隐层的最终连接权值和阈值

序号	1	2	3	4	5	6	7	8
1	−0.8449	0.3459	−0.6325	−1.2594	−0.8311	1.0720	−1.2786	−1.0983
2	−1.1939	−0.2074	−1.5388	1.3672	−0.8772	−1.1037	−0.5748	−0.1874
3	−1.0657	1.7629	−0.5309	−0.6976	−1.2665	−0.5476	−1.3535	0.0232
4	0.6994	0.4664	−1.2966	−1.4428	0.8017	1.0996	0.1008	−1.6670
5	0.8717	−0.5762	−0.6514	0.8479	−1.4160	−1.2256	0.5010	0.4413
6	0.0698	0.8175	0.6553	0.9686	−0.6131	0.5226	0.1691	−0.4413
7	−1.1729	0.9970	−0.5135	0.3713	0.6977	−1.0726	−1.1103	0.2113
8	−0.0395	1.3896	0.9452	0.8067	−1.2975	−1.1593	−1.2277	1.2725
9	1.1852	0.6538	−1.1632	0.7667	−1.1268	−1.0382	0.4199	−0.7301
10	0.4115	0.8866	0.2630	0.8262	−0.7668	0.6377	1.4041	1.5650
11	−1.1070	−0.4753	−0.4135	0.6369	0.2832	0.7854	−0.3949	−1.2538
12	−1.1058	0.9677	−0.9306	−0.3846	0.1497	−0.7357	0.4235	−0.0662

	1	2	3	4	5	6	7	8
13	−0.9314	1.0033	−1.2628	−0.7089	−0.7595	0.0838	−1.2188	−0.4038
14	−0.8581	1.7512	−1.4815	−0.6420	−0.7460	0.4492	−1.0610	0.7073
阈值	3.7546	−5.1894	4.2393	−0.8144	3.2765	2.0449	0.8967	−0.4755

表 4-14 隐层到输出层的最终连接权值和阈值

序号	1	2	3	4	5
1	−0.7903	−0.7754	0.5689	−0.4169	0.2071
2	0.9288	−0.1350	0.3895	0.5162	−0.1347
3	0.3110	−0.7805	0.8675	−0.6251	−0.4676
4	0.5957	−0.0248	0.5379	−0.2080	−0.4541
5	−0.9255	0.3466	−0.1409	−0.0965	0.2197
6	−0.8812	−0.3684	0.5454	0.3929	−0.7493
7	−0.7397	−0.8153	−0.9844	−0.1538	0.3111
8	0.4458	0.0624	−0.7824	0.2635	−0.7470
阈值	−0.7314	−0.8028	−0.7159	−0.6635	−0.6075

为了验证 BP 神经网络的分类准确率，从 Flash 动画资源数据库中随机选取 500 个 Flash 动画作为测试样本，每个类别各有 100 个，用以上训练过的 BP 神经网络进行分类。其中，列"人工分类"是 Flash 动画的类别，是经过人工识别之后予以的类别，它将作为 Flash 动画的标准类别；列"Type"是经过 BP 神经网络分类之后的类别。

本文采用分类正确率来表述 Flash 动画分类的效果，分类正确率 K 表示为 Flash 动画分类正确的数目除以总数目。公式表示为

$$K = \frac{\text{分类正确的数目}}{\text{总数目}} \times 100\% \tag{6-71}$$

经过神经网络分类之后，统计分类正确率，统计的分类结果如表 4-15 所示。

表 4-15 Flash 动画分类结果统计

类别	Flash 动画数目 / 个	分类正确数 / 个	正确率 K/%
游戏	100	86	86
动画	100	78	78
MV	100	75	75

类别	Flash 动画数目 / 个	分类正确数 / 个	正确率 K/%
课件	100	79	79
广告	100	70	70

由表 4-15 可以看出，本研究所探索的分类方法对 Flash 动画的总体分类精度较高，特别是对游戏类的分类正确率最高。这是由于 Flash 动画游戏有明显的关键词和丰富的脚本，通常它的文件也较大，这使游戏类与其他类别有明显的不同，区分较为容易。而对广告类的分类正确率最低，这是因为广告类 Flash 动画在网页及内部的关键词不明显，通常交互和其他特征也不明显，从而影响了关键词匹配度。由此可知，关键词的数量及准确性对分类的正确率有极大的影响，因此在以后的研究中应该特别关注关键词的提取、分词和关键词类别特征词库的建设。总体来说，本文采用 BP 神经网络对 Flash 动画进行的分类达到了预期的效果，也证明了 BP 神经网络模型在理论上的合理性。

4.5 动画分类总结

为了将网络中的 Flash 动画资源收集、整理以广泛应用于基础教育，就必须对这些资源进行分类管理。对 Flash 动画的自动分类是研究领域的难点，也是国内外研究的空白，虽然国内外专家学者研究总结了众多分类算法，但是适合对 Flash 动画进行内容分类的算法却凤毛麟角，鲜有提及。本研究基于实际研究需要，在深入分析 Flash 动画的工作机制和内容特征的基础上，在前人的思想指引下，提出了基于内容的 Flash 动画分类算法思想，并设计出了一套兼有文本分类和内容分类的综合分类系统，大大提高了分类的准确率。本研究的具体研究工作包括以下几个方面。

（1）通过查阅、分析文献信息，收集了国内外关于 Flash 动画分类方面的研究资料，总结了关于 Flash 动画分类方面的研究现状、研究意义和可行性。

（2）深入分析了 Flash 动画的存储结构和动画运行原理，分析了 Flash 动画的逻辑结构特征和视觉特征，为接下来对 Flash 动画的类别特征提取和内容分类打下良好的基础。

（3）详细介绍了基于内容的 Flash 动画分类算法思想，该算法主体采用改进的 BP 神经网络分类算法，同时将文本分类思想也纳入其中，实现了两类算法的融合。详细叙述了 BP 神经网络的基本原理，深入分析了 BP 神经网络的性能及缺陷，并相应地提出了 BP 神经网络的改进算法，为分类系统的设计提供理论指导。

（4）阐述了基于内容的 Flash 动画分类系统的设计过程，详细描述了设计过程的各个模块和步骤，介绍了模型设计的理论基础并进行实验验证，总结出了一套较为可靠的、具有较高准确率的分类系统。

本研究对于 Flash 动画内容分类的研究只是针对众多分类思想中的一种算法的尝试，并未对其他分类算法（如贝叶斯分类算法和决策树分类算法等）进行实验；只是对 BP 神经网络算法做了一些基础性的研究，并未进行深入的阐述和改进，今后还需要更多学者和研究人员做出更细致的努力。下一步的工作主要围绕以下几个方面进行。

（1）进一步加强对 Flash 动画关键词提取及分析工作的研究，完善类别词典的建设，提高关键词对 Flash 动画描述的准确性，进而提高 BP 神经网络训练和分类的精确性。

（2）深化对 Flash 动画类别特征项的研究。特征项是对 Flash 动画的内容描述，它的准确与否直接关系到网络的泛化能力的高低，因此在实际实验过程中，应该选择适当的并能充分描述 Flash 动画类别的特征项。

（3）优化 BP 神经网络结构的设计。神经网络结构的设计并没有严格的理论为指导，因此需要在实验过程中进行探索，总结最适合的网络结构模型。

（4）改进 BP 神经网络算法的设计。算法的优劣直接关系到系统性能的高低，本研究对 BP 神经网络算法的探索不足，需要进一步优化网络的算法。

（5）增加训练样本的数量，提高训练样本的质量，使样本具有广泛的代表性并能准确地反映其类别特征，以提高网络训练的精度和泛化能力。

第 5 章 网络 Flash 动画学习资源的组成元素特征分析

5.1 组成元素特征概述

基于图 2-1 所述模型，本研究按照人的视觉感受，把 Flash 动画的组成元素特征分为静态视觉特征、动态视觉特征和交互特征三类。本章详细介绍了各组成元素特征的定义方式及其提取工作，Flash 动画组成元素特征如表 5-1 所示。

表 5-1 Flash 动画组成元素特征

类别	特征描述	特征内容		
静态视觉特征	动画的基本属性特征和包含的各媒体对象的属性特征	元数据		文件名、创建时间、大小、创建者、帧数、播放速率等
		元素对象	文本	字体、字号、颜色等
			形状	类型、填充色、边线数、边线颜色等
			图像	尺寸大小、颜色、纹理、位置等
			音频	存储大小、声道数、音频数据内容等
			视频	位置、大小、动态效果等
			按钮	位置、大小、功能、形状等
			影片剪辑	交互、位置、大小、帧数等
动态视觉特征	施加在各组成元素上的动态效果	移动、色变、形变、旋转、缩放		
交互特征	人机间传递数据的过程	交互数量		

5.2　静态视觉特征提取

5.2.1　静态视觉特征定义方式

1. 元数据

Flash 动画的元数据内容包括该动画的文件名、创建时间、大小、创建者、帧数、播放速率等。Flash 8 及以后版本生成的 SWF 格式文件还包括了元数据标签定义的内容，该标签内存储了动画的标题和描述动画主要内容的关键字。元数据描述动画的基本信息是动画的外部特征，不能反映动画内部的对象和视觉特征，但它对动画的索引及检索也具有很大的帮助。

（1）Flash 动画的文件名、创建时间、创建者等信息可以直接通过读取 SWF 格式文件的属性获得。

（2）动画标题、内容描述关键字等信息则需要解析文件头标签和元数据标签获得。其中，元数据标签中的数据以 RDF（资源描述框架）格式存储如下：

<dc：title>

动画标题部分

</dc：title>

<dc：description>

此处是动画内容的描述及关键字列举

</dc：description>

元数据标签对动画的 title 和 description 进行了定义，代码格式符合标记语言的规范，因此可以很容易解析出此部分数据。

（3）动画文件大小、帧数、播放速率等通过解析 SWF 格式文件的文件头数据获得。任何计算机文件都是从文件头开始存放文件数据，SWF 格式文件的文件头部分存放的数据包括压缩标记（前 3 字节数据）、版本号（第 4 字节）、文件大小（第 5~8 字节），其后是描述舞台大小的 RECT 字段。Flash 动画有舞台的概念，舞台即动画播放时显示的区域。RECT 则记录动画播放窗口的尺寸，以"缇"（Twips）为单位。1 像素等于 15 缇，缇是比像素精度更高的单位，其数值也是跨字节的。RECT 的最大值为 17 字节。RECT 字段后跟着的是 2 字节的帧频数据，描述 Flash 动画每秒播放的画面帧数。文件头最后是 2 字节的帧数值，反映该 Flash 动画包含的总画面数，可知一个 Flash 动画包含的总帧数不能超过 65536 帧。由此，一个 Flash 动画的文件头最大不超过 29 字节的数据。

因此，对一个 Flash 动画的文件头进行解析，可以获得文件大小、帧数、播放速率等元数据。

2. 元素对象

组成元素是 Flash 动画内容的主要组成部分，是动画内部包含的媒体对象内容，是诸多动态效果与代码需要依附的对象。组成元素的特征提取是 Flash 动画视觉特征分析的首要工作，也是视觉场景分析、情感识别等环节的重要步骤。

Flash 动画的组成元素主要包括文本、形状、图像、音频、视频、按钮、影片剪辑等。不同的组成元素对象，其特征属性也不相同。各多媒体对象具有不同的定义方式与特征，由不同的定义型标签进行定义。以下介绍各组成元素在 SWF 格式文件中的定义方法，进而依据标签分析来获取各组成元素及其特征。

（1）文本描述。文本定义标签可以定义静态文本、动态文本、输入文本。❶静态文本不随着动画播放产生变化；动态文本会有动态效果的展示；输入文本是用户通过键盘与动画交互时输入的内容，一般作为静态文本处理。

Flash 动画中文本的定义方法：

DefineText 标签可以定义静态文本；DefineEditText 标签则定义可编辑的动态文本。DefineText 和 DefineEditText 标签都可以使用 DefineFont2 标签获取字体对象，前者还可使用 DefineFont。UseOutlines 标识帮助 DefineEditText 标签判断是否使用字形等，DefineText 标签则都使用字形描述文本。

DefineText 标签存储了文本的特征信息❷，其部分存储字段如表 5-2 所示。

---

❶ 李丽华，毛淑华，魏树权. 基于嵌入式应用的 SWF 文件文本信息的提取研究［J］. 长沙大学学报，2010（2）：65-67.

❷ MILLER E.An introduction to the resource description framework［J］.Bulletin of the American Society for Information Science and Technology，1998（25）：1.

表 5-2　DefineText 标签的部分存储字段

标签	类型	描述
Header	RECORDHEADER	Tag ID=11
CharacterID	UI16	文本对象的 ID
TextRecords	TEXTRECORD	文本记录

其中，TextRecords 结构体存储了静态文本的字体、字号、颜色等特征信息，以及部分成员数据，如表 5-3 所示。

表 5-3　TextRecords 数据类型结构

字段	字段类型	注释
FontID	UI16	值为字体 ID
TextColor	RGB/RGBA	值为字体颜色
XOffset	SI16	X 轴坐标
YOffset	SI16	Y 轴坐标
TextHeight	UI16	文本的高度值
GlyphCount	UI8	字符轮廓的个数

DefineEditText 标签可以定义动态文本对象和文本字段，其部分存储结构如表 5-4 所示。

表 5-4　DefineEditText 标签的存储结构

标签	类型	描述
Header	RECORDHEADER	Tag ID=37
CharacterID	UI16	动态文本的 ID
Multiline	UB [1]	值为 0 表示只有一行 值为 1 表示可多行
ReadOnly	UB [1]	值为 0 表示可编辑 值为 1 表示只读
UseOutlines	UB [1]	值为 0 表示设备字体 值为 1 表示字形字体
FontID	UI16	字体 ID
Font Height	UI16	字号
Text Color	RGBA	字符的颜色
Max Length	UI16	字符串最大的长度

表 5-4 中不是 DefineEditText 标签的全部内容，此处只列举了一部分。本研究通过解析标签中的 FontID、Font Height、Text Color 等字段来获得动态文本的字体、字号和颜色数据。

（2）形状描述。Flash 动画中包含的形状采用的是矢量设计，这是 Flash 动画的独特之处，也是优势所在。矢量图形由边构成形状轮廓，矢量形状如何放大也不失真。路径有闭合路径和开放路径之分，闭合路径形成的区域是本研究提到的形状。形状的特征有形状类型、填充颜色、边数、线条颜色等。填充样式是封闭区域被赋予的颜色、渐变等特征；线条样式则是区域轮廓的颜色和粗细的特征。Flash 动画中的各种生动的人物造型、自然景观等都可用形状构成。

在 SWF 文档中，DefineShape、DefineShape2、DefineShape3、DefineShape4 四个标签可以定义形状。DefineShape 标签存储结构如表 5-5 所示。

表 5-5　DefineShape 标签存储结构

标签	类型	描述
Header	RECORDHEADER	Tag ID=2
ShapeId	UI16	对象的 ID
ShapeBounds	RECT	形状边界
Shapes	SHAPEWITHSTYLE	形状参数

如表 5-5，Shapes 字段存储了形状的大部分信息，如填充样式（Fill Styles）、边线样式（Line Styles）。本研究要提取的形状特征就位于此字段。

DefineShape2 是 DefineShape 标签的扩展，Tag ID=22，可定义超过 255 个样式。DefineShape3 标签的 Tag ID=32，可支持 RGBA 色彩空间，A 指透明度。DefineShape4 标签的 Tag ID=83，其 Linestyles2 字段增加了新的线条样式，如缩放方式及填充描边能力。

本研究通过解析 SWF 文件格式中形状的定义标签，分析 SHAPEWITHSTYLE 结构体即可获得形状的填充样式和边线样式等特征。

（3）图像描述。制作 Flash 动画时，导入时间轴的图像都是以形状对象存在的，因此图像起到了填充图形的作用。图像的部分属性与其轮廓形状的属性相同，如位置、大小等，这部分属性可以使用 DefineShape 分析来获得。位图分为用 JPEG 标准的有损压缩和用 ZLIB 标准的无损压缩两种（图像导入动画时需要压缩），这两种压缩都支持透明度。

图像的定义通过以下六种标签实现，如表 5-6 所示。

表 5-6 图像定义标签列表

图像定义标签	Tag ID	压缩算法	描述
DefineBits	6	JPEG	仅包含 JPEG 位图
DefineBitsJPEG2	21	JPEG	JPEG 编码表和图像数据，支持 GIF、JPEG、PNG
DefineBitsJPEG3	35	JPEG	添加了 32 位 Alpha 通道数据，在 AlphaDataOffset 字段中，ZLIB 压缩
DefineBitsJPEG4	90	JPEG	DeblockPatam 参数过滤，但此过滤器不应用于 PNG 和 GIF 数据
DefineBitsLossless	20	ZLIB	ZLIB 压缩，RGB 位图
DefineBitsLossless2	36	ZLIB	增加了 Alpha 通道信息

其中，有代表性的 DefineBits 标签存储结构如表 5-7 所示。

表 5-7 DefineBits 标签存储结构

标签	类型	描述
Header	RECORDHEADER（long）	标签标识 =6
CharacterID	UI16	对象的 ID
JPEGData	UI8［image data size］	图像参数

JPEGData 字段定义了该图像的参数特征，如尺寸大小、颜色、纹理、位置等，提取该标签即可获得图像对象的特征数据。

（4）音频描述。Flash 动画的音频分为事件音频和流媒体式音频两种。事件音频指的是交互发生时，伴随事件的触发进行播放的音频，如鼠标点击时给出金属敲打声。事件音频需要预先定义。流媒体音频则与时间轴的播放同步，此时音频数据则存在每一帧中。

DefineSound 标签可定义事件音频；流媒体音频则使用 SoundStreamHead、Sound-StreamHead2 标签定义。DefineSound 标签部分存储结构如表 5-8 所示。

表 5-8　DefineSound 标签部分存储结构

标签	类型	描述
Header	RECORDHEADER	Tag ID=14
SoundId	UI16	音频对象的 ID
SoundSize	UB[1]	音频的存储大小
SoundType	UB[1]	单声道还是多声道
SoundData	UI8	音频的数据内容

　　动画的主时间轴上只能同时允许一个流媒体音频播放，在第一个流媒体音频数据块之前必须使用相应标签进行定义。SoundStreamHead 标签部分存储结构如表 5-9 所示。

表 5-9　SoundStreamHead 标签部分存储结构

标签	类型	描述
Header	RECORDHEADER	Tag ID=18
PlaybackSoundSize	UB[1]	播放音频大小
PlaybackSoundType	UB[1]	播放单声道 / 立体声
StreamSoundSize	UB[1]	流媒体音频大小
StreamSoundType	UB[1]	流媒体音频单声道 / 立体声

　　SoundStreamHead2 标签和 SoundStreamHead 标签具有完全相同的存储结构，Tag ID 为 45。

　　（5）视频描述。SWF 文件支持多种视频格式，如 FLV、MOV、AVI、MPG 等。可以使用 Video 标签从外部导入视频，也可通过 FLV 格式的文件获取视频数据[1]，还可使用脚本语言加载 FLV 格式视频。

　　导入动画的视频都是流媒体式的，不用下载完就可以播放。DefineVideoStream 标签用来定义视频对象，该标签部分存储结构如表 5-10 所示。

表 5-10　DefineVideoStream 标签部分存储结构

标签	类型	描述
Header	RECORDHEADER	Tag ID=60
CharacterID	UI16	视频对象的 ID

---

[1]　雷霄骅，姜秀华，王彩虹．基于 RTMP 协议的流媒体技术的原理与应用 [J]．中国传媒大学学报（自然科学版），2013（6）：59-64.

续表

标签	类型	描述
Width	UI16	视频宽度（像素为单位）
Height	UI16	视频高度（像素为单位）
VideoFlagsSmoothing	UB［1］	0=滤波关（快） 1=滤波开（高质量）

视频对象的特征包括位置、大小、动态效果等，提取 DefineVideoStream 标签即可获取；视频也可以产生旋转、缩放等动态效果，可以分析 PlaceObject 和 RemoveObject 等标签获取。

（6）按钮描述。按钮是人们常用的交互对象，Flash 动画强大的交互功能主要通过按钮对象结合动作脚本（Action Script）实现。按钮可以设计成多种形态，如形状、图像、线条、物品、人物，甚至可以透明。图 5-1 所示是树叶形状的按钮。

按钮是人机交互的重要元素，通过程序代码预设单击它时发生的动作。不仅单击可以触发按钮事件，鼠标悬停、鼠标键抬起时都可以使按钮响应。按钮在 Flash 中是包含 4 帧的一个影片剪辑，但它不进行播放，每一帧可以接收一个鼠标动作，触发相应的动作代码。一个按钮包括 Up、Over、Down、Hit 四种状态。按钮默认是 Up 状态；鼠标指针进入按钮范围则成为 Over 状态；这时单击鼠标，则变为 Down 状态；Hit 状态定义鼠标的活动区域，这个状态不显示。按钮的状态发生变化时，才会触发相应的动作代码。

按钮主要通过 DefineButton 和 DefineButton2 定义获得，其存储结构如表 5-11 所示。

图 5-1 某茶叶公司 Flash 宣传动画界面

表 5-11　DefineButton 标签的存储结构

标签	类型	描述
Header	RECORDHEADER	Tag ID=7
ButtonId	UI16	按钮对象 ID
Characters	BUTTONRECORD	组成按钮的对象
Actions	ACTIONRECORD	执行的动作

Actions 字段中的动作代码是用来响应鼠标点击等事件的；BUTTONRECORD 结构体记录了按钮的四个状态；SWF3 为 Flash Player 提供了 11 类动作。

DefineButton2 标签进行了扩展，按钮的任何一个状态都可以触发动作执行，其标签存储结构如表 5-12 所示。

表 5-12　DefineButton2 标签存储结构

标签	类型	描述
Header	RECORDHEADER	Tag ID 为 34
ButtonId	UI16	对象的 ID
TrackAsMenu	UB [1]	普通按钮 / 菜单按钮
Characters	BUTTONRECORD	组成按钮的对象
Actions	BUTTONCONDACTION	执行特定按钮事件的活动

DefineButtonCXform 标签可以定义按钮的形状和文本颜色，Tag ID 为 23；DefineButtonSound 标签定义按钮状态变换时播放的声音，Tag ID 为 17。

表 5-13 为需要获取的按钮特征及获取方式。

表 5-13　按钮特征及获取方式

特征	描述	取值	获取方式
Position	按钮在动画中的位置	上、下、左、右、中	按钮定义标签
Size	按钮在动画中的大小	大、中、小	按钮定义标签
Function	按钮的功能	开始、暂停、跳转、其他	控制标签 PlaceObject 等
Shape	按钮的形状	直线、圆形、矩形、多边形等	控制标签 PlaceObject 等

（7）影片剪辑描述。Movie clip（影片剪辑）[1] 在诸多反汇编软件中称为 "Sprite"，是

---

[1] 邵长侠 .Flash 组成元素的内容特征提取与标注研究 [D].济南：山东师范大学，2012.

Flash 动画中嵌套的具有独立内容的 Flash 动画。直观上，就是嵌入动画的另外一个动画，它可以应用几乎全部的控制标签。影片剪辑有自己的时间轴，然而在主时间轴上却只占一帧的位置。主场景定格后，其上的影片剪辑依然可以继续播放。影片剪辑使 Flash 动画可以实现更复杂的动态效果。

影片剪辑是元件的一种，可以重复使用，将其拖动到场景中，就产生一个实例。每个实例可设置它独有的属性，如透明度、形状、颜色等。影片剪辑的内容可包含 Flash 中的几乎所有对象。实例如图 5-2 所示，图中的风车可以是一个动态转动或者有交互功能的独立的 Flash 动画，将其转换为影片剪辑后，就可以反复应用到主动画场景中，每次生成的实例只占一帧的位置。

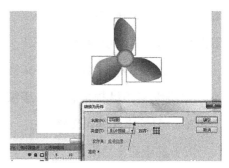

图 5-2　影片剪辑实例

影片剪辑的定义由 DefineSprite 完成，其标签存储结构如表 5-14 所示。该标签内部不能用定义型标签，影片剪辑包含的对象必须都是主文件里定义，且位于 DefineSprite 标签使用其之前定义。影片剪辑的移动、旋转、缩放操作使其内部的子对象也跟着做同样动作。

表 5-14　DefineSprite 标签存储结构

标签	类型	描述
Header	RECORDHEADER	Tag ID=39
Sprite ID	UI16	对象的 ID
FrameCount	UI16	帧数
ControlTags	TAG	控制标签序列

影片剪辑的位置和大小特征可以通过解析将它放置在时间轴上的 PlaceObject2 标签来完成。影片剪辑中的交互特征与 Flash 动画中的交互特征提取方式一样，详见本章 5.4 节。

5.2.2　静态特征提取方法

根据前述 Flash 动画运行原理及 SWF 文档的存储结构，本研究通过解析动画各组成元素对象的定义标签及其内容，即可提取 Flash 动画的静态视觉特征。Flash 动画所有动态和静态内容都是使用标签实现的，所有的信息都记录在标签内容上。一般根据定义型标签的标识值来辨别元素对象，根据控制标签来辨别动态效果类型。

SWF 动画文件 6.0 及以上的版本均采用 ZLIB 压缩标准。本研究在解析动画标签内容之前需要对动画文件进行解压缩，然后才可以一一解析标签序列。具体的 Flash 动画静态视觉特征提取步骤如下。

（1）读入 SWF 文件。判断文档能否正常读入内存，如果能，则继续下一步；否则，说明该文档已损坏，无法继续解析，读入下一 SWF 文档。程序中使用 CFile：：modeRead 只读模式读入文档。

（2）解压缩文档内容。解析文档的文件头前 3 个字节，可以获知该动画是否经过压缩。如果是 "FWS"，则该文件没有经过压缩，直接进入步骤（3）；如果是 "CWS"，则说明该动画采用 ZLIB 压缩算法进行了压缩，需要进行解压缩操作后才能分析内容。利用 uncompress( ) 接口函数解压缩后，再进入下一步骤。

（3）提取 Flash 动画元数据。依据前述文件结构，动画的版本、大小、帧数、帧频等元数据都存在于 Header 部分。其中，动画的尺寸指动画播放时在屏幕上显示的默认大小，由 RECT 数据类型存储。

以上步骤是通用步骤，在视觉场景分割、动态效果提取之前也是这三个步骤。

（4）提取各组成元素特征。依次读取文档内容的各个标签，根据标签的 ID 号判断组成元素的类别，根据标签的内容获取各特征。例如，图形的定义标签有 DefineShape、DefineShape2 等，视频的定义标签有 DefineVideoStream 等。假设一个标签的 ID 是 14，则该标签是一个音频定义标签 DefineSound，然后根据该标签的各字段内容获得音频对象的各特征。依据组成元素的类别加以累计。

（5）判断标签是否为 End Tag。如果碰到的标签是 End Tag，则动画内容提取结束；否则，判断该标签是否为定义型标签，如是则根据 Tag ID 得到元素的类型及特征。

（6）划分得到该动画的各个视觉场景，并提取视觉场景的静态特征数据。

（7）建立索引。End Tag 标志着 Flash 动画文件的结束，一个 Flash 动画最后的标签一定是 End Tag。遇到此标签，则 Flash 动画的静态特征提取结束。将上述获取的静态特征处理后存入静态特征索引数据库。

5.2.3　静态特征分析

本研究基于 C++ 语言开发了 Flash 动
画内容结构特征提取程序，分为基本元素
提取、动态效果提取和交互特征提取三大
子系统。本节使用 Flash 动画内容结构特
征提取平台——基本元素提取子系统，该
平台主要提取帧数、大小、高度、宽度等
Flash 动画的元数据及各静态特征的个数，
提取结果将存入特征数据库。该平台提取
组成元素的效果如图 5-3 所示。

图 5-3　基本元素提取平台

在程序主界面单击"选择数据库"按钮选定样本数据库后，再单击"元素处理"按
钮，系统就开始依次提取样本库中各动画的组成元素特征。系统界面底端显示提取进
度，界面上方显示当前动画中提取的各元素数据信息。

Flash 动画是由各个组成元素构成，并在这些元素上施加交互特征、动态效果从而
形成动画。元素对象是 Flash 动画的主要内容，不同类型的 Flash 动画其组成元素的结
构不同，因此组成元素的数量在某种程度上反映了动画的类型特征，能为 Flash 动画自
动分类提供依据。本研究从学段和学科、学科和教学类型两个角度，依据元素数量分析
不同学科、学段、教学类型的 Flash 动画的特征。上述静态视觉特征提取过程中，本研
究获得了每个动画包含的各组成元素的数量。

依据上述 Flash 动画组成元素的定义方法，本研究使用基本元素提取子系统对 Flash
动画的组成元素进行统计。提取的各样本 Flash 动画的组成元素总数，结果如附录 1、
附录 2 所示。

数据显示：

（1）形状数量最多。在所有统计的元素对象中，形状所占比重最大，平均每个动画
有 118 个形状。大部分动画都是绘制而成，动画中的人物、动物、山水、建筑物、物品
等都是由形状构成，因此矢量图形的应用最广。其中，中学学段数学学科的每个 Flash
动画中形状数量最多；而中学英语类的动画平均包含形状最少，平均每个动画包含 49
个形状；科学学科讲授型的动画平均包含 409 个形状，是最多的。

（2）文本的数量次之。文本是教学过程中必不可少的内容。在 Flash 动画学习资源

中，文本也占了相当大的比重，但其数量要比形状少。文本主要用来表述知识点内容、人物会话、画面内容讲解等。其中中学阶段数学的动画平均包含文本数量最多，平均每个课件包含116个文本块，主要原因为此阶段的 Flash 动画课件主要用来进行理论知识的讲解，需要大量文本描述知识要点。文本分为标题文本和内容文本两种。标题文本是对动画内容的概括，这部分文本需要提取出来作为关键字，并存入索引库方便检索。内容文本则可以提取关键字作为动画内容的模糊检索。当然，Flash 动画所在网页的上下文内容也对检索具有很大的贡献。科技类学科讲授型的动画平均包含文本最多。

（3）影片剪辑和视频在 Flash 动画学习资源中应用较少。每个动画中包含的影片剪辑和视频内容较少，平均每个动画包含27个影片剪辑，0.02个视频。影片剪辑是 Flash 动画很重要的一项技术，很多动态效果和交互都可以施加在影片剪辑上，从而生成更加复杂的动画。影片剪辑在游戏和网站类 Flash 动画中应用较多。在游戏类 Flash 动画中，不同的关卡、不同的人物都可以是影片剪辑；网站类 Flash 动画中，不同的功能模块一般用不同的影片剪辑。而在课件类 Flash 动画中则应用较少，主要在中学阶段的 Flash 动画中，需要交互的内容使用影片剪辑。数学学科情境型动画平均包含影片剪辑最多，平均113个。

在这些 Flash 动画学习资源中，包含的视频元素对象最少。在一些视频网站，为了加快传输速度，保持好的播放效果，会使用 Flash 动画技术嵌入视频进行展示。但在大部分的 Flash 动画中不会大量导入视频，因为 Flash 动画的优势在于交互，而不是视频的简单播放。而且，加入视频后，动画所占内存会大大增加，从而影响学习者的学习体验。数学学科情境型动画平均包含113个影片剪辑，是最多的。

（4）图像元素少但是较重要。图像元素一般是从外部导入动画中的位图，占存储容量较大，放大后会失真，因此应用较少。但图像可以实现颜色复杂的画面内容，通常用作场景的背景。在中学阶段的语文类 Flash 动画中，图像元素使用较多，平均每个动画包含14.2个图像元素。而小学美术学科的动画则基本不包含图像元素，这个学段的美术基本以绘制为主，很少导入图片。科技类练习型动画中平均包含的图像元素最多。

（5）形变元素应用较少。动画可以通过改变形状元素的参数达到形变的效果，因此形变在 Flash 动画里也很常见。但教育类动画却应用较少，平均每个动画包含5个形变。此处的形变是指形状元素的变化，与动态效果中的形变有所不同。动态效果中的形变还包括图像、文本等元素的形状变化。其中中学阶段生物学科的 Flash 动画包含的形变最多；而美术、化学类的动画基本不包含形变；品德课程的讲授型动画中包含的形变元素最多。

（6）动画中的按钮数量较多。按钮用来实现动画中的交互功能，是学习型动画中不可缺少的元素。一般广告、MV 中的交互需求少，按钮就少。在统计数据中发现，小学学段美术学科的按钮最丰富，而小学学段音乐学科的动画包含的按钮最少。包含的按钮元素多，说明交互多，反之则说明交互少。在课件的测试、习题部分使用交互较多；课件的导航部分也是使用交互的重要方面。艺术学科练习型的动画平均包含的按钮数量最多。

（7）音频数量较少。音频在教学课件中常见，但是在 Flash 学习动画中却含量较少。因为音频也是由外部导入动画的，且占存储容量较大，所以在学习动画中应用不多。Flash 动画学习资源中使用的音频大部分为背景音乐和讲解。小学阶段英语动画包含音频最多，平均每个动画包含 10 个音频，此课程需要英语发音的音频较多；中学阶段物理学科的动画包含音频最少，平均每个动画包含 0.6 个音频。一般游戏动画中会包含较多的音频，教学情境型动画平均包含的音频元素最多。

5.3　动态效果提取

与其他多媒体素材相比，Flash 动画具有更丰富的动态效果和更强大的交互功能。Flash 动画包含更多多媒体素材，并在这些多媒体元素对象上施加动态效果，形成动态学习内容。相比静态的学习资源，Flash 动画可以动态呈现学习内容，更能使学习者集中注意力，减少疲劳，提高学习效率。在情景创设、实验展示和习题测验方面，Flash 动画有着更大的优势。

Flash 动画的一帧画面上可以定义多个元素对象，在这些对象上添加一系列动作则形成动态效果。动态效果使 Flash 动画内容丰富多彩，可以描述复杂的故事情节，引发观看者的情感共鸣。本研究依据 SWF 文件格式说明书来提取各动态效果，即定义型标签分配给媒体一个 ID，存入字典库中，播放器解析时，从字典中取出相应的媒体对象，控制标签通过参数设置使媒体对象具有了动态效果。Flash 动画中可以对除音频对象以外的其他各元素（文本、图像、视频等）对象施加动态效果。动态效果作用于内部的各种媒体元素而起作用，本研究主要研究 Flash 动画包含的五种动态效果。

1. 移动效果（Move）

画面中的元素对象在空间位置上发生变化则形成移动效果，移动效果在本质上体现为元素对象的坐标发生了变化。移动效果简单易实现，因此是 Flash 动画中应用最多的一种动态效果。一般在一个画面中会有多个元素对象产生移动，则画面表现也越复杂。在创作时，一般使用运动补间来实现移动效果。移动效果开始的关键帧中，把要移动的对象放置到起始位置，或者在对象属性中输入起始坐标值即可。然后在移动的结束关键帧中，将对象放置到目标位置即可。随后，在开始关键帧与结束关键帧之间插入补间。

2. 颜色变化效果（Color Change）

Flash 动画中的元素对象的颜色发生变化则产生色变，也只有音频对象不能施加色变效果。颜色改变能够表达复杂的语义，从而可以给人丰富的视觉感受和情感体验。颜色可以由暗到亮产生亮度变化，也可以在各色调间发生变化，还可以体现为元素对象透明度的变化。

3. 形状变化效果（Shape Change）

形变效果可以作用于除音频外的各种媒体对象，如图像、文本、形状等。动画中只定义形变的开始状态和结束状态即可，中间变化帧则通过运算自动生成。

4. 缩放效果（Scale）

缩放是指对象放大或者缩小的动态效果，元素的尺寸发生变化就会产生缩放效果。放大或缩小是缩放的两种基本操作，放大给人膨胀和推进镜头的感觉，缩小则给人收缩和拉远镜头的感觉。

5. 旋转效果（Rotate）

Flash 动画中的组成元素绕固定的点沿着某个方向转动一定的角度，就形成了旋转效果，如旋涡。旋转效果用于吸引学习者的视觉注意力时会起到很大的作用。

5.3.1 动态效果定义方式

动态效果通过 PlaceObject 等控制标签作用于动画中的元素对象。该标签元素 ID 添加到显示列表时，同时用矩阵（Matrix）参数指定对象的位置、缩放和旋转效果。同一个元素对象可以多次使用，但需要设置不同的深度和特征参数，以获得不同的视觉效果。

PlaceObject2 标签可以添加元素对象和修改元素对象的属性，其存储结构如表 5-15 所示。

表 5-15　PlaceObject2 标签存储结构

字段	类型	描述
Header	RECORDHEADER	Tag ID=26
Depth	UI16	对象的深度值
CharacterId	UI16	对象 ID
Matrix	MATRIX	变换矩阵的数据
ColorTransform	CXFORMWITHALPHA	颜色变化数据
Ratio	UI16	变形程度
Name	STRING	对象的名称
ClipDepth	UI16	剪辑深度值
ClipActions	CLIPACTIONS	交互事件的数据

深度值（Depth）字段必须存在，其值决定对象的播放顺序，深度值大的元素较值小的元素先播放，深度值为 1 的元素最后播放。一个深度值只能对应一个元素对象，即没有同样深度的对象来同时显示。所以，控制标签可以依据深度值顺序播放显示列表中的元素对象。

PlaceObject3 标签扩展了 PlaceObject2 标签的功能，并增加了一些新的字段内容，其部分存储结构如表 5-16 所示。

表 5-16　PlaceObject3 标签部分存储结构

字段	类型	描述
Header	RECORDHEADER	Tag ID=70
PlaceFlagHasCharacter	UB [1]	是否添加新元素
PlaceFlagMove	UB [1]	定义被移动的对象
PlaceFlagHasCacheAsBitmap	UB [1]	是否启用位图缓存
PlaceFlagHasBlendMode	UB [1]	是否存在混合模式

PlaceFlagMove 标签和 PlaceFlagHasCharacter 标签配合使用，以描述是放置了新的对象还是改变已有对象的属性。例如：

PlaceFlagMove=0 且 PlaceFlagHasCharacter=1，则说明放置了新的对象。●

PlaceFlagMove=1 且 PlaceFlagHasCharacter=0，则说明更改已有对象的属性。

PlaceFlagMove=1 且 PlaceFlagHasCharacter=1，则说明某深度的对象被新 ID 的对象取代。

PlaceObject2 标签和 PlaceObject3 标签中的 Matrix 字段是动态效果提取工作需要分析的重要字段，其定义对象的运动、缩放及旋转参数。ColorTransform 字段则用来设置对象的颜色。Ratio 字段用来设定对象的形变比例。

5.3.2 动态效果提取方法

由上所述，在 PlaceObject2 标签和 PlaceObject3 标签中，PlaceFlagHasRatio 的值确定有无形变，PlaceFlagHasColorTransform 的值确定有无颜色变化，PlaceFlagHasMatrix 的值确定是否存在移动、缩放及旋转效果。如果存在，则具体的移动、缩放、旋转效果通过分析变换矩阵 Matrix 来提取。PlaceObject2 标签的 Tag ID 为 26，PlaceObject3 标签的 Tag ID 为 70，具体的提取步骤如下。

（1）读入 Flash 动画文件（SWF 格式），判断是否能够正常读取，如果读入的 SWF 文档可以正常读取数据，则继续步骤（2）；否则，说明该动画文件已损坏，不能进行分析处理，读取下一动画。打开方式，本研究使用 CFile::modeRead（只读模式）。

（2）判断 Flash 动画是不是压缩格式。读取 Flash 动画的所有数据，首先分析文件头，SWF 文档前 3 字节即文件头。如果这 3 字节为"CWS"，说明该文件是经过 ZLIB 压缩算法压缩的，分析数据前需要解压缩；如果是"FWS"，则说明该文件没有经过压缩，直接读取数据。

（3）读取文件头数据。读入无压缩的 SWF 文档头部数据，之后是文档主体，所有的动画内容，包括动态效果在文档主体部分进行定义。

（4）依次读取文件主体的各标签，判断 Tag ID。提取标签的 Tag ID，判断 Tag ID。如果为 26，则转步骤（5）；如果为 70，则转步骤（6）。

（5）提取 PlaceObject2 中的动态效果。如果 Tag ID 为 26，则执行此步骤。PlaceObject2 标签头信息之后是各字段内容，按字节读取数据，依据表 5-15 进行分

---

❶ 李霞. 基于 Web3D 的 CAI 网络交互式课件的开发研究［D］. 青岛：中国海洋大学，2010.

析。标签头后共有 8 个判断字段，读取 8 位进行运算。读取第一个字节的数据，与 0x08（十六进制数，即二进制的 00001000）进行按位与运算，如果为真，即第五位的 PlaceFlagHasColorTransform 字段为 1，表示存在颜色变化；与 0x10（十六进制数，即二进制的 00010000）进行按位与运算，如果为真，即第四位的 PlaceFlagHasRatio 字段为 1，表示存在形变；与 0x04 进行按位与运算，结果为真，表示第六位的 PlaceFlagHasMatrix 字段为 1，则存在移动、缩放、旋转中的一种或多种。比如，读取的 8 位是 01101100，则说明既存在颜色变化效果，还存在移动、缩放或旋转效果。

如果第一个字节和 0x04 进行与运算后结果为真，表示存在运动、缩放、旋转中的一种或多种，则需要进一步分析矩阵 Matrix 数据字段，其部分存储结构如表 5-17 所示。

表 5-17　Matrix 类型部分存储结构

字段	类型	描述
HasScale	UB［1］	是否存在缩放
NScaleBits	UB［5］	每个缩放字段的字节
HasRotate	UB［1］	是否存在旋转
NRotateBits	UB［5］	旋转字段的大小
NTranslateBits	UB［5］	平移字段的大小
TranslateX	SB［NTranslateBits］	X 平移的值（缇）
TranslateY	SB［NTranslateBits］	Y 平移的值（缇）

根据表 5-17，读取第 1 位，和 1 进行与运算，如果为 1，则说明有缩放效果。读 NscaleBits 之后 3 个字段后，再读 1 位，和 1 进行与运算，如果为 1，则说明有旋转效果。元素对象是否有移动效果是通过读取 TranslateX 字段或者 TranslateY 字段来判断对象在 X 轴或者 Y 轴有没有平移。由此可见，元素对象的形变、色变效果分析相对简单，运动、缩放及旋转效果则相对复杂。

（6）提取 PlaceObject3 中的动态效果。如果 Tag ID 为 70，则执行此步骤。PlaceObject3 只是在分析 Matrix 字段时与 PlaceObject2 的处理方法略有不同。

在 PlaceObject3 标签中，要读取 PlaceFlagMove、Depth、ClassName、CharacterId 等字段之后才是需要分析的 Matrix 字段。其中 ClassName 字段的类型是 String，其存储结构如表 5-18 所示。

表 5-18　String 类型的存储结构

字段	类型	描述
String	UI8 [zero or more]	字符串数据
StringEnd	UI8	串结束标志

（7）判断 Tag ID 是不是 End Tag。如果是，则说明到文档末尾，提取工作结束，继续下一步；否则，分析是不是控制型标签，返回步骤（4）。

（8）建立索引，提取工作结束。遇到 End Tag，文档数据读取结束，则动态效果提取工作结束。将获取的动态效果数据存入索引数据库，用于检索系统。

5.3.3　动态效果分析

不同学段、不同学科的 Flash 动画对动态效果的应用与展示不同。本研究依然从学段、学科和教学类型的角度进行动态效果提取，分析各效果的学段和学科特性，为 Flash 动画学习资源的管理提供依据。同样，本研究使用 Flash 动画动态效果提取平台子系统，使用之前的 Flash 动画的样本库，提取各类 Flash 动画的形变、颜色变化、移动、缩放、旋转等各类动态效果的数量。该系统运行界面如图 5-4 所示。

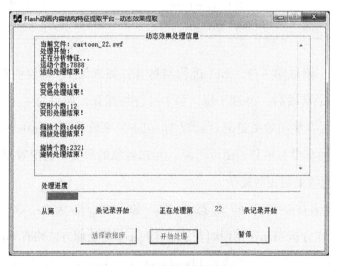

图 5-4　动态效果提取平台

研究将获取结果分别按学段和学科、学科和教学类型进行统计分析，如附录 5、附录 6 所示。

数据分析发现，动态效果数要大大高于动画组成元素的数量，这说明在一个媒体对象上会施加多个动态效果，这正是 Flash 动画的精髓。元素对象定义一次，可以多次使用，这样能提高效率，减少存储容量。由此也得知，相比较静态的画面，动态效果是 Flash 动画的主要视觉内容。分析得知，所有的动画中移动、缩放的效果数使用广泛，而形状变化则相对较少。其中，移动是简单易行的动态效果，数量最多，也是最为基本的动态效果。很多的画面效果可以使用移动来实现，因此移动效果包含最多。以移动为基础，再施加旋转和缩放效果，则能形成复杂的动态效果。此处的形状变化与组成元素中的形变不同，后者只是指图形的形状变化；前者可以施加于图像、文本等其他组成元素。颜色变化和形状变化应用较少。颜色变化主要用来渲染环境气氛。

（1）小学学段中移动的数量最多。移动主要集中在小学学段的动画中，此阶段的课件一般需要描述完整的故事情节，表达一定的情感体验，而不以讲授知识为主。而且此阶段的动画中需要大量的动态效果来吸引小学生的注意力，在诸多动态效果中，以移动最为简单易实现。此阶段的动画画面内容会包含较多的元素对象，平均每个小学阶段的 Flash 动画有 374 个移动。动画里的各种对象要产生动态效果时，一般采用这些媒体对象的移动来实现。中学阶段的动画包含移动数量最少，因为该阶段以讲授理论知识为主，不借助丰富的故事情节来描述知识点。

小学阶段音乐学科的移动效果最多。大部分的音乐动画都采用实景人物会话的形式组织学习内容，与故事描述类似，通过动态的形式讲述故事情节，平均每个音乐学科类型的 Flash 有 514 个移动效果。相对而言，小学美术动画包含的移动效果较少，平均每个美术类型的 Flash 动画仅有 1.6 个移动。美术类动画的画面内容都较为简单，动态效果应用较少。这种类型的 Flash 动画包含的元素对象、画面帧数和视觉场景都较少，对移动的动态效果要求也不高，动态效果主要体现在颜色变化方面。品德课程情境型动画平均包含的移动最多，有 1603 个。

（2）缩放的数量较少。在各类动画中，缩放变化的动态效果应用最少。存在缩放效果较多的 Flash 动画类型是小学阶段英语学科的动画，平均有 87 个缩放效果；音乐学科次之，平均有 67 个缩放效果。动画中包含的组成元素如文本、图像越多，则缩放数量越多。英语类的动画需要描述复杂的故事情节，因此包含的帧数、媒体对象数都较多，则缩放效果也较多。缩放较少的 Flash 动画类型是小学美术的动画，具体原因与移动效果较少相同。英语学科娱教型动画平均包含的缩放数量最多。

（3）小学英语中使用旋转效果最多。Flash 动画中的旋转和缩放都由 MATRIX 矩阵进行定义，而且往往缩放伴随着旋转。缩放是元素对象的尺度发生变化，旋转是元素对象的角度发生变化。存在旋转较多的 Flash 动画类型依然是小学阶段的动画。物理动画包含旋转也较多，往往是在实验动画中伴随着部件、物体等的旋转。存在旋转较少的 Flash 动画类型是中学阶段的动画。可见中学阶段的动画大多用于知识的简单陈述，而不用复杂多变的画面效果来呈现知识内容。中学阶段的学习者往往养成了自主的学习习惯，不需要太多动态因素来吸引注意力。旋转效果太多，反而会转移学习者的注意力，忽略重要的知识内容。艺术类课程娱教型动画中平均包含的旋转最多，平均 999 个。

（4）形状变化应用较平均。小学英语类型的 Flash 动画中平均包含 114 个。除了小学英语学科外，各学段各学科中应用形状变化效果的数量相差不大，平均 34 个。小学阶段的动画内容需要丰富，情节需要完整，情感需要充实，所以各类动态效果都应用较多。物理类的动画由于需要各种实验的动态展示，因此形状变化和旋转等动态效果应用较多。形状变化效果较少的原因是形状变化能体现的知识内容较少，而且形状定义要复杂一些。英语学科练习型动画平均包含的形状变化较多。

（5）颜色变化的数量较多。颜色变化适用于渲染场景、烘托气氛。颜色变化有多种含义，如颜色值变化、亮度变化和透明度变化。在场景切换过程中往往使用透明度的改变来实现淡入淡出的转场效果。小学英语和音乐类的动画需要丰富的色彩来构建场景，因此这两类动画中包含颜色变化较多，分别平均包含 489 个和 415 个。颜色变化又多体现在画面的亮度变化上。真正的颜色值变化应用较少，除非是渲染节日的烟花、灯火等媒体对象。而中学教育阶段的动画中，颜色变化效果较少；物理、化学等基础知识讲述型的动画中，学科的知识内容不需要进行情节描述和场景渲染，因此颜色变化的动态效果应用较少。物理和化学类动画平均每个动画包含 30 个和 32 个颜色变化。艺术课程娱教型动画平均包含的色变最多，有 1194 个。

5.4 交互特征提取

5.4.1 交互方式与交互特征

相比较 3D 动画、GIF 动画、视频等媒体形式，Flash 动画的优势体现在其能提供强大的交互功能。Flash 动画学习资源面向广大教育者和学习者，更需要交互功能来传递知识内容，帮助学习者构建知识结构。学习者在学习过程中，如果只是被动地按照动画设计者设计的固定流程来接受知识内容，往往会产生厌倦情绪。线性的知识展示方式不利于迎合多样性的学习者需求，且忽略了个体学习差异。学习者在整个学习环节应该能够根据自己的需要、自己的进程来接受知识，这就需要交互功能来实现。

Flash 动画播放时，学习者可以使用键盘、鼠标等与动画产生交互行为，如实现画面跳转、执行某项操作、改变动画播放顺序等。学习者能够与动画进行交流，使知识点按照自己的意愿来呈现。这样学习者真正参与到学习中来，可自主控制动画的播放。尤其是游戏类型的学习动画，学习者根据自身掌握程度，由简到难、循序渐进地学习。依据教育理论开发的 Flash 动画学习资源应该是非线性的，能适合各类型、各基础的学习者进行自主学习。

学习者主要通过鼠标与键盘实现与动画的交互；从画面组成元素的角度来看，则主要借助按钮和影片剪辑产生交互。按钮是 Flash 动画中常见的组成元素，动画大部分的交互是通过按钮来实现。而影片剪辑的交互操作出现较晚，PlaceObject2 等标签中增加了 ClipActions 字段来产生交互操作。该字段设置当在影片剪辑中产生交互事件时，则调用交互事件处理程序产生相应的动作。Flash 动画中的按钮对象一般作为独立的元件使用；影片剪辑的交互方式则更多，如弹起、按下、拖拽、跟随等。交互的过程是：学习者在学习时，需要跳转到某一知识点，则通过鼠标或者键盘触发交互事件，动画则根据文档中该事件设定的代码执行相应的动作。这两种交互方式描述如下。

（1）按钮交互。按钮对象是动画中最重要的交互载体，当学习者使用鼠标点击按钮元素，就是触发了按钮的单击事件，就要运行事先编好的程序代码响应该事件。鼠标经过按钮上方会触发按钮的悬停事件。按钮有弹起（UP）、经过（OVER）、按下（DOWN）、单击（HIT）四种状态，按钮默认是 UP 状态。如果用户移动鼠标时，经过按钮，即当鼠标指针位于按钮范围内时，按钮对象会显示为 OVER 状态。鼠标指针在按钮范围内，这个时候如果单击鼠标按键，则按钮显示 DOWN 状态。HIT 状态则用来定义按钮的活动区域，这种状态在画面中不显示按键形状，但使用此状态可定义触发事件时鼠标单击的区域，鼠标指针位于该区域并单击会触发动作。按钮元件的创作界面如图 5-5 所示。

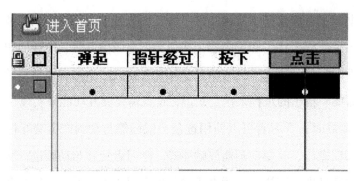

图 5-5 按钮元件的界面

与 VC++ 等开发平台不一样的是，Flash 动画在制作时不包含单选按钮（Radio）和复选按钮（CheckBox）。单击动作完成，释放鼠标键时，按钮的状态则由 DOWN 状态自动变回 UP 状态。

当用户进行交互时，按钮的状态会发生变化，此时要执行一个响应动作。因此一个状态转换对应一个事件，表 5-19 列出了状态转化与交互事件之间的对应关系。

表 5-19 按钮常见状态转变

状态转化	事件	描述	视觉效果
IdleToOverUp	Roll Over	鼠标进入按钮区域	Up—Over
OverUpToIdle	Roll Out	鼠标离开按钮区域	Over—Up
OverUpToOverDown	Press	当鼠标进入按钮区域，并按下鼠标按键	Over—Down
OverDownToOverUp	Release	当鼠标在按钮区域释放	Down—Over

（2）影片剪辑。影片剪辑是 Flash 的三大元件之一，可以用来完成动画中的复杂交互，实现更复杂的动画效果。影片剪辑可以理解为一个完整的动画，它包含一切媒体元素，甚至还可以包含其他的影片剪辑，但它被用来嵌套进另一个 Flash 动画中。用户和影片剪辑的交互主要通过鼠标和键盘，鼠标事件和按键事件都对应着不同的响应函数。

键盘交互中常见的是键盘按下事件。使用者在动画播放时，按下键盘上一个键，没有抬起该键时触发该动作。常见的操作如使用键盘的方向键，或者 A、W、S、D 键等控制动画中的对象移动，Flash 游戏动画中使用较为频繁。键盘按下后，必然有释放动作，在释放键盘按键时触发该动作。上述各键释放后，会停止媒体对象的移动。另外，使用者经常会利用键盘在动画中键入文本内容，也需要键盘按键弹起后触发输入动作。

鼠标交互则有多种情况。用户单击鼠标左键或右键不松开，则触发鼠标按下动作，如游戏中的射击操作，按下鼠标键，则发射子弹，抬起鼠标键，则停止射击。鼠标按下动作后必然要抬起，这时触发鼠标抬起动作。例如，动画中的播放等功能，在命令区域按下鼠标键，抬起后，才触发播放功能。

　　鼠标跟随是经常碰到的交互方式。用户不按鼠标键移动鼠标时，动画的某元素对象会随着鼠标的运动轨迹产生运动。鼠标跟随可以实现丰富绚丽的视觉冲击，因此应用广泛，如三维场景中，利用鼠标跟随可以实现学习者视角的转换。很多教学游戏动画中，游戏者可以跟随鼠标完成各项动作，如行进、晃动、飞行等视觉效果。如图 5-6 所示，在弹球消砖块的游戏中，最下方的平板就是借助鼠标跟随来接住和反弹小球的。

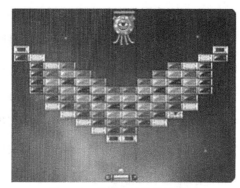

图 5-6　弹球消砖块游戏界面

　　当用户按下鼠标键并移动鼠标时，则触发鼠标拖拽动作。当鼠标移动到目标位置后释放，则对象会被移动到目标位置。一般教学课件中的"热区域"应用会用到此操作，即当元素对象被拖拽到正确位置的热区域内时，才触发动作代码，将该元素放置在该位置，否则该对象返回到起点位置，如拼图操作、位置摆放操作等。Flash 课件型动画中有些测试使用连线方式，也属于鼠标拖拽。学习者从起始关键词拖动直线到目标关键词，如果二者是正确关联，则直线定型，连接正确。一般鼠标按下、鼠标跟随与鼠标拖拽等交互相互配合以完成交互操作。

　　当鼠标指针在热区域范围内时触发"热区域"动作。例如，课件中的导航条，鼠标指针移动到导航条上相应的栏目位置，鼠标和该栏目均会发生变化并弹出下级导航。当用户单击鼠标键时，会选择鼠标所在位置的命令进行响应。鼠标移出热区域范围则触发移出动作，菜单消失，鼠标指针变回原类型。如前所述，热区域可以由按钮实现。

　　按钮和影片剪辑是用户创作动画时常用的交互方式，Flash 动画中另外一些交互方式，如画面初始化、剪辑事件、数据获取等，则使用较少。大部分的 Flash 动画学习资源都包括交互来帮助学习者更好地获取知识。多种交互方式不是相斥的，其相辅相成，互相结合使用才能实现丰富的人机交互，才能创作出功能更强大的学习动画。交互使学习者大大提高了学习兴趣，由被动接受知识变为积极参与学习，真正实现主动学习。

5.4.2 交互定义方式

对于按钮和影片剪辑的定义方式，本研究根据 Adobe 公司发行的 swf_file_format_spec_v10 中对 Button 和 Sprite 的说明来进行论述。

1. 按钮交互方式定义

按钮交互方式是由按钮对象来控制的，按钮的定义通过 DefineButton 和 DefineButton2 标签进行定义。DefineButton2 标签使用按钮记录数组来描述按钮的四个状态：UP state、OVER state、DOWN state、HIT state。最少需要定义一个按钮状态，一个状态可以关联多个动作（Actions）。例如，一个按钮定义了"OVER"状态，当鼠标指针经过该按钮的时候，需要执行的响应包括鼠标形状变化和按钮颜色变化，则该状态变化需要响应两个动作。

在按钮的定义标签中，与交互相关的字段是 Characters 和 Actions。Actions 字段主要用来定义交互响应动作。Characters 字段的类型为 BUTTONRECORD，是对按钮对象的定义。ButtonState 标签描述按钮的状态，一个按钮可以有多个状态，一个 Characters 可以应用多个 ButtonState。Characters 字段中包括一个变换矩阵和深度信息，用来标记按钮的形状和层级状态。

按钮的交互特征记录在按钮定义标签中的 BUTTONCONDACTION 标签里面，其部分存储结构如表 5-20 所示。

表 5-20　BUTTONCONDACTION 标签部分存储结构

字段	类型	描述
CondIdleToOverDown	UB［1］	弹起到按下
CondOutDownToIdle	UB［1］	按下到弹起
CondOutDownToOverDown	UB［1］	经过到按下
CondOverDownToOutDown	UB［1］	按下到经过
CondOverDownToOverUp	UB［1］	按下到经过
CondOverUpToOverDown	UB［1］	经过到按下
CondOverUpToIdle	UB［1］	经过到弹起
CondIdleToOverUp	UB［1］	弹起到经过
CondOverDownToIdle	UB［1］	按下到弹起
Actions	ACTIONRECORD	执行的动作

从表 5-20 可知，该标签描述了全部的按钮状态转换情况，本研究提取按钮的交互特征主要通过此标签。

2. 影片剪辑交互方式定义

影片剪辑的定义主要通过 DefineSprite 标签，该标签包含 Header、SpriteId、Frame-Count、ControlTags 四个字段。

影片剪辑的交互特征定义通过 PlaceObject2 等控制标签实现。其中的 PlaceFlagHas-ClipActions 字段描述是否存在影片剪辑交互，值为 1 表示存在，那么将填充 ClipActions 字段。ClipActions 字段用来记录影片剪辑中的交互信息，存储类型为 CLIPACTIONS，其部分存储结构如表 5-21 所示。

表 5-21　CLIPACTIONS 类型部分存储结构

字段	类型	描述
AllEventFlags	CLIPEVENTFLAGS	所有的事件标记
ClipActionRecords	CLIPACTIONRECORD	单个交互处理记录

分析表 5-21 得知，本研究需要获取的影片剪辑的交互特征位于 AllEventFlags 字段。ClipActionRecords 字段记录单个交互的响应动作。AllEventFlags 字段的类型为 CLIPEVENT-FLAGS，主要用来记录影片剪辑的交互类型，其部分存储结构如表 5-22 所示。

表 5-22　CLIPEVENTFLAGS 类型部分存储结构

字段	类型	描述
ClipEventKeyUp	UB [1]	键盘弹起
ClipEventKeyDown	UB [1]	键盘按下状态
ClipEventMouseUp	UB [1]	鼠标弹起
ClipEventMouseDown	UB [1]	鼠标按下
ClipEventMouseMove	UB [1]	鼠标跟随
ClipEventUnload	UB [1]	剪辑释放
ClipEventEnterFrame	UB [1]	帧事件
ClipEventDragOver	UB [1]	鼠标拖曳
ClipEventDragOut	UB [1]	鼠标拖曳出"热区域"时触发事件

影片剪辑也叫子对象，其通过鼠标和键盘产生的交互与按钮交互方式的描述一致。用户操作键盘上的任意键时都会触发 KeyDown 和 KeyUp 交互事件，然后再通过分析 ActionScript 脚本中对按键的说明来确定是操作了哪个按键。而 KeyPress 事件的处理对象为特定键而非任意键，该特定键在 CLIPACTIONRECORD 类型中有说明，其存储结构

如表 5-23 所示。

表 5-23　CLIPACTIONRECORD 类型存储结构

字段	类型	描述
EventFlags	CLIPEVENTFLAGS	适用的交互事件
KeyCode	UI8	捕获按键值
Actions	ACTIONRECORD	要执行的动作

EventFlags 字段定义了该交互适用的交互事件，KeyCode 字段则用来判断用户使用键盘交互时按下的键，Actions 字段则记录的是将要触发的动作。

3. 交互响应的定义

用户使用鼠标或键盘与动画产生交互后，要触发预先定义好的动作，一些过程便是交互响应。Flash 动画创作者一般选择适当的交互方式来获得一个响应结果，而设定的动作代码实现的就是创作者需要的响应结果。比如，用户单击某一个按钮后需要跳转到另一个画面，这个跳转动作就是需要的响应结果，需要由相应的代码来实现。这些代码则存储在 Actions 字段中。要分析获取交互响应的具体动作，则分析相应标签中的 Actions 字段即可。

Flash v4.0 之后的版本才支持复杂的代码设计，才可以使用选择、循环等流程编码。而 Flash v5.0 版本则支持 JavaScript 和函数等更强大的功能。动作代码的执行则通过按钮或影片剪辑等方式来触发。要执行的动作先是被添加到播放列表中，直到碰到 ShowFrame 标签才依次执行出来。一个交互触发的一系列动作要都依次添加到动作列表。

响应动作记录于 Button 定义标签或 Sprite 定义标签中的 Actions 字段里面，Actions 字段的类型为 ACTIONRECORD。Actions 是记录交互动作的地方，本研究的交互响应提取工作主要通过分析该字段完成。表 5-24 给出了 SWF3 为 Flash Player 提供的 11 类动作使用说明。

表 5-24　11 类动作使用说明

动作	动作代码	描述
Play	0x06	开始播放当前帧
Stop	0x07	停止播放当前帧
NextFrame	0x04	转到下一帧
PreviousFrame	0x05	转到前一帧

续表

动作	动作代码	描述
GotoFrame	0x81	跳转到某一帧
GotoLabel	0x8C	跳转到某一标签
WaitForFrame	0x8A	等待某一帧
GetURL	0x83	获取指定的 URL
StopSounds	0x09	停止声音播放
ToggleQuality	0x08	在不同品质间切换
SetTarget	0x8B	将下面的动作应用到某一命名的对象中，如 Movie Clip

　　Stop、Play、GoToFrame 等动作作用于当前剪辑内部的时间轴；而 SetTarget 动作则可接受其他影片剪辑对其的动作。ShowFrame 标签开始播放一帧画面后，由 DoAction 标签指示播放器执行动作列表中的动作，其存储结构如表 5-25 所示。

表 5-25　DoAction 标签存储结构

字段	类型	描述
Header	RECORDHEADER	Tag ID=12
Actions	ACTIONRECORD	动作列表
ActionEndFlag	UI8=0	占位符 0

　　如表 5-25 所示，所要执行的动作都在 Actions 字段中，其类型为 ACTIONRECORD。所要分析的动作代码都定义在 ACTIONRECORD 数据类型中的 ACTIONRECORDHEADER 记录（如表 5-26）的 ActionCode 字段中，且每个动作都具有唯一的标识。

表 5-26　ACTIONRECORDHEADER 记录存储结构

字段	类型	描述
ActionCode	UI8	动作代码
Length	If code >= 0x80, UI16	字节数

5.4.3　交互特征提取

　　Flash 动画中的交互特征包括按钮和影片剪辑中的交互特征。由上节知识可知，这两种对象的交互特征需要分析 BUTTONCONDACTION 标签和 PlaceObject2、PlaceObject3

标签来分别获得。提取步骤如下。

（1）开始读取 SWF 文档。使用只读模式读取一个 SWF 文档，判断能否读入缓存成功，如果能，则继续步骤（2）；否则，读取下一个文档。

（2）进行解压缩判断。读取 SWF 文档的前 3 字节，如果为 "CWS"，则需要解压缩；如果是 "FWS"，则不用解压缩。

（3）读取文件元数据。动画的元数据都在 Header 部分，依次读取完后，才是包含交互特征的文档主体（Body）部分，继续下一步骤。

（4）读取 Body 部分的第一个标签（Tag）并分析。获取 Tag ID 的值，如为 34（DefineButton2），则继续步骤（5）；如为 26（PlaceObject2），则继续步骤（6）；如为 70（PlaceObject3），则继续步骤（7）；否则，继续步骤（8）。

（5）DefineButton2 标签分析。依次读取 ButtonId、ReservedFlags 等 6 个字段后，开始读取 Actions 字段。再向后读取 2 字节后，便是本研究需要分析的交互特征。读取 8 位，和 00000001 进行与运算，如果结果为 1，则交互数加 1；再读取 8 位，分别与 00000001、00000010、00000100、00001000、00010000、00100000、01000000、10000000 进行与运算来判断交互的位置。继续进行步骤（8）。

（6）PlaceObject2 标签分析。依据前述 PlaceObject2 标签的存储结构，读取第一个字节和 0x80 进行与运算，判断结果，如为 0，则不存在影片剪辑，转步骤（4）；否则，再分别和 0x02、0x04、0x08、0x10、0x20、0x40 进行与运算，结果为 1，则说明相应字段存在，就要读取这些字段；为 0，则跳过不读。接下来就读到 ClipActions 字段中的 Reserved 字段、AllEventFlags 字段，该影片剪辑中的交互特征则存在于 AllEventFlags 字段中。再读取 1 字节，分别与 00000001、00000010、00000100、00001000、00010000、00100000、01000000、10000000 进行与运算，结果如为 1，则表明存在相应的交互特征。继续步骤（8）。

（7）PlaceObject3 标签分析。依据 PlaceObject3 标签的存储结构说明，PlaceObject3 标签比 PlaceObject2 标签在内容上多了一些字段。主要区别体现在 Depth 前边的几个字段。主要是多了第二个字节的读取，以判断是否存在 ClassName、SurfaceFilterList 等字段。继续步骤（8）。

（8）读取下一个标签。判断该标签是否为 End Tag，如是，则交互特征提取结束，继续步骤（9）；如果不是，结束标签，则转步骤（4）。

（9）提取数据入库。将提取的交互特征数据存入数据库，程序结束。

5.4.4　交互特征分析

不同类型的 Flash 动画其包含的交互特征不尽相同。本研究从交互数量上分析各学段、各学科的 Flash 动画学习资源的差别。包含的交互数量越多，说明一个学习动画播放过程中的人机交互越多，可以从某种程度上反映这一动画对学习者信息反馈的重视程度及动画播放的非线性程度。同样使用前期介绍的样本库，利用交互特征提取子系统可以提取样本的按钮、影片剪辑的交互特征数量。其提取平台如图 5-7 所示。

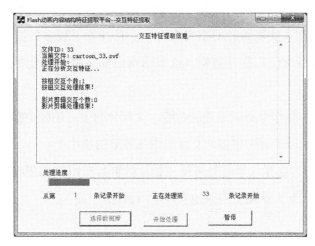

图 5-7　交互特征提取平台

提取结果如附录 7、附录 8 所示。

从统计数据发现，在使用交互方面，按钮交互要比影片剪辑交互使用数量更多。分析原因，按钮交互在 Flash 早期版本中就已存在，而影片剪辑交互是在 Flash v5.0 版本以上才出现。而且按钮交互实现简单，能完成大多数的交互功能；而影片剪辑实现复杂。所以，按钮交互在实际的动画创作中应用更频繁。

高等教育阶段的科技类学习动画使用交互数量最多，平均每个动画有 3.1 个交互存在。高等教育阶段的学习动画多针对自主学习的学生进行考试培训，需要不断得到学习者的学习效果反馈。而且这个学习阶段需要学生完成大量测试并及时反馈测试结果，因此使用交互较多，也反映了此学习阶段的学生参与度较高。艺术类练习型的动画平均包含的交互数量最多。

小学美术阶段的学习动画包含的交互也较多。这些动画在播放过程中，有时需要学生去点击画面中的媒体对象进行过程选择。小学教育中的 Flash 动画运用交互较多，说明现在的小学教育比较重视孩子的个性养成和动手能力。艺术练习型和品德讲授型动画平均包含的交互最多，都是 3 个。

应用交互最少的是小学音乐学科的 Flash 动画。音乐类动画很多用于播放欣赏，多进行基础知识的讲解，因此运用交互较少。本研究整理的音乐学科的学习课件大部分是 MV 类型的动画，主要进行歌曲的播放和欣赏，过程中很少需要用户进行交互。纯音乐知识讲授的学习动画较少。

影片剪辑方面，应用最多的是中学语文和数学学科，平均每个动画包含 62 和 66 个影片剪辑。中学教育阶段的教学动画复杂性较高，而且此阶段的 Flash 动画有很多是商业开发的，专业创作人使用影片剪辑要多一些，且开发了较多的游戏型动画，而游戏中的关卡、人物等通常使用影片剪辑。这类动画也都是由专业公司的专业创作者开发而成。

导航是教学课件制作中必须实现的功能，大部分的学习动画中都有导航设置，因此本研究样本库中的学习动画中很多的交互集中在导航的使用上。

在 Flash 动画中，交互效果随处可见，影片剪辑与按钮相辅相成，共同完成学习者和教学动画的人机交互，从而更高效地实现学习目标。

第 6 章 网络 Flash 动画学习资源的场景特征分析

6.1 网络 Flash 动画的运行原理

如本书第 4 章所述，Flash 动画的 SWF 文档结构分为 Header、Body（Tags）和 End Tag 三部分（见图 6–1）。

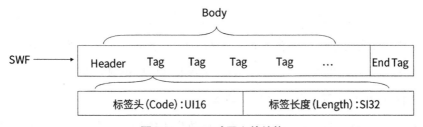

图 6-1　SWF 动画文件结构

Flash 动画由时间轴上的诸多关键帧组成，可以整合音效、视频、图像等媒体对象以实现丰富的动态效果。创作过程中，只要在相邻关键帧之间执行补间命令生成一系列过渡帧即可形成其动态效果。其时域上是一系列连续的帧，但播放时帧和帧之间可以通过控制按钮或脚本代码实现跳转。构成 Flash 动画的基本组成单位是帧，许多个帧构成一个场景，许多个场景构成一个完整的动画。Flash 动画中的帧可以顺序播放，也可以跳跃式播放，这主要通过 ActionScript 实现。Flash Player 一般情况下按照时间轴从第一帧开始，按照顺序往下播放每一帧的内容，如果遇到 ActionScript 则执行脚本语言，假如脚本语言要求跳跃到其他不连续的帧上播放时，则动画的播放就发生了跳跃，然后继续向下播放。

SWF 文件通过定义标签和控制标签的协调配合来完成复杂动画的播放过程，实现动画的原理如下。

（1）媒体对象都是先定义再使用。此项工作首先由定义标签完成。每个媒体对象都具有唯一的 ID，该 ID 被放入"Dictionary"。定义标签不一定只在最前面，它可以在任何一个位置定义需要的对象。

（2）PlaceObject 等控制标签根据需要，从"Dictionary"中将 ID 取出，为各对象设置深度值、颜色渐变等属性，然后顺序放入播放列表。通常设置的属性主要有如下几种。

① 深度表示对象所处的层次。深度值越高，对象所处的层次越高；深度值越低，对象就越靠近底层；深度值为"1"的对象在栈的最底层。处于高层次的对象在显示的时候会遮盖掉处于低层次的对象。每个深度层次只能容纳一个对象，如果某一深度上已经有了一个对象，再放置的对象会替换掉原来的对象。

② 转换矩阵可以用来规定对象所处坐标、缩放比例、因数和旋转角度。同一个对象在不同深度层次可以有不同的转换矩阵。

③ 颜色渐变用来描述对象的颜色效果。颜色效果包括透明度和颜色渐变效果两类。

④ 比例用来控制变形对象在放置到舞台后何时显示。如果比例为"0"，则在变形开始时就显示对象；比例为"65535"，则会在变形结束后再显示对象。

⑤ 剪辑深度用来设置上面最多几层被本层遮盖。

（3）解析碰到 ShowFrame 标签时，才将播放列表中的各对象按照顺序和设置在屏幕上显示出来，这就是使用者看到的一帧画面。

（4）如果对象的属性需要修改，那么使用 PlaceObject2 标签，每个 PlaceObject2 建立一个新的变形矩阵，按深度值存储对象。

（5）使用 ShowFrame 播放显示列表中的对象。循环执行第（4）和第（5）项可以播放动画的每一帧。

（6）使用 RemoveObject2 移除显示列表中的每个对象。

注意：如果一个 Object 在一个帧中相比较前边帧，它的属性都没有任何变化，则不再在帧中播放它。

SWF 文件要求必须在所有控制标签使用元素对象之前，用定义标签对媒体对象进行定义。

如图 6-2 所示的一个帧序列中，共定义 4 个对象，分别是 ID 为 1 的形状对象、ID 为 2 的字体对象、ID 为 3 的图像对象和 ID 为 4 的声音对象。这 4 个对象都分配了一个唯一的 ID，并依次放到 Dictionary 中，控制标签 PlaceObject 则根据 ID 从 Dictionary 中取出对象 2 和对象 4 进行处理。在碰到 ShowFrame 标签前，画面上不会显示之前的任何对象，也不对对象做任何操作。当碰到一个 ShowFrame 时，则形成一帧画面，把之前的控制标签列表执行一遍，将控制标签积累的效果显示在屏幕上。图 6-2 中，关键帧显示的是 ID 号是 2 的字体对象和 ID 号为 4 的声音对象，而 ID 号是 1 的形状对象和 ID 号为 3 的图像对象虽然已经定义并放入 Dictionary 中，但因为没有被放置到播放序列中，因此该帧并不显示该对象。

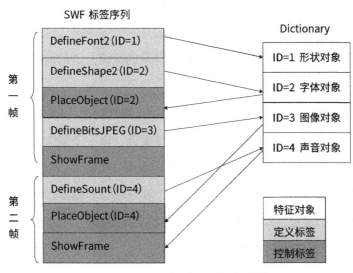

图 6-2　SWF 的动画标签播放逻辑关系

6.2　网络 Flash 动画的场景结构模型

对于画面复杂的 Flash 动画，创作者一般会按场景（Scene）来组织画面。但动画由源文件（*.fla）发布为播放文件（*.swf）后，所有帧画面融合为一个时间轴上的单一序列，帧之间采用顺序编号，不再有场景的边界。因此，制作时的场景概念就不再起作用了，整个动画只有一个帧画面序列。但播放时，观看者会根据画面效果自行判断各个场景。一个场景有时可以描述一个简单的情节、一系列完整的动作、一个固定的环境，或一组特定的对象。就像电影的一个镜头，场景在 Flash 动画中也是一个可以研究的基本元素。但 Flash 动画中的场景和电影中的镜头不完全相同，Flash 动画中的镜头间可以通过控制按钮或代码进行相互间的跳转，即其交互特性比较明显。根据视觉内容特征和交互特征，本研究将 Flash 动画中的场景分为视觉场景（Visual Scene）和逻辑场景（Logic Scene）两种。

视觉场景 ❶ 一般指动画的时间轴线上视觉特征相似的一系列连续帧组成的片段，其在视觉感知上是相对独立的一段帧序列。视觉场景能反映一个动画的画面内容结构。一个 Flash 动画都是由多个视觉场景构成，以表达更复杂的故事情节、科学原理、游戏过程等。

逻辑场景是指能自动并连续播放的动画片段，该片段在播放时不能产生交互。能交互时，说明一个逻辑场景的结束。逻辑场景能反映一个动画的交互结构，如 Flash 页面游戏往往在播放一段片头动画后，出现让用户登录的页面，之前的开头动画即可视为一个逻辑场景；再如教学课件的片头视频。

视觉场景和逻辑场景从不同角度来分析 Flash 动画内容。一个视觉场景能表述一个特定的画面环境、一个画面效果，或者一个完整事件。而一个逻辑场景是独立的逻辑片段，则表示的画面内容可以更丰富，如一个片头动画可能包含多个画面环境、多个画面效果、多个事件，即一个逻辑场景可以包含多个视觉场景。但反过来，有时在一个视觉场景中也可以有多个交互，即交互发生在同一个背景环境下。因此，在一个 Flash 动画的时间轴线上，视觉场景和逻辑场景是相互交叉，相互包含的（见图 6-3）。

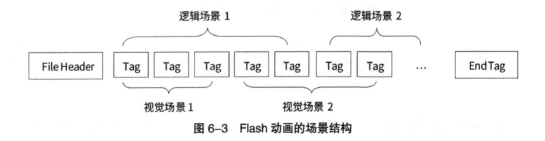

图 6-3 Flash 动画的场景结构

---

❶ 张敏 .Flash 组成元素的视觉特征研究［D］. 济南：山东师范大学，2011.

在时间轴线上，判断逻辑场景的边界一般通过分析 Tag 中是否包含了交互对象，如按钮、动作脚本等；判断视觉场景的边界则一般通过比较相邻帧之间的视觉差异来界定。

按照人类观察事物的习惯，本研究将视觉场景作为 Flash 动画内容的研究对象，并构造 Flash 动画的场景结构模型（见图 6-4）。

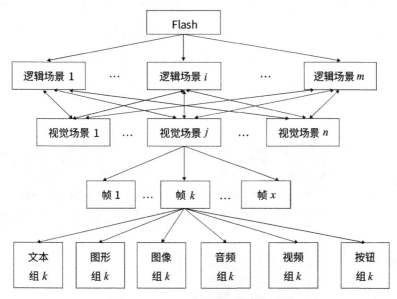

图 6-4　Flash 动画的场景结构模型

从上述模型可以看出，一个 Flash 动画可以划分为多个逻辑场景和多个视觉场景；而每个逻辑场景又是由一个到多个视觉场景组合而成；一个视觉场景可以跨越多个逻辑场景，一个视觉场景中也可以包含多个逻辑场景；每个视觉场景包含一系列视觉特征相似的帧画面；每个帧画面中包含了文本、图形、按钮等多个媒体对象元素。当然连续的不同帧也可以包含相同的媒体对象，在图 6-4 中本研究没有体现。

从该模型中发现，视觉场景是比逻辑场景更细的粒度，符合人们的视觉感受。因此，本研究中主要通过视觉场景来分析 Flash 动画学习资源的视觉特征。

6.3　逻辑场景

6.3.1　逻辑场景概念

Flash 动画的逻辑场景指能自动并连续播放的动画片段。例如，图 6-5 所示的 Flash

游戏动画中有 11 帧画面，Flash 动画播放时在第 1 帧并暂停，当用户在第 1 帧画面中点击"PLAY GAME"按钮后，画面会自动连续播放到第 8 帧画面并暂停。中间有画面的动态切换效果。用户在第 8 帧画面中点击"Play"按钮，Flash 动画即播放到第 9 帧画面并暂停，用户在第 9 帧画面中可以使用键盘进行游戏。过关后即进入第 10 帧画面并暂停，并显示第二关内容，等待用户继续游戏；如果过关失败则跳转到第 11 帧画面并暂停，显示过关失败信息，等待用户继续游戏。根据逻辑场景的定义，第 1 帧为第一个逻辑场景，第 2 帧到第 8 帧是第二个逻辑场景，第 9 帧、第 10 帧和第 11 帧也是不同的逻辑场景。其中第二个逻辑场景包含了多个视觉内容差别较大的片段，即可以包含多个视觉场景。

图 6-5　Flash 动画逻辑场景示例

不同类型的 Flash 动画其逻辑场景的特征也不同，主要体现在逻辑场景的数量和包含的交互元素的多少。一般来说交互元素越多，则逻辑场景越多。广告类的 Flash 动画不需要交互，那么一个广告 Flash 就只包含一个逻辑场景；而游戏类 Flash 动画由于需要大量的交互，则必定包含多个逻辑场景。

6.3.2　逻辑场景分割

逻辑场景是从交互内容上划分帧序列，因此本研究通过分析 SWF 文件的标签内容是否包含按钮、交互代码等内容来提取动作记录，判断逻辑场景的帧节点，最终完成逻辑场景的获取。

Flash 动画在播放过程中，如果停留在某个画面等待用户点击或键盘输入，那么这个画面一定是上个逻辑场景的结束点。要完成交互功能，则相应关键帧中要添加脚本动作代码，如鼠标移动、单击、双击、右键单击、键盘输入字符、组合键等都是动作（Actions）范畴。开发者可以为一个动作设置需要响应的事件，如旋转、缩放、跳转、播放、暂停、移动对象等。目前 SWF 格式文档支持循环、条件分支、求值、JavaScript 对象、函数等动作。

Flash 动画中，既可以为文本、形状、图形、图像、剪辑、元件等所有的媒体对象添加动作，还可以很容易地生成响应动作的按钮。动作分时间轴动作和元件动作两种。时间轴动作的作用对象是整个动画，元件动作则针对某个元件或其他子动画（Sprite）产生动态效果。Flash 动画的停止（Stop）、播放（Play）等动作属于时间轴动作，SetTarget 则属于元件动画。时间轴动作直接添加到时间轴，由 ShowFrame 标签触发；元件动作则不可直接添加到时间轴，其必须包含在某元件的描述标签中。要触发元件动作得通过元件交互，如单击或拖动该元件。而当单击或拖动某元件时，该元件包含的动作不会马上执行，它只是被放置到一个动作列表中，当碰到 ShowFrame 标签或元件状态改变时，该动作列表才被执行。

按钮（Button）是 Flash 动画中使用比较频繁的元件，其专门用于用户交互，交互方式主要有鼠标单击、鼠标悬停、鼠标移出等。按钮有三种显示状态：Up（弹起）、Over（经过）、Down（按下），默认状态是 Up。动画中的按钮默认为处于 Up 状态；鼠标指针在按钮区域时为 Over 状态；Over 状态下，鼠标单击则变为 Down 状态。Buttonrecord 是专门定义按钮的标签。

DefineButton、DefineButton2 中的 Actionrecord 结构体内容即为按钮的动作，按钮在其三个状态之间的转换触发该动作；时间轴上对象的动作由 DoAction 或 DoInitAction 中的 ACTIONRECORED 结构体来记录。逻辑场景的边界点就是通过分析时间轴动作或元件动作来获取，常见的逻辑场景动作如表 6-1 所示。

表 6-1　逻辑场景边界处的动作列表

动作字段	编码	描述
ActionPlay	0x06	播放一帧
ActionStop	0x07	停止播放
ActionNextFrame	0x04	播放下一帧
ActionGotoFrame	0x81	转至某帧
ActionGotoLabel	0x8C	转至某标记帧
ActionWaitForFrame	0x8A	等待某帧
ActionSetTarget	0x8B	设置目标对象工作

通过解析 SWF 文档中的全部 ACTIONRECORD 结构体即可获取逻辑场景的节点位置，完成 Flash 动画逻辑场景的分割工作。DefineButton 和 DoAction 标签的内容结构分别如表 6-2、表 6-3 所示。

表 6-2　DefineButton 标签内容

字段	类型	说明
Header	RECORDHERDER	标签头，TagType=7
ButtonId	UI16	按钮唯一的 ID
Characters	BUTTONRECORD	按钮的实例
CharacterEndFlag	UI8	按钮状态的结束标识，值为 0
Actions	ACTIONRECORD 结构体	按钮动作记录，可无
ActionEndFlag	UI8	动作的结束标识，值为 0

表 6-3　DoAction 标签内容

字段	类型	说明
Header	RECORDHERDER	标签头，TagType=12
Actions	ACTIONRECORD 结构体	动作记录，可无
ActionEndFlag	UI8	动作记录结束标识，值为 0

其中，Actions 字段的类型为 ACTIONRECORD 结构体，由动作头（ActionCode）和动作内容两个结构体成员组成。ActionCode 用 1 字节记录动作类型。如果该字节的前四位不是 1111，则表示动作不需要数据，如播放和停止动作；如果前四位是 1111，则后四位表示每个动作的编号。

Action 脚本有时会由多个动作共同作用，如 gotoAndPlay（30）标签，其作用是跳转到帧号为 30 的画面并播放。gotoAndPlay 是一个动作，但本研究此处不作为节点动作，因为出现此代码之前是动作的触发，即触发此动作的事件作为逻辑节点。如单击某按钮，则执行代码 gotoAndPlay（2），本研究把该按钮所在的帧看作逻辑节点，即该代码出现在按钮的 Actions 中。

在了解 SWF 动画节点动作产生原理的基础上，可以通过标签分析来获取一个动画的逻辑场景，具体步骤如下。

（1）顺序读取 SWF 文档的关键帧标签，判断是否为 DefineButton、DefineButton2、DoAction、DoInitAction，如是，则分析。

（2）解析上一步获得的各标签内对应的 BUTTONRECORD、BUTTONCONDACTION、ACTIONRECORD 等结构体，如果是节点动作，则该帧号存入数组；否则，判断下一帧的动作记录。

（3）将上一步骤中提取的 Flash 动画逻辑场景节点帧号写入索引库，并去掉重复帧号并进行排序。

（4）在 VC++ 环境下，利用 SWFtoImage 动态链接库保存节点图像，并同时提取该帧画面的复杂度等特征，存入逻辑场景特征索引库。

（5）利用 GIF API 接口将第（4）步保存的节点图像生成 GIF 格式图像。

Flash 动画的逻辑场景结构描述了动画播放时的逻辑关系。逻辑场景的视觉特征包括逻辑场景数、画面复杂度、包含帧数、元素个数等。其中，逻辑场景的个数反映了 Flash 动画播放的整体逻辑结构，此数值越大，说明交互越频繁；节点帧画面的复杂度等内容特征则反映了各场景的视觉特征。通过上述方法完成逻辑场景的分割后，本研究可以提取每个逻辑场景代表帧的视觉特征，并应用于基于内容的 Flash 检索系统。

分析发现，网络 Flash 动画使用者对一个动画的逻辑结构关注较少，往往将注意力放在动画画面效果的体现上。因此，本研究主要重点在 Flash 动画的视觉场景分析和提取上。

6.4 视觉场景

6.4.1 视觉场景概念

Flash 动画的视觉场景指视觉特征相似的一系列连续帧组成的片段。例如，图 6-6 所示的 Flash 动画中有 8 帧画面，第 1 帧至第 4 帧画面是相似的，第 5、6 帧是相似的，第 7、8 帧是相似的，因此可以将此 Flash 动画划分为三个视觉场景，即第 1 帧至第 4 帧为一个视觉场景，而第 5、6 帧为一个视觉场景，第 7、8 帧为一个视觉场景。

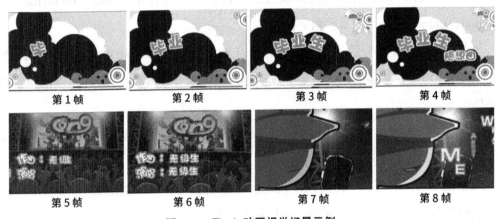

第 1 帧　　　　第 2 帧　　　　第 3 帧　　　　第 4 帧

第 5 帧　　　　第 6 帧　　　　第 7 帧　　　　第 8 帧

图 6-6　Flash 动画视觉场景示例

一个视觉场景中的画面在视觉感受上是相似的，如相似的对象元素、相似的背景画面等。一个视觉场景片段包含了多个画面帧，帧中又包含文本（Text）、图形（Graphics）、图像（Image）、视频（Video）、音频（Audio）等媒体对象，还可包含移动、形变、旋转、缩放、颜色变化等各种动态效果和鼠标、键盘操作等各种交互特征。一般来说，一个 Flash 动画中的视觉场景越多，说明创作者描述的故事情节越复杂；一个视觉场景包含的帧画面越少，说明该场景播放过程短。多个短视觉场景连续播放，会产生画面节奏快，情节进展迅速的视觉效果；一个长视觉场景则给人节奏慢，情节进展舒缓的视觉感受。

6.4.2 视觉场景分割

1. 关键帧提取

Flash 动画中的关键帧 ❶ 一般指定义了对象的增添、删除或包含动态效果的帧；而普

---

❶ 刘磊，丁巧荣，孟祥增. Flash 动画的特征提取研究［J］. 中国电化教育，2007（9）：103-106.

通帧一般指通过插补运算自动生成的中间帧。关键帧和普通帧的存储格式是一样的，其内容 Tags 的定义方法也一样，且都是使用 ShowFrame 来进行一帧的播放。

动画制作者一般在 Flash 中大量应用补间命令，以产生渐变效果。据统计，一个 Flash 动画中大约有 90% 的帧画面是自动运算产生的过渡帧。所以，在传统的逐帧比较算法中，大多数的比较是无用的，大大降低了算法效率。本研究要进行的视觉场景分割工作是基于有代表性的关键帧，动画包含的自动生成的补间帧（即普通帧）则不予考虑。依据 Flash 动画发布文件的组成结构，本研究通过比较相邻关键帧之间的特征相似度来判断视觉场景的边界。这样可以过滤掉普通帧，以减少无效比较，提高分析效率。关键帧提取的准确与否直接影响到视觉场景分割结果的优劣。

关键帧中创建了 Flash 动画中的动态交互和对象（文本、图形、图像、视频、音频等）的各种动态效果，有五种情况：定义动作、放置对象、移除对象、形状变化、属性变化。其中，定义动作指用 DoAction 或 DoInitAction 标签定义动作脚本；放置对象指在画面中增添一个多媒体对象，如视频对象、文本等，主要由 PlaceObject 标签完成；移除对象由 RemoveObject、RemoveObject2 实现；定义形状变化由 DefineMorph 标签完成；对象的属性变化由 PlaceObject2 或 PlaceObject3 实现。但 PlaceObject2 或 PlaceObject3 标签有两种使用情况：一是添加一个新的媒体对象；二是改变已存在的一个媒体对象的属性。有对象增减的帧一般是需要的关键帧，但是仅改变媒体对象的属性（如大小、形状等）的帧却不一定是关键帧。所以，当碰到一个帧中有 PlaceObject2 tag 或 PlaceObject3 tag 时，需要先分析是否添加了对象，如果有添加则判定为关键帧；如果没有，则分析是否产生了形变。有形变的情况则选择第一帧和最后帧为关键帧，其余的中间帧是通过补间运算自动产生的帧，为普通帧，不予选择。

由上可见，通过判断帧中所包含的标签信息中是否含有 PlaceObject、RemoveObject、DoAction、DoInitAction、PlaceObject2、RemoveObject2、DefineMorph、PlaceObject3 等 标签来判断当前帧是否为关键帧，如果是则对此关键帧的帧号进行索引，并提取关键帧画面，用于后期的视觉场景分割运算。

2. 视觉场景分割算法

对于视觉场景的分割算法，本研究采用颜色直方图和边缘密度分割相结合的算法。该算法弥补了只考虑色调进行视觉场景分割的片面性，对于颜色相近但内容变化大的场景也可以进行有效地分割。

（1）颜色直方图分割算法。颜色直方图算法基于颜色差异来判断视觉场景边界，是使用最普遍的一种场景分割算法。颜色直方图是对一幅图像颜色内容的描述，能反映图像主色调等基本信息。两幅图像的颜色直方图距离越大，说明其视觉差异越大。本研究基于 HSV 颜色空间，选用颜色直方图间的差异来计算关键帧图像间的相似度，从而确定视觉场景边界。

颜色直方图间的差异比较方法一般为逐个计算相同灰度等级像素的个数差，然后累积这些差的绝对值之和为颜色直方图差值。

该算法的原理是将颜色值量化为 N 种，统计帧画面中各种颜色包含的像素数，从而得到该帧的颜色直方图。颜色直方图帧间差值公式为

$$D = \sum_{i=1}^{N} |H_i, H_{i+1}| \qquad (6\text{--}1)$$

式中，$|H_i, H_{i+1}|$ 为两个关键帧画面在第 i 种颜色上像素数的差值。

视觉特征相似的关键帧其颜色直方图差别不大，在一个视觉场景内部的各关键帧之间的颜色直方图差值应该分布相对均匀，任意两帧之间的颜色直方图差值应该偏离整个视觉场景的颜色直方图平均差值不多。因此，本研究认为如果某一帧与其前一帧的帧间颜色直方图差值出现大幅波动，其比当前视觉场景内的平均颜色直方图差值大很多，则认为此处出现了场景的变化，即此帧的前一帧是上一个视觉场景的结束，而此帧是下一个视觉场景的开始。

图 6-7 为某一 Flash 动画相邻关键帧的颜色直方图差值。

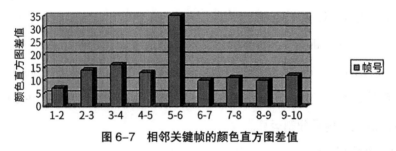

图 6-7　相邻关键帧的颜色直方图差值

从图 6-7 中可以看出，在第 5 帧和第 6 帧出现了帧间颜色直方图差值的大幅变动，可以根据动画相应帧的画面看出，此帧出现了视觉场景的跳转。而第 6 帧到第 10 帧的帧间颜色直方图差值又趋于平稳。因此，此动画的第 1 帧至第 5 帧为一个视觉场景，而

第 6 帧至第 10 帧为另一视觉场景。

基于此，本研究使用视觉场景自适应阈值分割算法，其中的阈值根据不同的视觉场景自动进行运算匹配，不需要固定的阈值，这样便可避免因为阈值选取不当而导致的错误分割，更能满足大规模 Flash 动画学习资源视觉场景的自动分割运算。

算法通过判断帧间颜色直方图差值是否大于同一视觉场景内的平均颜色直方图差值的倍数来分割视觉场景。本研究设定一个系数 α，将视觉场景的平均颜色直方图帧差值乘以 α 作为判断某一帧关键帧是否属于此视觉场景的阈值，那么当前帧与前一帧的帧差如果大于上一视觉场景的阈值，则当前帧是新的视觉场景的开始帧，而其前一帧则为上一视觉场景的结束帧；否则，当前帧加入前一帧所属的视觉场景，依此继续判断下一帧。可以看出每个视觉场景的判断阈值是不一样的。

每一视觉场景的自适应阈值按如下公式确定：

$$\mathrm{THRESHOLD}_k = \alpha \frac{\sum_{i=m}^{n-1}\mathrm{DValue}(H_i,H_{i+1})}{n-1-i} \tag{6-2}$$

式中，$\mathrm{THRESHOLD}_k$ 为第 k 个视觉场景的自适应阈值，α 为选定的系数，$\sum_{i=m}^{n-1}\mathrm{DValue}(H_i,H_{i+1})$ 为计算从第 m 帧到第 $n-1$ 帧的颜色直方图帧间差的和，m 为第 k 个视觉场景的第一帧在整个动画中的帧序号。

颜色直方图帧间差值的算法本研究依然采取分块加权颜色直方图差值算法。[1] 算法采用更符合人类视觉感知特性的 HSV 颜色空间模型来表示关键帧图像的颜色，用相邻关键帧的区域加权颜色直方图的距离来表示帧间差。算法将一个画面用不均匀分块方法按 3∶4∶3 的比例分为 9 部分，每部分赋予不同的权重，如图 6-8 所示。这样能考虑图像颜色的空间分布特点，有效体现画面的主要内容。加权的分块颜色直方图差值公式为

$$\mathrm{DValue}(H_k,H_{k+1}) = \sum_{i=1}^{9} d_i \times \mathrm{areaw}_i \tag{6-3}$$

式中，d_i 为两相邻帧画面第 i 块区域的颜色直方图的距离，areaw_i 为第 i 块区域的权值。

---

[1]　彭强，李华．基于块直方图分析的视频背景提取方法［J］．西南交通大学学报，2006（1）：48-56．

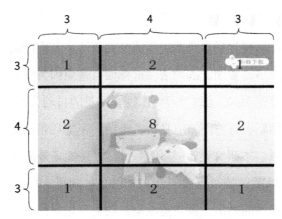

图 6-8　区域分块权值

如果某一帧与其前一帧的帧间分块加权颜色直方图差值比当前视觉场景内的平均颜色直方图差值大很多，则认为此处出现了场景的变化，即此帧的前一帧是上一个视觉场景的结束，而此帧是下一个视觉场景的开始。

基于以上颜色直方图距离和自适应阈值的计算，本研究提出以下 Flash 动画视觉场景分割算法。

步骤 1：按照标签算法，提取 Flash 动画的关键帧，将关键帧的帧号放入数组 $KFSWF[N]$，并将关键帧以 BMP 图像格式存储起来。

步骤 2：分析上一步得到的图像，计算相邻帧之间的颜色直方图差值，存入数组 $HD[N]$，其中 $HD[i]$ 代表第 i 个关键帧和第 $i+1$ 个关键帧的颜色直方图差值。

步骤 3：初始化变量 $n=1$ 和数组 $k[1]=1$，n 代表视觉场景数，$k[n]$ 代表第 n 个视觉场景的开始帧号，帧号 $i=2$。

步骤 4：如果 $HD[i] \geqslant \alpha \cdot \dfrac{\sum\limits_{j=k[n]}^{i-1} HD[j]}{i-k[n]}$，则说明第 $i+1$ 帧和第 i 帧颜色视觉特征相

差较大，出现了新的视觉场景，则 $n=n+1$，$k[n]=i+1$，$i=i+1$，继续执行步骤 4；如果 $HD[i] < \alpha \cdot \dfrac{\sum\limits_{j=k[n]}^{i-1} HD[j]}{i-k[n]}$，则说明没有出现新的场景，则 $i=i+1$，继续执行步骤 4。直

到 i 大于关键帧数量，退出程序。

（2）边缘密度分割算法。该算法主要是通过计算帧画面对象的边线变化程度来判断是否产生了场景转换。本研究中使用 Robert 算子来得到帧画面边缘像素点的个数，然后

计算该帧的边缘密度。

Robert 算子[1]是一种利用局部差分方法求边缘的算子，利用对角方向两相邻像素颜色值之差作为梯度值，则图像在 (i, j) 像素点的梯度值用如下公式获得：

$$g(x,y) = \sqrt{[f(i,j) - f(i+1,j+1)]^2 + [f(i+1,j) - f(i,j+1)]^2} \qquad (6\text{-}4)$$

式中，$f(i,j) - f(i+1,j+1)$ 为像素点 (i, j) 与像素点 $(i+1, j+1)$ 的欧氏距离；$f(i+1,j) - f(i,j+1)$ 为像素点 $(i+1,1)$ 与像素点 $(i, j+1)$ 的欧氏距离。

用神经网络学习获得一个门限阈值 T，如果某个像素点的梯度值大于 T，则说明该像素点是边缘点。在此基础上，边缘密度定义为一幅帧画面中包含的边缘点总数占画面总像素数的比例。

比较两帧画面边缘密度的差值，如果大于预设的阈值，则判断该处出现场景转换；否则，判断两帧画面属于同一视觉场景。

基于以上边缘密度分析算法，Flash 动画的视觉场景分割过程与基于颜色直方图的分割算法差别主要体现在第 3 步，过程如下。

步骤 1：提取 Flash 动画的关键帧。

步骤 2：按照帧号将所有关键帧转化为 BMP 图像并存储。

步骤 3：利用区域分块加权算法，逐一计算上述各 BMP 图像间的边缘密度差值，并储存。

步骤 4：逐一判断上述差值，如某一差值高于前一个视觉场景的边缘密度差的平均值太多，执行步骤 5；否则，继续执行步骤 4，判断下一差值。

步骤 5：将此帧作为一个场景边界，按上述代表帧提取算法提取上一场景的代表帧画面，并建立索引，转步骤 4。

（3）本算法优势。现有的视觉场景分割算法[2]是基于画面主色调，并采用全局单一阈值来获取场景边界。仅依靠颜色特征来选择场景边界，对于颜色变化明显的相邻关键帧效果很好，但是对于平均颜色变化不大，对象主体明显变化的相邻关键帧就会出现漏判。

---

[1] GONZALEZ R C, WOODS R E. 数字图像处理（原书第二版）[M]. 阮秋琦, 阮宇智, 等译. 北京：电子工业出版社, 2003.

[2] 王岳平. Flash 电影的视觉场景和图形图像特征研究 [D]. 济南：山东师范大学, 2013.

本研究采用颜色直方图（自适应阈值）和边缘密度分割相结合的算法，分析发现，只要颜色差别越大，则场景切换的可能性就越大，且颜色直方图分割的方法要好于边缘密度分割。因此，本研究认为：前后帧的颜色差较大，则肯定出现场景切换；前后帧颜色变化不大，再比较前后帧之间的边线密度差。通过神经网络学习，边线密度差的阈值设为 0.0425。

6.4.3 视觉场景特征

视觉场景的特征是指一个视觉场景的基本数据特征内容，描述该视觉场景的基本属性。本研究提取的视觉场景的内容特征包括场景主色调、动态效果数、画面复杂度、包含的帧数、元素个数等参数。

（1）场景主色调。主色调能够描述一幅画面的颜色特征，能在一定程度上反映动画创作者的创作意图。场景主色调能代表该场景的主要色彩倾向，其提取方法为：首先选取场景代表帧画面，然后用颜色直方图描述该画面中各颜色的数量，选择数量最多的颜色值作为该场景的主色调。

（2）动态效果数。Flash 动画主要通过动态效果来赋予画面生动的视觉效果。动态效果数指施加给该场景内部各对象元素的动态效果的数量之和，包括运动、色变、形变、缩放、旋转等。这些动作的产生原理是通过控制标签 PlaceObject2 和 PlaceObject3 的属性设置来作用于媒体元素，使其产生动态效果。因此，可以通过分析场景中的 PlaceObject2、PlaceObject3 的标签属性来提取动态效果数。

（3）画面复杂度。画面复杂度指一个帧画面的视觉效果复杂程度，能体现一个视觉场景内容的繁简。复杂度高的视觉场景内纹理丰富，颜色数量多，内容对象识别难度大。本研究分别利用颜色直方图和 Robert 算子提取视觉场景代表帧图像的颜色数和边缘密度，并按照颜色数的多少及边缘密度大小，将视觉场景标记为简单、一般和复杂三个等级。

通常人眼对颜色的复杂度敏感程度不如对边线的敏感程度，因为颜色值不同的相近颜色，人眼是分辨不出来的。所以，本研究设定一个颜色阈值 35，即只要颜色数达到 35 个，说明复杂度足够，则为 3 级；当颜色数达不到 35，即颜色比较单调的情况下，再判断边线密度等级。边线密度 0.1 以下的图像复杂度为一级，0.2 以上的为三级，0.1~0.2 为二级。

（4）包含的帧数。一个视觉场景包含的帧数越多，则表现为场景视觉变化越舒缓，场景持续时间越长，越能清晰地描述动画的主要内容；相反，帧数少的视觉场景视觉变化迅速，给人快节奏的感受。利用视觉场景的起始帧号和终止帧号计算该场景包含的帧数，并存入索引库。

（5）元素个数。元素个数是指每个视觉场景内添加的文本、视频、音频、图形、图像、剪辑、按钮、形变等对象的数目。元素个数体现了 Flash 动画的创作复杂程度。画面中添加的媒体对象被赋予一个 ID 并放在字典中，然后由控制标签（PlaceObject、PlaceObject2、PlaceObject3）依据该 ID 对字典中的对象元素进行提取并放置到播放序列中进行画面展示。因此，本研究通过提取与判断该视觉场景中的相应控制标签及其属性，获得在画面中添加的媒体元素的个数。

6.5　场景分割实验与场景特征分析

适用于不同学习阶段、不同学科的 Flash 动画其内容与表现形式都会有很大的区别。本节利用自主开发的视觉场景分割程序和场景特征提取程序对本研究的样本库进行实验，分析视觉场景的分割准确率和各教学特征动画的视觉场景特征。前期实验发现，样本库里动画分割获得的视觉场景总数超过 10 万个，而本研究需要人工标注视觉场景，该工作量太大。因此，面向 Flash 动画的视觉场景分割研究，本研究整理出 182 个学段和学科特性比较明显的 Flash 动画进行分割准确率的实验。在学科选择上，仅选择课件资源丰富、视觉内容特征突出的部分学科动画进行分析。逻辑场景的分割算法是基于交互标记的分析，其实验不再赘述。

1. 视觉场景分割实验

为了避免主观性，首先让多名实验者对整理出的 182 个 Flash 动画进行视觉场景的人工分割，然后选取重复率高的场景作为正确场景，得到 2819 个视觉场景。研究在 VC++ 6.0 编译环境中使用 C 语言编程实现分割算法，进行 Flash 动画的视觉场景自动分割，得到数据如表 6-4、表 6-5 所示。本研究使用分割效率和分割准确率评估每一类样本，公式如下：

分割效率 = 平台获得的正确视觉场景数 / 平台获得的视觉场景总数　　　　（6-5）

分割准确率 = 平台获得的正确视觉场景数 / 人工标注的视觉场景总数 　　（6-6）

表 6-4　视觉场景分割数据表（按学段）

学段	动画 / 个	人工分割 / 个	方法	实际分割 / 个	正确分割 / 个	效率 /%	准确率 /%
小学	80	1455	直方图法	1506	1237	82.1	85.1
			边缘密度法	1560	1295	83.0	89.0
中学	70	1011	直方图法	1108	839	75.7	82.9
			边缘密度法	1061	849	80.0	83.9
高等	32	353	直方图法	393	325	82.7	92.1
			边缘密度法	386	328	84.9	92.9

表 6-5　视觉场景分割数据表（按学科）

学科	动画 / 个	人工分割 / 个	方法	实际分割 / 个	正确分割 / 个	效率 /%	准确率 /%
语文	70	1204	直方图法	1256	1047	83.4	86.9
			边缘密度法	1274	1096	86.0	91.0
数学	30	151	直方图法	178	140	78.7	92.7
			边缘密度法	182	133	73.1	88.1
音乐	62	1019	直方图法	1082	835	77.2	81.9
			边缘密度法	1069	866	81.0	84.9
美术	19	84	直方图法	86	74	86.0	88.1
			边缘密度法	80	71	88.8	84.5
英语	72	1181	直方图法	1247	1027	82.4	86.9
			边缘密度法	1235	1087	88.1	92.0

由表 6-4、表 6-5 数据可以看出：①边缘密度分割算法的分割准确率整体上要好于颜色直方图算法；②两种算法的视觉场景分割准确率都较为理想，能达到 85% 以上；③针对高中阶段、数学学科的 Flash 动画，颜色直方图和边缘密度两种分割算法的分割准确率均较高，因为高中学段的 Flash 动画数量少，画面颜色变化简单，数学学科的 Flash 动画视觉效果变化少；④而边缘密度算法对小学教育阶段及美术学科的 Flash 动画分割效率偏低，因为这两类颜色变化丰富，而图像内部对象的边缘简单；⑤初中学段的课程内容丰富，知识点复杂，因此相关 Flash 动画正确分割率较低；⑥音乐 Flash 动画的场景画面丰富，分割准确率同样较低；⑦分割效率方面，画面变化简单的小学阶段、

美术学科效率最高；⑧对于数学，边缘分割算法获得的场景数偏多，效率较低；⑨算法的分割场景数一般要多于人工标注的场景数，因为动画中一些画面变化大但是变化持续时间短，人工标注时忽略了这种快速变化（如一帧画面为一个场景）。

将颜色直方图法和边缘密度方法结合使用的实验数据如表 6-6、表 6-7 所示。

表 6-6　混合算法分割数据表（按学段）

学段	动画 / 个	人工分割 / 个	实际分割 / 个	正确分割 / 个	效率 /%	准确率 /%
小学	80	1455	1572	1333	84.8	91.6
中学	70	1011	1113	866	77.8	85.7
高等	32	353	396	331	83.6	93.8

表 6-7　混合算法分割数据表（按学科）

学科	动画 / 个	人工分割 / 个	实际分割 / 个	正确分割 / 个	效率 /%	准确率 /%
语文	70	1204	1291	1098	85.1	91.2
数学	30	151	180	142	78.9	94.0
音乐	62	1019	1095	868	79.3	85.2
美术	19	84	88	75	85.2	89.3
英语	72	1181	1279	1089	85.1	92.2

从实验结果可以看出，混合算法比单独用颜色直方图或者边缘密度算法的准确率要更高一些，但效率上有时会减弱。

2. 视觉场景特征分析

在获得视觉场景的基础上，本研究提取样本库中的 Flash 动画各视觉场景的特征进行分析，实验数据见附录 3、附录 4。其中主色调数为每个动画去除重复颜色后的平均主色调数目；动态效果数、画面复杂度、包含的帧数、元素个数等特征均为一个视觉场景内包含的平均值。动态效果是指运动、旋转、缩放、形变、色变 5 个动态变化的视觉效果；画面复杂度按照画面的边线密度值分为复杂、一般、简单三个等级。

附录 3 反映了不同学段不同学科的 Flash 动画的视觉场景内容特征，附录 4 分析 Flash 动画视觉场景的学科—教学类型特征。主要分析结果如下：①小学阶段音乐类的 Flash 动画平均每个动画包含 16 个视觉场景，为最多；数学类的 Flash 动画最少，平均每个包含 6 个视觉场景；中学阶段最多的是英语，平均包含 25 个，最少的是物理，平均 3 个。②美术类 Flash 动画的主色调数最多，平均 12 个，此类动画颜色丰富，表达的情感更细腻。③物理类的 Flash 动画包含的动态效果数最多，平均每个视觉场景中包含 63 个，视觉场景少而动态效果多，这说明物理动画主要展示在同一环境下的动态实验。④语文类 Flash 动画的画面复杂度最大，其中中学语文科目表现最为明显，说明该类型 Flash 动画的画面复杂，表达的视觉内容需要特别丰富。⑤英语类 Flash 动画每个视觉场景包含的帧数最多，平均 65 帧，主要是由中学英语 Flash 动画的特点决定的，如动画帧数多，内容变化缓慢。⑥同样，英语类 Flash 动画每个视觉场景包含的元素数最多，中学英语类 Flash 动画表现更为明显，平均每个视觉场景包含 42 个媒体元素。⑦在媒体元素个数分析中发现，各 Flash 动画中包含的视频数量相当少，几乎为零；文本和图形个数包含最多，因为文本和图形的容量较小，对网络传输有益。⑧各学科、学段的 Flash 动画包含的 5 种动态效果都较丰富。⑨在交互方面，各类动画包含的按钮都较多，分析原因为学习类的 Flash 动画都需要大量的交互和反馈来促进学习。⑩小学阶段的 Flash 动画资源较为丰富，且包含的动态效果、媒体元素、主色调等均丰富，但是画面复杂度低，且每个场景包含的帧数和元素个数较少，主要用来描述简单有趣的动态画面，视觉效果表现为便于理解和阅读；而中学教育阶段的 Flash 动画则画面视觉效果变化较小，但画面复杂度高，每个场景内拥有的元素对象数量较多，主要用来展现复杂的教学内容。⑪高等教育阶段的动画交互丰富，但各视觉特征数都位于中等水平。

第 7 章　网络 Flash 动画学习资源的画面情感特征分析

　　应用于教学的 Flash 动画教学软件一般要传递情感内容，从而激发学习者的学习兴趣，促进学习者的情感培养。学习者在使用搜索引擎查找 Flash 动画前，对于自己的查询目标总会有一个大概的了解，如知道动画名字或内容中包含的关键词，或者明确要查找的动画包含的深层次意义，或者知道目标动画中包含的对象名称等。其中，查找包含某种含义的情况属于人的主观理解，这个含义就属于动画的高层语义特征。动画索引者需要从动画中客观提取出这种语义特征加以索引，使用者才可以实现检索。要建立这种索引，靠人工标注不现实，目前只能从动画的视觉特征出发，找出其与高层次语义之间的关联，从而实现自动、批量索引。本章主要研究 Flash 动画情感语义的自动识别与索引问题。

　　众所周知，很多 Flash 动画之所以能够深入人心，主要是因为其能表述丰富的情感。Flash 动画创作者往往会把自己的创作情感寓于作品当中，尤其是 MV、游戏，需要用自己的作品去影响和感染使用者。不同风格的 Flash 课件、广告也都能够传递不同的情感。观看者能够通过画面的颜色和纹理体验到创作者表达的是开心还是失落、幸福还是悲伤、凄凉还是浪漫。面对网络上海量的 Flash 动画资源，检索用户已不仅是对动画客观内容感兴趣，很多情况下会需要检索包含某种情感的动画。比如，一个教师想设计一堂课，需要用到一个渲染沉闷氛围的 Flash 动画素材，通过搜索引擎，用关键字"沉闷"来进行检索却得不到想要的结果。本研究意识到，分析 Flash 动画给人们带来的情感反应会有利于促进 Flash 动画检索的发展，因此展开了 Flash 动画的情感标注研究，探索建立基于 Flash 动画情感的信息检索系统。

人的情感可以通过表情、动作、言语表达出来，Flash 动画的情感则通过画面颜色、纹理、场景变化、音效等表达出来。本研究基于机器学习算法（神经网络、SVM、卷积神经网络），通过一定数量的 Flash 动画样本训练，建立 Flash 动画的视觉场景低层视觉特征到高层情感语义之间的映射，实现 Flash 动画视觉场景的情感语义识别。本研究可以建立 Flash 动画情感语义索引库，达到使用情感关键词检索 Flash 动画的目的，并为 Flash 动画的管理、分类、检索等研究提供依据。

7.1 多媒体画面情感研究现状

由于主观因素明显，因此多种情感分类和描述模型共存。在实验心理学中，情感可以采用形容词来表示。日本学者较早研究图像情感语义描述，将情感称为"Kansei"。毛峡等[1] 基于四种基本情感（放松、愉快、动感、紧张）来研究图像情感；吉田等[2] 则从另一角度研究图像情感，认为图像能表达单调、杂乱和舒适的感觉；科伦坡等[3] 建立的图像情感空间则包含了自然、清凉、温暖等主观感受。贺静[4] 则针对服装图像进行研究，建立特定的情感空间，包含性感俗丽、高贵优雅等视觉感受。付亚丽等[5] 则研究了自然风景表达的情感，认为人在一个自然环境中可以有高兴和悲伤两种情感体验。医学心理学界[6] 研究人的高兴、悲伤、生气与恐惧四种情绪，认为人类情感可由这四种基本情感组成。奥斯古德等[7] 从唤醒度、愉悦度和控制度三个维度研究了人类情感，使得情

---

[1] 毛峡，丁玉宽，牟田一弥.图像的情感特征分析及其和谐感评价[J].电子学报，2001（1）：1923-1927.

[2] YOSHIDA K, KATO T, YANARU T. Image Retrieval System Using Impression Words [J]. IEEE International, 1998（3）: 2780-2784.

[3] COLOMBO C, PALA P. Semantics in Visual information Retrieval [J]. IEEE Multimedia, 1999（6）: 3.

[4] 贺静.基于特征融合的服装图像情感语义分类研究[D].太原：太原理工大学，2007.

[5] 付亚丽，郭娜，张嘉伟.基于颜色和纹理特征的图像情感语义分类[J].郑州轻工业学院学报，2008，23（6）：118-121.

[6] JIANG Q.Medical Psychology（the 3rd version）[M].Beijing：Chinese People's Medical Publishing House，2002：132.

[7] OSGOOD C E, SUCI J G, TANNENBAUM P H.The Measurement of Meaning[D]. Urbana：University of Illinois Press.1967.

感计算量化可行，被广泛接受。

图像情感语义识别方面：村上林希等 ❶ 与萩原雅史等 ❷ 基于神经网络研究了情感词与图像视觉特征之间的映射关系。金萨布等 ❸ 利用多层反馈神经网络识别彩色图像的情感因素，取得了较高的准确率。齐平等 ❹ 则采用概率神经网络训练识别图像的高层情感语义。赵涓涓 ❺ 提出了一种基于 MPEG-7 与模糊概念格的图像情感语义本体库构建方法，并结合粗糙集理论设计了决策树算法，对图像情感语义规则训练进行分类。

视频情感语义识别方面：众多研究机构正在开展视频情感语义相关研究工作。美国麻省理工学院（MIT）多媒体研究室主要研究情感机制、情感信号的获取等问题，重点研究人机交互之间的情感交流。美国贝尔实验室主要研究关于视频和图像的内容提取与检索问题，指出颜色、纹理等都可以表达一定的情感感受。微软研究院通过训练标注了情感的图片数据集来识别图像中人物对象的悲伤、快乐等情绪。华中科技大学数字媒体实验室从三个抽象层次来分类视频数据：特征层、认知层和情感层，并计划建立统一的视频情感语义空间用于情感计算。王国江等 ❻ 认为复杂情感可以由多种基本情感组合而成，不同环境下会产生情感状态的转换，并提出了一个基于情感空间的情感建模方法。林新棋 ❼ 采用最大隶属度模糊化原则对底层特征进行处理，提出了一种"情感三段论"的分析算法并应用到视频的情感分析中。

分析发现，对情感因素的研究很多，虽然取得了一定的成果，但是还没有统一的情感分类标准和通用的情感语义识别算法。情感语义的研究领域涉及面广，没有一个统一的情感空间，其各方面研究都进展缓慢。社会上针对图像和视频情感语义识别的研究较为广泛，但基于 Flash 动画高层次情感语义的研究还没有展开。本书研究的 Flash 动画

❶ HAYASHI T, HAGIWARA M. An image retrieval system to estimate impression words from images using a neural network［J］. lEEE International Conference on Systems, Man, and Cybernetics Computational Cybernetics and Simulation, 1997（1）: 150.

❷ HAYASHI T, HAGIWARA M. Image query by impression words-the IQI system［J］. IEEE Transactions on Consumer Electronics, 1998（44）: 2.

❸ JINSUBUM. A Study of the Emotional Evaluation Models of Color Patterns Based on the Adaptive Fuzzy System and the iNleural network［J］, COLOR research and application, 2002（27）: 3

❹ 齐平，梁承谋.诱发正负情绪对外显记忆和内隐记忆的影响［J］.西南师范大学学报，2003（28）: 1.

❺ 赵涓涓.图像视觉特征与情感语义映射的相关技术研究［D］.太原：太原理工大学，2010.

❻ 王国江，王志良，杨国亮，等.人工情感研究综述［J］.计算机应用研究，2006（7）: 7-11.

❼ 林新棋.基于模糊理论的电影情感识别［D］.北京：北京邮电大学，2009.

画面图像一般属于人工生成图像，相比于自然图像有其大面积着色、插补生成动画等创作特性，更容易提取画面元素，在情感识别方面有着图像和视频无法比拟的优势。Flash 动画情感语义分析综合了场景分割、特征提取与分析、特征—情感映射等多个环节，是 Flash 动画研究中难度最大、综合度最高的内容。本研究将基于 Flash 动画的视觉场景，建立合适的情感分类模型，分割获得视觉场景并提取视觉场景的代表帧的低层次视觉特征，利用机器学习建立与高层次情感语义的映射关系，最终实现 Flash 动画的情感语义识别。

7.2 多媒体画面情感描述模型

7.2.1 情感分类模型

《现代汉语词典》（第9版）定义情感是"对外界刺激肯定或否定的心理反应，如喜欢、愤怒、悲伤、恐惧、爱慕、厌恶等"。情感特征的分类模型有多种，一般分为离散的和连续的。❶连续的情感模型可以动态描述对象变化的情感历程；离散的情感模型则静态描述对象在固定时间点的情感状态。离散的情感模型有准确的情感类型定位，不同情感采用不同的情感形容词来描述，符合人的情感体验与表达，因此容易被人接受和理解，且方便识别、量化和计算。而连续的情感模型理解和应用都比较复杂。人们习惯用形容词来记录情感：克雷奇❷认为人的基本情感有愉悦、悲伤、愤怒和恐惧四种；谢弗等❸将情感分为恐惧、悲伤、愤怒、惊奇、欢乐和喜爱六类；伊扎德❹研究了人的情绪，并提出了11种基本情绪：恐惧、有趣、厌恶、愉悦、惊奇、痛苦、愤怒、悲伤、害羞、轻蔑和自罪感。由此可知，学者们对于人的情感分类有着不同的观点，存在较大的主观因素。情感的概念也随着心理学和认知科学的发展而不断丰富与发展。

本研究选择相对简单易行的离散情感模型来描述 Flash 动画的视觉场景。在离散情

❶ PICARD R.Affective Computing.United States［M］.Cambridge：The MIT Press，1998.
❷ 克雷奇.心理学纲要（上册）［M］.周先庚，等译.北京：文化教育出版社，1980.
❸ SHAVER P，SCHWARTZ J，KIRSON D，et al. Emotion knowledge：futher exploration of a prototype approach［J］.Journal of personality and social psychology，1987（52）：6.
❹ IZARD C E. Basic emotions，relations among emotions，and emotion−cognition relations［J］. Psychology Review，1992（99）：561.

感模型中，如果粒度太细，神经网络学习就会更复杂，会大大降低识别效率；但情感分类过少，则会遗漏情感信息，使机器学习不充分，从而降低动画情感的识别准确率。因此，本研究需要在两者间找到平衡，合理划分情感类型，以获得更好的情感识别效率和准确率。

结合教育技术中研究者的情感词分类（文献分析），教师和学生检索者可能使用的情感词（调查），Flash 动画制作者要表达的主要情感类型（调研），全面分析网络 Flash 动画资源的画面内容及动画的教学特性。结合需求者的检索习惯，本研究首先确定 12 种情感，依据情感表达的正负作用，将这 12 种情感分为积极情感、消极情感和中性情感三类。积极情感包括温馨、欢快、夸张、幽默、有趣，消极情感包括悲伤、枯燥、繁乱、厌恶、恐惧，中性情感包括平静、激烈。本研究使用 BP 网络对样本库中的动画按照 12 种、8 种、6 种、4 种情感进行训练，然后根据分类结果的准确度来确定本研究最终需要的情感种类，如表 7-1 所示。其中两大主情感指一个动画的情感变化中，包含最多的前两种情感。

表 7-1 不同分类的学习情况

情感种类数 / 个	12	8	6	4
最大主情感正确率 /%	21.02	30.43	32.13	38.74
两大主情感正确率 /%	55.56	76.43	80.18	89.34

由实验结果得知，选择的情感类型越少，则自动分类的正确率越高。这是可以预测到的结果，但种类划分太少，会丢失精度，对情感的描述将不全面。分析发现，当依据 8 类划分时，分类正确率基本满足分类要求；6 种和 4 种时，分类准确率没有明显提高。因此，依据实验结果和动画的教育特性及需求，本研究最终选择 8 类情感形容词作为本研究的情感空间模型，包括 4 种积极情感：温馨、欢快、夸张、有趣；4 种消极情感：悲伤、枯燥、繁乱、恐惧。通过对样本库中 Flash 动画情感的回归统计表明，这 8 类情感能较准确、全面地描述大多数动画样本的视觉场景的情感倾向，基本能满足用户的检索需求。

7.2.2 画面特征提取

要进行 Flash 动画的情感识别工作，首先要提取动画的低层次视觉特征。一个 Flash 动画包含多帧画面，从几帧到上千帧。要分析一个动画的情感语义，将动画的每帧画面进行特征提取是不现实的。而且，动画中的很多画面是补间运算自动生成的过渡帧，大部分的画面内容是相似的，只分析相似帧的一幅即可。根据前述动画的场景结构描述，一个视觉场景中包含的就是视觉特征相似的诸多关键帧。一个 Flash 动画所描述的情感体验会随着故事情节的发展而变化，因此一个动画中可能包含多种情感因素。如一个 MV 中，主人公可能经历从悲伤到开心的情感历程。因此，本研究以视觉场景为单位来分析一个 Flash 动画包含的情感语义内容，既可以避免相似画面的重复分析，又可以用视觉场景的变换来相应获得所描述情感的变化。本研究通过提取视觉场景代表帧的颜色、纹理等低层次视觉特征，映射为该视觉场景要表述的高层次情感语义。

Flash 动画视觉场景代表帧的提取主要包括以下三部分内容。

1. 视觉场景分割

对于视觉场景分割，本研究采用颜色直方图和边缘密度相结合算法来完成。具体的视觉场景分割过程和效果见第六章，此处不再赘述。

2. 获取视觉场景代表帧

如前所述，一个视觉场景包含多个画面帧，其中有普通帧和关键帧。同一个视觉场景的诸多关键帧的画面效果也具有一致性，因此在进行视觉场景的视觉特征处理时，可以采用某一帧或几帧关键帧画面来代表该视觉场景的视觉内容，这一帧或几帧画面本研究称之为代表帧。

代表帧定义为 Flash 动画某个视觉场景的有代表意义的一幅静态图像帧，其一般能代表动画某个视觉场景的主题。代表帧的提取目标是以一幅静止的帧画面来代表一段视觉场景的内容。本研究通过提取代表帧画面的视觉内容特征来代表一个视觉场景的特征。

本研究提取视觉场景代表帧的算法主要基于场景的平均色调，即先计算视觉场景的平均色调，然后选择与场景平均色调最相近的关键帧作为场景的代表帧。具体算法步骤：先计算视觉场景中所有关键帧主色调颜色值的平均值，作为该视觉场景的平均色调；再计算各关键帧主色调与场景平均色调的欧氏距离，选择距离最小的一帧或多幅关键帧作为该视觉场景的代表帧。

3. 视觉场景的视觉特征提取

在获得一个 Flash 动画所有视觉场景及其代表帧的基础上，完成各场景的内容特征提取工作。视觉场景的视觉特征描述该场景的属性和主要内容特征，对这些视觉特征进行提取，并进行索引，以用于后期情感语义的识别工作。色调、纹理、动作、声音、文本、场景切换（节奏）等低层视觉特征均是影响人们情感变化的因素。本研究中采用的神经网络方法和 SVM 方法主要应用视觉场景代表帧画面的主色调、纹理等视觉特征来参与情感语义的识别。

（1）主色调提取。色彩应用在 Flash 动画中具有激发情感、环境渲染、吸引注意力、增强艺术性等重要作用。某种颜色与其所表达的情感有一定的对应关系，如红色使人产生喜庆、热情、愤怒、活力的感觉，蓝色使人有平静、理智、清新的感觉，绿色则会让人产生和睦、宁静、健康、安全的感觉。而每种色彩在饱和度、透明度上略微变化又会产生不同的视觉感受。

从不同角度对颜色进行描述，就形成了 RGB、HSV、Luv、Lab 等颜色空间，不同的颜色空间适用于不同的应用领域。要研究 Flash 动画的主色调主要考虑人观看动画时的视觉一致性。基于这个原则，本研究选择更接近人对颜色主观认识的颜色空间来进行情感分析，这样才能真正描述颜色对情感特征的影响。HSV 颜色空间中，两种颜色之间的距离和人对这两种颜色的视觉差异呈正比，具有视觉一致性，因此更符合人的视觉感知系统。HSV 颜色空间模型中定义了颜色的三个属性：色调、饱和度、亮度。本研究就使用 HSV 颜色空间模型来进行主色调分析。

系统从 SWF 动画文档中提取的图像为 RGB 真彩色图像，需要将 RGB 颜色分量值转成 HSV 颜色值。设 $R,G,B \in [0,1,\cdots,255]$，颜色值转换公式如下：

定义 $r = R/255$，$g = G/255$，$b = B/255$，设 $m = \max(r, g, b)$，$n = \min(r, g, b)$

$$H = \begin{cases} 0, & m = n \\ \dfrac{60(g-b)}{m-n} + 120, & g = m \\ \dfrac{60(r-g)}{m-n} + 240, & b = m \\ \dfrac{60(g-b)}{m-n}, & r = m \,\&\, g \geqslant b \\ \dfrac{60(g-b)}{m-n} + 360, & r = m \,\&\, g < b \end{cases} \qquad S = \begin{cases} 1 - \dfrac{n}{m}, & m \neq 0 \\ 0, & m = 0 \end{cases} \qquad V = m \tag{7-1}$$

$H \in [0,360]$，$S \in [0,1]$，$V \in [0,1]$

本研究主要提取代表帧的五个主色调、平均色及局部色。局部色特征是指视觉场景代表帧中视觉主区的平均颜色，其代表了整幅图像的颜色倾向。如图 7-1 所示，动画主体位于画面主区域的概率会比较大。

图 7-1　画面的视觉主区

（2）纹理。一般一幅图像的纹理特征具有显著的视觉规律，也能反映其情感特征。边线的颗粒感、光滑度和方向度等因素都会给观看的人视觉上的冲击和触发一定的情感体验。例如，颗粒感的强弱会使人感觉明亮或柔和，光滑的边线使人愉悦，粗糙的边线则使人烦躁，错综复杂的边线则让人觉得烦乱、复杂。

共生矩阵提取算法是人们常用的纹理特征统计方法，算法相对成熟。本研究提取了视觉场景代表帧图像的能量、熵、惯性矩、相关性的均值和标准差等 8 个纹理特征。

7.3　网络 Flash 动画学习资源的画面情感识别

Flash 动画视觉场景的情感语义识别过程中首先需要建立情感分类模型，然后运用机器学习获得低层视觉特征与高层情感语义之间的映射关系，如图 7-2 所示。

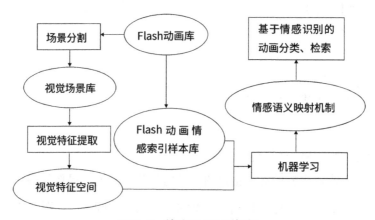

图 7-2　情感语义识别框架

7.3.1　视觉特征数据预处理

神经网络和 SVM 方法利用视觉场景代表帧的颜色和纹理特征进行情感训练，为了便于机器学习，将颜色和纹理数据量化到（0，1）或（-1，1）范围。

归一化公式为

$$x_i = \frac{Q_i - Q_{\min}}{Q_{\max} - Q_{\min}} a + b \qquad （7-2）$$

取 a=0.9，b=(1-a)/2，其中 $Q_{\max}$ 为待归一化数据中的最大值，$Q_{\min}$ 为待归一化数据中的最小值，Q_i 为归一化前的值，x_i 为归一化后的值。

对人的视觉特征进行分析发现，颜色因素对情感的影响要强于纹理因素，因此本研究给颜色和纹理特征值分别设置不同的权重。最终形成的特征数据为 D_{color}=$a \cdot d_{\text{aolor}}$，D_{texture}=$\beta \cdot d_{\text{texture}}$，其中 α+β=1，d_{color} 和 d_{texture} 为内部量化后的颜色和纹理特征值，D_{color} 和 D_{texture} 为外部量化后的颜色和纹理特征值。本研究将两类特征值进行量化处理，是为了整合颜色和纹理特征，使之一起对情感发生作用。经过训练，本研究选择 α=0.6，β=0.4。

7.3.2　情感特征数据获取

结合前述 8 种情感类型，本研究使用 0~5 的六个整数来描述情感的相关度级别，如 0 代表无关，5 表示确定相关，中间等级依次递进。依据此量化标准，由多名实验人员对样本库中每个动画的视觉场景进行标注，具体标注结果如表 7-2 所示。

表 7-2　某一代表帧画面的情感标注结果

视觉场景代表帧	类型	温馨 /个	欢快 /个	夸张 /个	有趣 /个	悲伤 /个	枯燥 /个	繁乱 /个	恐惧 /个
	MV	3	4	3	3	0	0	0	0

本研究对样本库中所有视觉场景的情感标注结果进行整理，方法为：每个情感的标注结果舍去 1 个最高值和 1 个最低值，将剩下的各分值进行平均运算，得到的结果作为该情感的量化值。比如，表 7-2 中的视觉场景的代表帧共 9 人进行标注，在"温馨"这

一栏中标注的结果分别为 2，3，4，3，2，2，1，5，5。去掉 1 个最高分数 5 和 1 个最低分数 1，剩余分数求平均得 3，那么本研究则标注该视觉场景的"温馨"类情感的量化值为 3。按照这种方式将样本库中所有的视觉场景进行标注和处理，得到本研究需要用到的情感特征数据库。

同样，上述方法形成的数据结果取值在 0~5 之间，要作为神经网络的输出判断矩阵则离散性过大，需要对情感数据进一步处理。由于每个视觉场景的各情感都是相对独立的，本研究将获得的情感特征数据除以 5，就能将数据结果控制在（0，1）区间，实现对情感标注数据的量化，这样便可以作为神经网络的输出参数了。

7.3.3 基于 BP 神经网络的情感识别

神经网络 [1] 即 BP 网络，是利用计算机系统建立的一种自学习机制。该机制通过在输入端不停获取数据，调整内部参数，从而使得输出能更好地匹配正确结果。该过程又叫机器学习或训练（详细内容见本书第四章）。本研究就是利用 BP 神经网络通过训练获得视觉场景的低层次视觉特征（如颜色、纹理）到高层次情感语义的映射。BP 神经网络是分层结构，具有 3 层或多于 3 层的神经元网络。一般包含一个输入层、一个输出层和若干个中间的隐含层。层与层之间是全连接，但同层的神经元之间则零连接。训练过程是从输入层开始，途经隐含层，从输出层结束，因此其拓扑结构是简单前向网络结构。

要使用 BP 神经网络进行学习，首先必须确定要建立的网络包含多少层，其实就是要确定隐含层的数量。实际上，1989 年罗伯特·赫克特 - 尼尔森证明了三层的 BP 网络就能够完成任意 n 维到 m 维的映射建立。[2] 如果设置的隐含层太多，则训练网络会变得复杂，训练会耗费更多时间；根据样本数量选择经验，隐含层越多，需要的样本数也越多。因此，实际应用 BP 神经网络时，人们会优先考虑单隐含层的 BP 神经网络。在本系统中，本研究选择的是三层 BP 神经网络。

本研究利用 BP 神经网络对样本库中的 Flash 动画视觉场景的视觉特征和情感特征进行训练，不断调整网络内部的权值和阈值参数，建立低层视觉特征和高层情感语义之间的最优关联，并利用此映射机制作为 Flash 动画情感语义的通用映射方式，从而实现从视觉场景的视觉特征到情感特征的自动分类。

---

[1] 周志华. 机器学习［M］. 北京：清华大学出版社，2016：121.
[2] 鄂加强. 智能故障诊断及其应用［M］. 长沙：湖南大学出版社，2006.

确定使用三层神经网络后，本研究需要确定各层的神经元个数、传递函数与学习函数。

（1）输入层的神经元个数。本研究将输入特征向量的维数作为输入层的神经元个数。上一节提取的颜色特征值和纹理特征值包括主色调（15 个输入项），平均色（3 个输入项），局部色（3 个输入项），能量、熵、惯性矩、相关性的均值和标准差（8 个输入项），共计 29 个输入项。所以，本研究确定 BP 神经网络的输入层上的神经元个数即特征向量的维数共 29 维。训练过程中发现，29 维的输入向量偏多，使得训练速度较慢。为解决这一问题，本研究利用主成分分析法（Principal Component Analysis，PCA）❶舍去原来 5 个主色调中的后 3 个，只保留颜色数最大的 2 个主色调。这样，输入特征向量就成为 20 维。表 7–3 所示是某关键帧画面的 20 维特征向量参数实例。

表 7–3　某关键帧画面的 20 维特征向量参数

	H1	S1	V1	H2	S2
	0	0	0	0	0
	V2	HA	SA	VA	HP
	3	173.81	0.63791	0.58145	120.72
	SP	VP	能量均值	能量标准差	熵的均值
	0.5686	0.7372	0.1178	0.0032	2.5884
	熵的标准差	惯性矩的均值	惯性矩的标准差	相关性的均值	相关性的标准差
	0.0638	0.3710	0.1392	0.0897	0.0004

（2）输出层的神经元个数。本研究建立的神经网络的输出层神经元个数即确定的情感类型数。在第 7.2.1 节中，确定建立的情感空间包含 8 类情感，因此本研究建立的 BP 神经网络的输出层神经元个数即输出向量为 8 维。

（3）隐含层的神经元个数。在神经网络创建过程中，隐含层的维数确定最为复杂也最为重要，直接影响着神经网络的学习性能。通过实验法发现，当隐含层神经元个数为 14 时，映射准确率可以超过 70%。由于隐含层的神经元维数也不能过多，否则会增加学习复杂度，最终本研究确定隐含层神经元的维数为 14。

（4）函数选择。函数选择需要确定传递函数和学习函数。输入数据为颜色特征值和

---

❶　苏键，陈军，何洁．主成分分析法及其应用［J］．轻工科技，2012（166）：12-13.

纹理特征值，量化后的数值都在 0~1 之间，因此从输入层到隐含层的传递函数本研究选择 S 形函数，即式（7–3）。该网络的输出数据是情感特征值，也都量化到了 0~1 之间，因此选择隐含层到输出层的传递函数为 Purelin 函数，即式（7–4）。

$$f(x) = \frac{1}{1+e^{-\alpha x}} \tag{7–3}$$

$$f(x) = kx \tag{7–4}$$

在学习函数的确定上，通过实验测试，本研究获知学习函数为 Trainlm 时，训练效率最高，且得到最理想的训练误差和满意的分类正确率。最终，在建立的神经网络中选择了 Trainlm 学习函数。

（5）参数选择。

①如上所述，构建一个 20–14–8 结构的 BP 神经网络模型。

②对于初始权值，利用 Random 发生器程序，随机生成 –0.5~+0.5 之间的数值作为网络初始权值。

③训练速率选取。训练速率的大小决定收敛速度，训练速率过大，收敛越快，但易引起系统的振荡。训练速率的选取原则为：在不引起振荡的前提下，越大越好。此处值取 0.9。

④依据经验，动态系数选取 0.7。

⑤允许误差取 0.0001。当迭代结果的误差低于该值时，结束计算并输出结果。

⑥ S 形函数参数取 0.9。

最终，本研究建立的 BP 神经网络结构如图 7–3 所示。

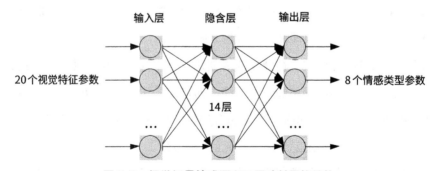

图 7–3　视觉场景情感语义三层映射网络结构

7.3.4 基于 SVM 的学习过程情感识别

支持向量机（Support Vector Machine，SVM）是一类按监督学习（Supervised Learning）方式对数据进行二元分类（Binary Classification）的广义线性分类器（Generalized Linear Classifier），其决策边界是对学习样本求解的最大边距超平面（Maximum-margin Hyperplane）。[1]SVM 是基于结构风险最小化原则和统计学习理论提出的一种机器学习算法，其本质为核方法，在解决非线性、小样本和高维模式识别问题中表现出了诸多优势。

SVM 通过非线性变换将低维空间的输入数据映射到高维特征空间中，实现低维线性不可分的数据在高维空间的线性可分，得到最大间隔分类超平面 $f(x) = \omega^{\mathrm{T}} \varphi(x) + b$。数据在高维空间中被此超平面分割，从而达到数据分类的目的。因此，SVM 分类的目标就是找到该超平面。对于线性可分（Linear Separability）的数据，如图 7-4 所示，实线就是要找的超平面，虚线是间隔边界。

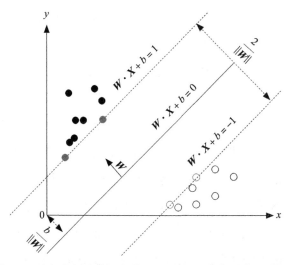

图 7-4 特征空间线性可分的 SVM 超平面和间隔边界的定义

所有在上间隔边界上方的样本属于正类，在下间隔边界下方的样本属于负类。两个间隔边界的距离 $d = \dfrac{2}{\|W\|}$ 被定义为边距（Margin），位于间隔边界上的正类和负类样本为支持向量（Support Vector）。

---

[1] VARNIK V. Statistical learning theory [M]. New York：Wiley，1998.

非线性可分的支持向量机对应的目标函数如下：

$$\min(\frac{1}{2}\boldsymbol{\omega}^{\mathrm{T}}\boldsymbol{\omega}+C\sum_{i=1}^{N}\xi_i)$$

$$\text{s.t.} \quad y_i(\boldsymbol{\omega}^{\mathrm{T}}x_i+b)\geqslant 1-\xi_i, \quad \xi_i\geqslant 0; i=1,2,\cdots,N \tag{7-5}$$

式中，ω 为权系数向量；b 为常量；C 为惩罚系数（该系数控制着对错分样本的惩罚程度，具有平衡模型复杂度和损失误差的作用）；ζ_i 为松弛因子，用来调整分类面允许分类过程中存在一定的错分样本。

7.3.5　基于 CNN 的情感识别

上述两种情感分类方法是依据图像的视觉特征来训练得到映射的情感，Flash 动画的画面视觉特征主要应用了颜色和纹理特征。本节要介绍的卷积神经网络则不需要图像特征提取，而是利用卷积计算来进行情感识别工作，将图像的视觉特征提取与人工神经网络的模糊分类结合起来，从而避免了前期复杂的图像处理与特征提取过程，同时利用局部感知区域、共享权重和空间池化来减少运算复杂度。

卷积神经网络包括了卷积操作和池化操作，其中卷积操作模仿的是简单视觉神经细胞对边缘信息的处理方式，池化操作模仿的是复杂视觉神经细胞对相近的简单细胞输出结果的累计。卷积神经网络包含多个处理层，每个层又包含一个或多个卷积层和池化层。最初的卷积层的输入是图像的像素值，输出则送入池化层进行累积，累积结果即从像素值提取的特征图像。此结果再向下逐层传递，经过多层卷积和池化，最终对输出层进行模糊分类。此网络同样包含了大量的网络参数，经过反复样本训练，最终稳定系统的特征参数，后续便可利用此参数组合进行情感的识别或分类。CNN 与 BP、SVM 的区别是直接从像素值来确定特征参数，而不是提取视觉特征用于训练特征参数。本研究根据多媒体画面图像的特点，设计了 9 层的卷积神经网络，结构如图 7-5 所示。

多媒体图像的相邻像素在空间上是有关联性的。每层卷积神经网络就像一组数字滤波器，图像的像素值经过滤波器的非线性变换后会获得图像的某些特征，并将此特征作为新的特征图像输入后续的卷积层进行过滤。输入图像的特征被层层卷积求和，加上偏置，再经过激活函数可获得最终的情感特征图像。卷积层每个神经元的输出为

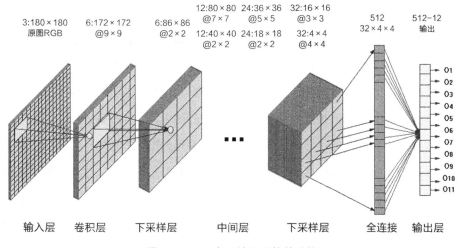

图 7-5　9 层卷积神经网络的结构

数据来源：刘瑞梅，孟祥增 . 基于深度学习的多媒体画面情感分析 [J] . 电化教育研究，2018（39）：1.

$$y_j^l = f_j^l\left(I_j^l\right) = f_j^l\left(\sum_{i=1}^{N_j^{l-1}} w_{ij}^l * y_i^{l-1} + b_j^l\right) \tag{7-6}$$

式中，* 表示卷积运算；y_j^l 为第 l 层的第 j 个特征图像（公式输出值）；y_i^{l-1} 为第 l-1 层第 i 个神经元的特征图像，也为第 l 层的输入图像（l=1 时，为原始输入图像）；w_{ij}^l 为第 l 层第 j 个特征图像与前一层第 i 个特征图像的卷积核，即单个像素的响应；b_j^l 为第 l 层第 j 个神经元的输入偏置；N^l 为第 l 层特征图像的数量；N_j^{l-1} 为第 l 层第 j 个特征图像与第 l-1 层特征图像连接的数量，一般为全连接，即 $N_j^{l-1}=N^{l-1}$；$f_j^l(\ )$ 为第 l 层的激活函数，对于此函数本文使用 S 形函数。

图像的二维卷积运算表示如下：

$$\begin{aligned}w_{ij}^l\left(m,n\right)\otimes y_i^{l-1}\left(m,n\right) &= \sum_{u\in U}\sum_{v\in V} y_i^{l-1}\left(m-u,n-v\right)w_{ij}^l\left(u,v\right)\\ &= \sum_{u\in \overline{U}}\sum_{v\in \overline{V}} y_i^{l-1}\left(m+u,n+v\right)\overline{w_{ij}^l}\left(u,v\right)\end{aligned} \tag{7-7}$$

式中，$w_{ij}^l\left(m,n\right)$ 为二维卷积核，$\overline{w_{ij}^l}$ 为 w_{ij}^l 的 180° 镜像，U,V 为卷积核的作用区域（取值不为零的区域）。

由此可见，卷积运算是对图像中每个点的领域内的像素进行加权求和运算，权重是卷积核相应位置的值，领域是卷积核的作用域。所以，二维图像的卷积运算输出值取决于输入图像和卷积核的卷积值，以及偏置和激励函数的非线性映射。卷积运算体现了图像中局部区域内像素间的关系，从某个方面表达了图像的视觉特征。

本研究利用已经标注了情感值的多媒体画面图像训练样本来调整深度卷积神经网络的内部参数。目前训练前馈神经网络最常用的方法是误差反向传播算法，即使用训练样本的初始数据作为输入，经过各隐含层的卷积，得到输出特征值并与标注的情感值进行比较，再将误差反向逐层向前传递，此过程将误差分摊给各隐层，计算卷积神经网络中各内部参数的等效误差来调整卷积神经网络的内部参数（如每个神经元的权重和阈值），反复循环与调整，直至输出结果与样本标注值的误差减少到期望值或达到期望的训练次数为止，此时可得到卷积神经网络的稳定卷积参数以使得输出与标注的情感值误差最小。

7.4 实验结果综合分析

依据第三章内容，先对样本库中的 Flash 动画进行视觉场景的分割，共获得 2819 个正确的视觉场景，再筛选掉一些画面情感内容描述模糊的场景，最终使用 2436 个正确的视觉场景来完成本次实验。本研究将 2436 个正确场景的情感类型进行人工标注，并自动提取各场景的视觉特征，建立视觉场景的视觉特征——情感数据库。多媒体画面的情感标注由教育技术学专业的 100 多名本科生完成，每幅多媒体画面图像包含 8 个情感的强度标注，每幅图像由 10~12 人标注，取其平均值。然后将该库的 3/4 作为训练样本库，共计 1827 个样本；剩余的 1/4 作为测试训练结果的测试样本库，共计 609 个样本。对情感语义识别实验，本研究选择训练样本库的场景数据，分别利用 BP 神经网络、SVM 和 CNN 三种机器学习算法进行训练，获得视觉场景情感识别网络的最佳阈值参数组合，然后用训练好的神经网络对测试样本库的样本进行情感分类，分析分类准确率。本研究采用识别准确率来描述视觉场景情感识别的效果，其公式为

$$识别准确率 = \frac{准确识别的样本数量}{样本总数量} \times 100\% \quad (7-8)$$

（1）BP 神经网络实验。对 BP 神经网络学习，本研究采用 MATLAB 自带的神经网络工具箱（Neural Network Toolbox/Data Manager），工具箱主界面如图 7-6 所示。

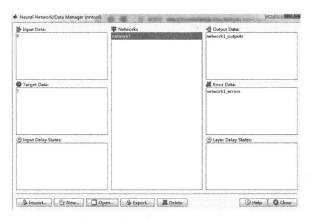

图 7-6　神经网络工具箱主界面

　　工具箱中的 Import 按钮用来导入数据，即输入数据和目标数据；Export 按钮是输出数据用，用来导出结果数据；Simulate 是仿真按钮；Train 为训练按钮，单击后要设置最大训练步数和最大训练误差；New Network 按钮是该应用的核心，用来调整输入数据的范围，选取训练函数及设置各层神经元的个数和传递函数，创建新的网络，其界面如图 7-7 所示。

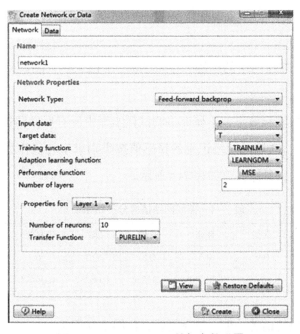

图 7-7　New Network 按钮参数设置

　　本研究对训练库中 1827 个样本使用该网络完成学习，当学习结果的误差达到预期误差 0.0001 时，实验获取的误差曲线如图 7-8 所示。

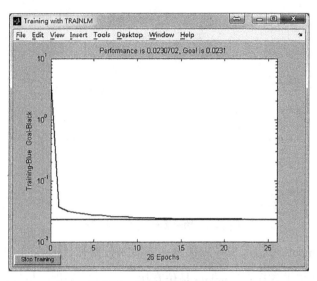

图 7-8 神经网络误差曲线

神经网络学习结束后，就获得了该网络从输入层到隐含层及隐含层到输出层的最佳连接权值和阈值矩阵。本研究利用该矩阵对测试样本库中的视觉场景进行情感识别。针对一个视觉场景的输入数据，其 8 个输出数据中的最大值即认为是该视觉场景的情感类别。此识别结果再与测试样本库中人工标注的情感值比对，如果值相同则为该识别正确。

最终，经过 BP 神经网络的训练与学习，609 个视觉场景测试样本的识别准确率达到 82%。

为便于宏观分析实验效果，本研究将测试样本库中所有视觉场景的情感值按类别取平均值作为目标值，BP 神经网络识别的情感值按类别求平均值作为实验结果值，将两个均值进行比较汇总，具体数值如表 7-4 所示。

表 7-4 神经网络情感分类结果汇总

情感分类	温馨	欢快	夸张	有趣	悲伤	枯燥	繁乱	恐惧
目标	0.8	0.9	0.5	0.8	0.1	0.1	0.5	0
结果	0.7765	0.86268	0.50712	0.81836	0.06272	0.064718	0.27854	0.007166

根据表 7-4 给出的情感均值，绘制折线，如图 7-9 所示。

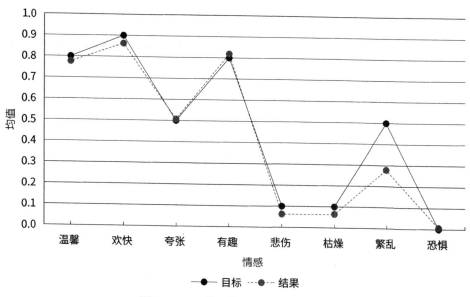

图 7-9　BP 学习的情感均值折线对比

图 7-9 在一定程度上能反映神经网络进行 Flash 动画情感分类的好坏，可见 BP 神经网络算法在视觉场景的情感分类方面具有较好的分类结果，目标曲线和实验结果曲线基本一致，只是在"繁乱"的情感识别时出现一些偏差。通过分析发现，表示"繁乱"情感的动画画面内容太过丰富，且变化没有规律，在识别时会产生较大的干扰。后期可以考虑专门对"繁乱"情感内容的 Flash 动画进行训练，提高其识别效率。今后可通过该 BP 神经网络对网络 Flash 动画资源进行情感分类，并建立索引数据库来提高检索效率，以满足网络用户的检索需求。

（2）SVM 识别实验。SVM 进行数据分类时，可以选择一对多或一对一两种策略。多媒体画面多为人工生成画面，颜色、纹理特征明显且易分辨，因此选择一对一分类策略。支持向量机学习的关键在于核函数的选择。自己构造核函数很难验证任意输入的准确性，因此都是选择使用现成的核函数。目前常用的核函数有多项式核、径向基函数核、拉普拉斯核、Sigmoid 核等。多项式核的阶为 1 时，即线性核，对应的非线性分类器就退化为线性分类器。在前期实验过程中发现径向基核函数获得的结果更符合预期值，因此此处我们选择高斯径向基核函数。SVM 的惩罚因子 C 对识别效果也有着重要的作用。本研究采用遗传算法对 C 进行优化后选用最优参数参与 SVM 的训练和识别操作。

本研究采用 R 语言实现支持向量机来进行多媒体画面图像的情感分类实验。建立模型过程中，选用的是 R 语言自带的 kernlab 包中的 ksvm( ) 函数，最终，经过基于 SVM 算法的训练与学习，609 个视觉场景测试样本的识别准确率达到 84%。稍好于 BP 神经网络算法的识别成功率。

同样，将库中人工标注的情感均值和 SVM 识别的情感均值进行比较，结果如表 7-5 所示。

表 7-5 SVM 情感分类结果汇总

情感分类	温馨	欢快	夸张	有趣	悲伤	枯燥	繁乱	恐惧
目标	0.8	0.9	0.5	0.8	0.1	0.1	0.5	0
结果	0.7034	0.81332	0.55301	0.90125	0.09854	0.08785	0.30213	0.00615

根据表 7-5 给出的情感均值，绘制折线，如图 7-10 所示。

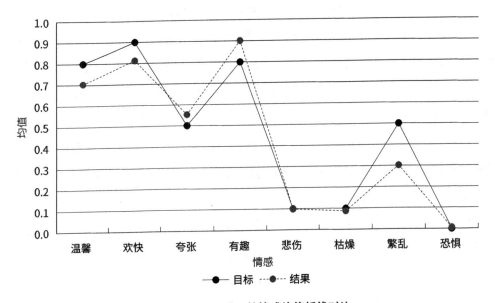

图 7-10 SVM 学习的情感均值折线对比

由图 7-10 可知，SVM 算法获得的分类结果曲线也和目标曲线基本一致，在"繁乱"的情感识别时的偏差较 BP 神经网络有了改进，更接近目标曲线。总体上，SVM 算法要优于 BP 神经网络学习算法获得的实验结果。

（3）卷积神经网络实验。如前所述，本实验库共获得 2436 个正确的视觉场景，利用其代表帧作为训练样本和识别样本。利用 1827 个训练样本对上述卷积神经网络进行训练，经过 8000 次训练后，卷积神经网络的权重和偏置调整 1827×8000=14616000 次，输出值基本达到标定值，平均误差很小。再对 609 个识别样本进行情感识别，最终经过基于 CNN 算法的训练与学习，609 个视觉场景测试样本的识别准确率达到 85%，是三种算法里分类效果最好的算法。如果使用更多的样本数据来训练 CNN 系统，会得到更好的识别准确率。

同样，将库中人工标注的情感均值和卷积神经网络识别的情感均值进行比较，结果如表 7-6 所示。

表 7-6　卷积神经网络情感分类结果汇总

情感分类	温馨	欢快	夸张	有趣	悲伤	枯燥	繁乱	恐惧
目标	0.8	0.9	0.5	0.8	0.1	0.1	0.5	0
结果	0.8011	0.87217	0.49226	0.80879	0.08765	0.089323	0.40213	0.005187

根据表 7-6 给出的情感均值，绘制折线，如图 7-11 所示。

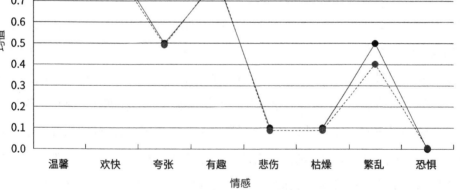

图 7-11　卷积神经网络学习获得的情感均值折线对比

由图 7-11 可知，从训练结果上看，深度卷积神经网络能够更好地接近多媒体画面训练样本的情感值，可以用于对其他来源的多媒体画面图像的情感进行估计。在"繁乱"情感的估计中也获得了较好的效果。分析原因为 CNN 算法不是基于提取的视觉特征来进行分类，所以画面的复杂度对识别结果影响不大，各情感类别的识别能达到均衡。

（4）网络 Flash 动画画面情感数据分析。学习资源画面的情感内容对学习者的学习兴趣、学习状态等都有重要的影响。本节主要分学段、学科和教学方式来分析网络 Flash 动画学习资源的画面情感特征，以帮助进行网络 Flash 动画学习资源的管理与检索。

通过前述三种机器学习算法分类实验，本研究选择识别效果最好的卷积神经网络深度学习算法来对 Flash 网络动画库中的资源进行情感估计，用训练好的深度卷积神经网络对每幅多媒体画面的 8 种情感值进行估计，并分类进行分析。Flash 网络动画库是我们从各教育网站、微课网站、慕课网站等爬取的大量 Flash 动画，经过滤，去掉广告、菜单等无效动画后得到的教育特征明显的 Flash 动画学习资源库，共计 4808 个动画。通过第三章介绍的视觉场景分割算法和关键帧提取算法，共获得 135287 个代表帧；除去场景画面相似的代表帧，最终选择特征明显的 8251 个多媒体画面。由此可推出每个动画能包含 3~4 种情感。实验可知，不同学段、不同学科、不同教学方式的 Flash 动画画面的情感估计的平均值与训练样本图像的情感估计的平均值分布形状基本一致，说明利用深度卷积神经网络进行的画面情感估计是可信的。但不同学段、学科和教学类型的动画画面在 8 个情感维度上的估计均值略有不同，正体现了不同学段、不同学科和不同教学方式的 Flash 动画的画面情感内容侧重点的多样性。

不同学段的 Flash 动画画面的情感差异：不同的学段对应着不同的年龄段，而不同年龄段的学生其心理成熟度不同，对同样的画面的情感体验很不一样，因此各教学动画的画面设计会具有年龄特征。本研究将搜集到的 Flash 动画在学段方面分为小学教育、中学教育和高等教育三个类别，分别识别其画面情感特征进行分析。如图 7-12 所示，不同学段的 Flash 动画在积极画面情感特征上差异明显，而在悲伤、枯燥、繁乱、恐惧等消极情感特征均值上又区别不大。分析原因为消极情感在各学段 Flash 教学动画中应用较少，而主要使用积极情感的画面来调动学习气氛、激发学习兴趣。但在高等教育阶段，悲伤消极情感应用较多。画面活泼、动态多变也是 Flash 动画的优势所在。其中，欢快、夸张、有趣的情感在小学教育中表现强烈，温馨情感则主要体现在中学和高等教育的动画画面中，这与各学段的教学需求是相吻合的。

不同学科的 Flash 动画画面的情感差异：不同的学科教学目标不同，需要的画面情感表现也不同。本研究将 Flash 动画学习资源分为数学、语文、英语、音乐、美术、生物、物理、化学、科技及其他各类。如图 7-13 所示，同样的在各学科中部分情感体现差别不大，但某些情感体现又区别明显。其中英语、音乐、美术类动画中，温馨、欢快、夸张、悲伤、有趣等情感体验较强；而繁乱、枯燥的情感则主要体现在科技、数学、物理、化学类动画中；恐惧的情感元素在教学课件中体现均较少。这说明了在艺术培养等动画设计中更注重情感元素的融入，便于表达教学内容。而在注重知识传授的人文类动画中则较少考虑情感元素，主要依赖文字表达、动态展现知识内容，画面便表现出了枯燥的情感。

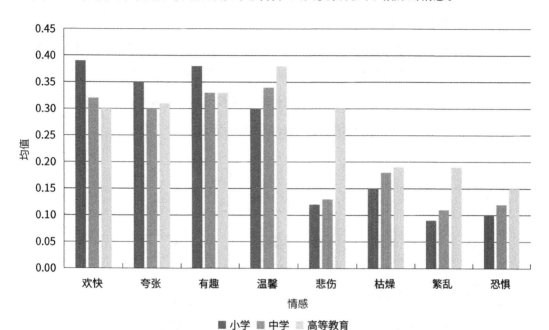

图 7-12　不同学段的 Flash 动画画面的情感差异

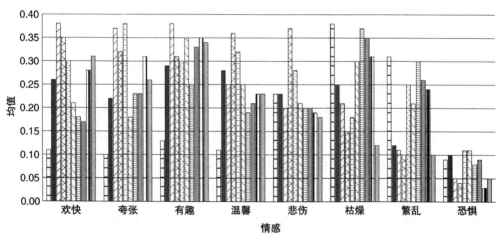

图 7-13　不同学科的 Flash 动画画面的情感差异

不同教学方式的 Flash 动画画面的情感差异：针对不同教学环境、教学功能，动画又分为不同的教学方式。适合不同教学方式的动画在画面呈现特征上也各不相同。将 Flash 动画学习资源分为讲授型、练习型、实验型、情境型、娱教型五种方式来分析画面情感估计均值特征。如图 7-14 所示，不同教学方式的 Flash 动画在情感表现上差别明显。练习型动画画面情感主要体现枯燥的情感，实验型、讲授型动画则主要体现有趣的情感，情境型和娱教型动画则注重欢快、夸张、温馨等情感描述。在悲伤、繁乱、恐惧等消极情感表现方面，各教学方式的动画体现差别不大。这也进一步说明了在 Flash 教学动画的设计中，大多注重积极情感的融入，而对消极情感则应用极少。

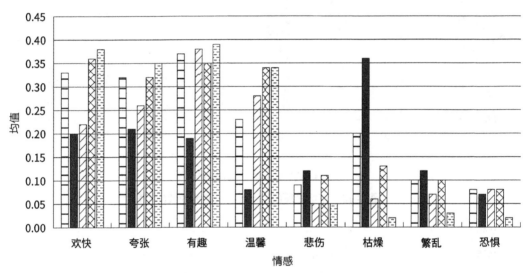

图 7-14　不同教学方式的 Flash 动画画面的情感差异

上述分析对教学设计、多媒体动画创作等具有指导意义。在教学设计过程中，针对不同的教学目标、教学环境、学段、学科等要选择包含不同情感内容的媒体动画来辅助创设教学情境。如针对小学教育，多选择传递积极情感内容的 Flash 动画来引入教学，培养学生积极的学习态度和学习兴趣；而针对高等教育，则需要选择注重知识传递的中性情感型教学动画。在教学动画创作时，除了要传递知识，注重画面美观的同时，还要根据教学目标、学段、学科等融入相应的情感元素。例如，小学阶段的娱教型教学动画设计时，要重点体现温馨、欢快、夸张、有趣等积极情感，画面颜色以亮色为主，动态元素使用较多，而练习型、实验型的教学动画则不主张欢快等积极情感的使用。

7.5　情感特征分类总结

情感语义属于动画高级层次的特征，以人的主观需求和感受为出发点，根据情感层内容对 Flash 动画进行分类和检索，得到的分类检索结果可以更符合人类的认知习惯是未来 Flash 动画分类和检索的研究方向。而视觉场景作为描述 Flash 动画故事情节的基本单元，适合用来进行情感语义的识别工作。本章主要研究 Flash 动画视觉场景的颜色和纹理等低层视觉特征到高层情感语义特征的映射规律。研究思路为对网络下载并整理的 Flash 动画使用边缘密度分割算法进行视觉场景分割，将得到的正确的视觉场景分别建立训练样本库和测试样本库，并提取各视觉场景的颜色和纹理视觉特征；选择离散的情感分类模型对上述样本库进行情感标注，采用了 8 种情感形容词来描述情感：温馨、欢快、夸张、有趣、悲伤、枯燥、繁乱、恐惧；对训练样本库的样本，利用 BP 神经网络、SVM、卷积神经网络等学习方法进行训练，得到视觉场景的视觉特征到情感形容词的映射网络；利用得到的情感语义映射网络对测试样本库中的样本进行情感语义识别，分析识别准确率。实验结果表明，深度学习算法训练得到的映射机制最优。

研究分学段、学科、教学方式分别获取网络 Flash 动画学习资源的情感特征进行分析，得出各类动画在情感特征体现上的差异，对有针对性地选择教学动画类型、创设教学情境、创作多媒体教学动画、进行情感传递具有积极意义。

Flash 动画情感语义分析综合了视觉场景分割、视觉特征提取、情感模型选择、情感映射等 Flash 动画内容分析工作的各个研究环节，是基于内容的 Flash 动画检索系统中难度最大、综合度最高的研究方向之一。该研究虽然取得了较好的效果，但也存在不足，如可以考虑结合颜色或亮度等视觉特征来提高 Flash 动画视觉场景的分割准确率和分割效率。情感语义识别部分本研究仅仅参考视觉场景的颜色和纹理等低层特征，今后考虑结合更复杂的形状、文本、音频等特征来进行情感语义映射；使用更多的样本数据来提高训练强度，以进一步提高多媒体动画画面的情感识别准确率。

第 8 章　基于内容结构的网络 Flash 动画学习资源检索系统

随着教育信息化的发展，网络上的学习资源越来越被广大教育者和学习者重视，网络学习资源建设也成为教育资源建设的重点。人们开始基于网络开展学习活动，并开始依赖网络获取学习资源。中国的用户一般通过百度来查询资源，其他搜索引擎如搜狗、雅虎等则使用较少。作为网络学习资源重要组成部分的 Flash 动画，在各大搜索引擎中的检索效率普遍不高。这就需要有新的算法和平台来解决网络 Flash 动画的检索问题。现有搜索引擎中的 Flash 动画索引是基于动画中的关键字或动画所在网页的上下文，而没有根据动画的内容特征来建立索引，这也是当前 Flash 动画检索效率低下的主要原因。基于此问题，本研究开发了此网络 Flash 动画学习资源检索系统，目标是通过整合与分析网络上的 Flash 动画学习资源来提高广大学习者的检索效率。

数据库平台由本地动画数据库和视觉特征索引数据库组成。动画爬取程序从网络上获取 Flash 动画及其所在网页，存入本地动画数据库。然后由视觉特征提取程序分析本地 Flash 动画，将提取的各动画的视觉特征进行分析与整理，存入视觉特征索引数据库，以供用户检索平台使用。

用户检索平台则用于网络用户检索所需网络 Flash 动画。动画需求者向平台输入关键词或选择相应检索项目，平台处理请求，到视觉特征索引库中查询符合要求的记录，返回给用户。

本研究正是从 Flash 动画的特征属性入手，将其所特有的名称、关键词、逻辑场景数、类别、交互性、视觉场景数等特征属性存入 SQL Server 数据库。以当下成熟的

Lucene 搜索技术为基础，从数据库中提取数据，并对数据进行分析。然后对这些分析之后的特征属性使用倒排索引技术生成索引文件，最后对这些索引文件进行 Flash 动画的检索和检索结果生成，从而实现对 Flash 动画的高效检索。由于当前网站中多数 Flash 动画并非教育资源，在这里将对属于教育资源的课件类进行人工分析。根据大量的分析和总结，参照一些重要理论和文献，将教育类的 Flash 动画按照教育性、艺术性、技术性和适用环境性 4 个方面进行应用分析。找到其应用在教育中的一些特性，探索其中的深度含义，从而使教育类的 Flash 动画能够在教育资源大家族中发挥其重要作用。再分析检索系统的应用领域，对其中的一个应用领域进行简单的应用，并总结应用的效果和对系统的改进意见。

本系统一方面为 Flash 动画这一重要的多媒体资源进行高效、准确、全面的检索，另一方面则将教育类 Flash 动画进行教育应用研究，使 Flash 这种重要的教育学习资源可以从教育性、艺术性、技术性和适用环境性 4 个应用方面清晰地展现给不同学科和不同阶段的教师和学生，更好地发挥其作为多媒体教育资源的特性。以期望该检索系统能在教育教学中得到广泛应用。

8.1　检索系统研究现状

随着网络上信息的几何级增长，信息检索成为网络用户必须掌握的一个技巧。百度、谷歌、雅虎等搜索引擎的功能也越来越完善。搜索引擎由网络爬行器、索引器、用户接口和检索器四个部分组成。❶ 系统运行流程为：先由网络爬行器采用一定的算法通过各种网络协议访问、分析、下载网页资源并提取页面包含的链接，后按照相应规则循环访问网络相关链接；索引器对网络爬行器采集到的网页进行文档特征分析、提取、分类，并按照相应索引算法建立索引数据库；用户通过用户接口输入查询请求，检索器分析查询请求并使用相应的检索算法从索引数据库中找到与查询请求匹配的数据，并返回给用户。

信息检索技术分为基于文本的检索和基于内容的检索。基于文本的检索主要是对网页中的文本内容进行分析与索引，将用户的检索需求与网页文本内容进行匹配，底层主

---

❶ 李瑞芳，杨娜. 主题搜索引擎的研究［J］. 微型机与应用，2009（28）：19.

要是进行关键字匹配，根据文本文档中关键词的出现频率筛选出网页返回给用户，准确率相对较高。目前大部分的搜索引擎仍保留了基于文本的检索算法。

随着网络及多媒体技术的发展，基于文本的信息检索逐渐变得无法满足用户的检索需求。某些多媒体数据（如图形、图像、动画、视频、声音）往往在网页上下文中找不到相关的文本内容，搜索引擎也没有对网络中的这些多媒体信息进行有效的索引，所以这会使用户检索不到自己想要的多媒体数据。基于内容的多媒体信息检索技术 CBR（Content Based Retrieval）则完善了这项工作。

基于内容的检索主要利用图像处理、模式识别、计算机视觉、图像识别等技术对多媒体数据的内容进行分析，并根据网页上下文环境进行相关性检索。检索系统通过对图像、视频、动画、音频等的内容进行分析，提取内容特征，并将这些内容特征进行索引，并建立数据库。这种检索基于相似度来进行模糊查询并获得检索结果。不同的多媒体信息具有不同的内容特征，如图像中的对象特征、颜色、纹理、形状，视频中的镜头、场景、人物或动物的运动，音频中的音调、响度、音色，动画中的对象旋转、缩放、移动等。

不同多媒体信息检索的发展不同，所用的关键技术和方法也不同，但基本检索流程相似。先是通过网络爬行器对相关主题进行网页和多媒体数据爬取；然后使用内容特征提取器进行多媒体数据的内容特征获取，索引器按照相应算法建立索引；用户输入检索请求；检索器使用相应检索算法将用户检索请求与索引库中的特征数据进行相似度匹配，将最相似的结果反馈给检索用户。

IBM 的 QBIC 系统是较早的基于内容的图像检索技术系统，支持用户输入示例图像和手绘草图来进行检索。美国伊利诺伊大学厄巴纳—香槟分校的 MARS 系统、麻省理工学院的 Photobook、加利福尼亚州大学伯克利分校的 Digital Library Project，以及哥伦比亚大学的 VisualSeek 等，都能够基于图像内容进行检索。MARS 系统能整合不同的视觉特征以构建有意义的检索体系，代替单个的最佳特征表示，这样可以动态地适应不同用户的检索需求。在基于内容的视频检索方面，IBM Almaden 的 QBIC 系统、美国哥伦比亚大学的 VisualSeek 系统与 VideoQ 系统等都能够对视频内容特征进行较好的提取与索引。

目前，各大搜索引擎和 Flash 动画专题网站主要基于文本与关键字对 Flash 动画进行检索。部分学者也研究了基于内容的 Flash 动画检索，但还没有一个成型的检索系统，具体研究现状见第一章。

8.1.1　搜索引擎的研究现状

进入 21 世纪，随着信息资源的大爆炸，网络技术和资源呈现几何式增长，人们获取自己想要的信息变得越来越困难。在这个大背景下搜索引擎应运而生，作为互联网的检索技术，通过它可以将互联网上的信息进行整合，为用户提供全面准确的信息。

搜索引擎其实是一个 Web 网站，但有其自身的特点，主要是其特有的数据库资源和目录导航不同。搜索引擎索引的数据以网站为主，其运行原理包括以下 4 点。

第一点：通过机器或人工的方式把某一类信息资源输入特定数据库中，用于保存特定资料，也被称为数据源，是搜索引擎的资料库。

第二点：为了方便网站检索，一般需要根据数据库中的数据建立检索索引，就相当于字典的目录一样，可以根据目录查找自己所需要的信息，一般以索引文件的形式存在。

第三点：建立检索界面，以方便用户为原则，为用户提供友好界面，方便其通过输入文字或者选择条件的方式提出检索条件，进行检索。

第四点：当用户的检索条件确定后，对用户的检索结果进行过滤，并按照某种规则进行结果排序，使返回结果更接近用户想要的信息资料。

这样用户就可以通过一个界面输入自己的检索条件，搜索引擎会在浩如烟海的数据库中查找出用户想要的结果。

随着网络的大应用和大推广，针对某一特定的领域建立垂直检索系统受到了越来越多的关注，它往往是专业级别的网址，对某一特定问题、特定行业、特定资源进行检索，如一些教育类网站、程序开发网站和新闻论坛系统等。当用户检索信息时，本系统中的资源仅仅包含某一主题资源。所以返回给用户的也是某一类特定资源，这样也很好地提高了检索的信息度问题，从而提高用户的满意度。而 Flash 动画的检索系统也是针对对 Flash 动画感兴趣的教师、学生和 Flash 制作爱好者等用户，属于特定的领域，而且需要根据实际需求进行开发。因此，本研究选择面向 Flash 领域的垂直检索系统开发方向。

针对这种情况，在垂直检索系统的研究中发现很多检索技术，而且这些技术为了能够吸引更多人才投身于技术的开发和使用都选择了开源的形式，如 Lucene、Nutch 等。由于技术的开源也为本研究使用这类技术提供了可能，这些开源的检索系统都具有其各自的特点，通过研究分析，本研究使用 Lucene 检索技术开发系统，以下对 Lucene 技术的特点进行总结。

（1）文本分析特点。Lucene 拥有独立于语言和文件格式的文本分析接口，索引生成时可以接受以流的形式来分析数据并生成文件，开发者只需要实现文本分析的接口即可。

（2）索引特点。①索引文件特点，索引文件格式是由 Lucene 自己定义的文件格式而且以二进制存储形式存在，这就保证了跨平台跨系统的开发和使用，而且索引文件通常通过优化的索引方式存储，占用空间小；②索引生成策略特点，使用倒排索引的方式生成，这能够很好地提高检索速率，Lucene 有很多方式对索引的生成和管理进行设置，保证了很好的扩展性。

（3）检索特点。Lucene 拥有一系列强大的查询方式，开发者不用自己编写代码就可以使系统获得强大的查询能力，Lucene 的查询实现中默认实现了布尔操作、模糊查询（Fuzzy Search）、分组查询等，开发者只需要对其特点使用情况进行参数的设置即可。

（4）Lucene 学习特点。Lucene 设计按照面向对象语言的设计规范，设计中的很多接口、类、方法都做到了见名知义，使其学习难度大大降低，使用时可以参照 Lucene 技术文档进行学习和开发，学习途径广泛，可以访问 Lucene 官网（http：//lucene.apache.org/），也可以阅读相关开发书籍，都会降低开发难度和提高开发效率。

（5）Lucene 开发特点。目前，Lucene 已经应用于很多的开发领域，但由于 Lucene 主要是由 Java 开发的，其需要专业的 Java 编程技术才能得以开发。虽然 Java 语言被广泛应用，但也不是所有的领域和程序员都会使用。为了使 Lucene 得到广泛应用，Lucene 发展了很多移植版本，如 Lucene.Net 将 Lucene 的 Java 代码完全转换为 C# 代码形式，CLucene 是基于 C++ 的 Lucene 移植开源项目和 KinoSearch 使用 C、Perl 采用松散移植的版本等。它们的效率和 Java 原版相差不大，都是为了各种语言使用者方便开发 Lucene 的目的。

研究者正是由于希望使用 Lucene，但对 Java 缺乏开发经验，而对 C# 比较了解，并有一定的开发经验，所以选择了 C# 版本的 Lucene，这里特指 Lucene.Net 开发系统。Lucene.Net 开发系统是于 2004 年在 SourceForge 上作为 dotLucene 项目开始的，并于 2006 年进入 Apache，在 2009 年成为 Lucene 的子项目。Lucene.Net 的概要如表 8-1 所示。

表 8-1　Lucene.Net 的概要

移植属性	特色
移植类型	本地移植
开发状态	稳定
活跃程度	开发和用户使用都处于活跃状态
是否兼容 Lucene 索引格式	是
是否兼容 Lucene API	是

Lucene.Net 的性能与 Lucene 的 Java 版类似，而且基于 Lucene 2.3.1 版本的性能测试结果显示，Lucene.Net 版性能要高于 Lucene Java 版 5% 左右。在其他版本中，它们的性能也旗鼓相当。Lucene.Net 使用 C# 语言编写，但是其 API 与 Lucene 的 API 几乎一样，仅有的差别是 Java 的方法名是以小写字母开头，而 C# 是大写字母开头命名。所以在使用 Lucene.Net 版时，几乎可以完全参照原始 Lucene 的版本进行开发。这也给 Lucene 的推广使用提供了很大的便利和发展空间，几乎当前所有的开发人员都可以使用自己熟悉的语言进行相应的 Lucene 的开发和应用。

通过上述分析，使用 Lucene.Net 开发垂直检索系统是个很好的选择。

8.1.2　面向教育搜索引擎的应用现状

当今，国内外教育领域都使用搜索引擎来处理越来越庞杂的教育学习资源。虽然 Flash 动画这种教育资源在近十年也得到了快速发展，但由于 Flash 动画多媒体信息出现的时间较晚，其研究和应用的程度也无法和其他几种多媒体资源相提并论，但毋庸置疑 Flash 动画在教育教学方面发挥了巨大作用。

在当前国内教育资源网站中，全文检索的应用效果不是很友好，许多资源网站也没提供搜索的功能或实现了功能却达不到学习者的满意度，有一些网站加入了商业服务支持，耗费却很大。这些检索系统主要存在如下问题。

（1）网站没有搜索功能，没有考虑到学习者的实际需要，给学习者带来很多的不便。

（2）网站的搜索功能利用数据库本来的搜索来完成任务，这种网站的搜索大部分针对结构化数据实现检索，主要有主题、关键词、内容等，从实际效用上没有实现友好搜索。

（3）网站的搜索利用关键词模糊查询来完成，这些网站大部分利用关系数据库特性和结构化查询语言，利用模糊查询"like% 关键词 %"。由于通过这种形式进行检索，势必每次都要检索所有数据库中的内容。如果是小型数据量的数据库其实现效果尚可，但当数据量过万，所需要查询的规模将会很大，严重消耗系统资源，查询时间过长。这就使网站查询效率低下，使学习者丧失查询兴趣。

（4）网站使用搜索功能利用商业软件来实现，由于是使用中文检索系统的关系，许多国外商用软件并不适用。这种网站大体会使用本国的商业搜索技术，在中国有影响力的有北京拓尔思信息技术股份有限公司的全文信息管理系统 TRS。拓尔思公司是中文全文检索的创始者，它在企业和互联网搜索、内容管理和文本挖掘等领域具有领先的技术和产品，利用这样大型商用的全文检索软件提供的电子公文方面的搜索功能是可行的。但由于是商用技术，技术不开放，而且费用高，因此它不能算是好的解决方案。

（5）网站使用开源的搜索技术，通过自身的需求分析完成产品的量身定做。这种网站就是本文所要研究的内容，主要的开源检索技术有 Sphider、Nutch 和 Lucene 等。这种系统首先能满足自身的需要，其次由于是开源的项目，降低了开发成本。

通过以上分析得出，首先在资源方面，系统必须能够有效地描述资源。本研究针对的是 Flash 动画，所以 Flash 动画的描述要很准确。其次在检索技术方面，应该使用开源检索技术，能够量身定做自己的需求，满足系统的实际需要。最后要根据开发者的实际开发能力选择开发技术，并能满足研究的实际需求。

在 Flash 动画检索系统研究方面，香港城市大学计算机工程与信息技术学院的杨骏和丁大伟等按对象、行为（事件）、交互三个层次对 Flash 内容特征进行描述，建立了一个简单的基于内容的 Flash 检索框架 FLAM 和一个简单的原型系统，但对 Flash 具体内容没有详细描述。

山东师范大学的孟祥增教授从总体、逻辑场景、视觉场景、组成元素四个层次的内容特征描述方法，对 Flash 描述更加详细和准确，并且提出建立基于内容的 Flash 检索系统模型。该校学生赵医娟根据此模型，采用 ASP 技术和多媒体数据库技术建立了一个基于内容的 Flash 检索系统平台，通过条件匹配的方式检索数据库中的资源并为用户返回检索结果；但查全率和查准率都达不到实际需求，面对大数据时检索效率低，消耗资源大。

针对上述情况，在 Flash 检索系统研究方面急需开发一个性能稳定，保证准确性和检索效率的基于内容的 Flash 检索系统。本研究中，一方面系统中的 Flash 动画采用了基于内容分析得到的特征，保证了资源的描述准确；另一方面采用 Lucene 的移植版本

Lucene.Net，开发一个基于 Lucene 的检索系统，保证查询的快速、全面和准确。

8.2　基于 Lucene 的信息检索技术概述

Lucene.Net 是 Lucene 在 .Net 平台上的移植版本。它的功能原理和实现机制基本上与 Lucene 相同，Lucene.Net 是照搬 Lucene 实现的。以下对 Lucene 的分析和介绍也是对 Lucene.Net 的分析和介绍。

8.2.1　Lucene 的相关概念

Lucene 是一种开源搜索技术。它不同于搜索程序、搜索网站及搜索项目等，仅是一个软件类库，类似一个工具箱。如果想使用它开发搜索程序，需要根据自己的实际需求进行定制。它提供的很多对象和方法能够很好地满足开发一个从数据收集、数据索引、数据检索和数据返回等模块的完整检索系统。以下从 Lucene 的由来和它的基本组成进行简单介绍。

（1）Lucene 简介。Lucene 最初是由道格切特编写的。Lucene 于 2000 年 3 月开始发布，最初出现在 SourceForge 网站上，并于 2001 年 9 月被 Apache 软件基金会收录，为其提供质量保证，在 2005 年变身成 Apache 的重要项目之一。在对 Lucene 大力发展之后，其包含众多子项目，统称为 Lucene 项目。

随着 Lucene 技术的大力发展，其影响力也受到了搜索界密切关注，很多客户和程序员投身到 Lucene 的发展和应用上。这样其版本也在发展，从 2001 年 10 月 2 日在 Apache Jakarta 上第一次发布的 Lucene 1.2 版本发展到 2012 年的 4.0 版本，其主要的改变介绍如表 8-2 所示。

表 8-2　Lucene 的发展

版本	发布时间	里程碑
0.01	2000 年 3 月 30 日	在 SourceForge 网站第一次开源发布
1.2	2001 年 10 月 2 日	在 Apache Jakarta 第一次发布
1.4	2004 年 3 月 29 日	修改 .tis 文件格式，新增 ParallelMultiSearcher 等
1.9	2006 年 2 月 21 日	新增 MMapDirectory 等，修补 bug

续表

版本	发布时间	里程碑
2.1	2007 年 2 月 17 日	新增 FieldSelector 等，性能优化
3.0	2009 年 11 月 25 日	新增 AttributeFactory 等，修补缺陷（bug），性能优化
4.0	2012 年 10 月 12 日	新增 BlockPostingsFormat 等，修补缺陷

除了 Doug Cutting 和其开发团队外，Lucene 的开发社区也在对 Lucene 进行修正和升级推广，先后将 Lucene 发展到其他编程环境中，包括 Perl、Python、Ruby、C/C++、PHP 和 C#（.NET）。这极大地促进了 Lucene 在各个领域的应用和研究，也为本研究提供了可能，本研究就是基于 Lucene.Net 进行的设计和开发。

（2）Lucene 框架组成。Lucene 是一个高质量、高效率和高扩展性的工具库，在库里包含了几乎所有与搜索相关的软件包，方便开发者按照自己的需要对需要检索的网站进行开发。Lucene 库结构如图 8-1 所示。

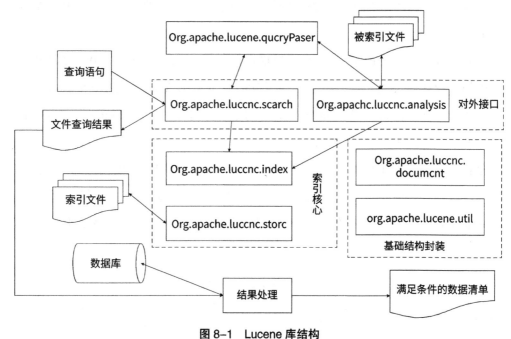

图 8-1　Lucene 库结构

在 Lucene 工具库中包含重要的软件包和功能简介如下。

org.apache.lucene.document：此包提供了两个关键类 Document 和 Field，在建立索引时将详细数据放入 Field 类中，然后将一条数据记录所有的 Field 封装到 Document 中，最后写入具体索引文件。

org.apache.lucene.analysis：此包提供了对数据进行分析的类和方法，在索引生成之前需要先进行数据分析，包括词语过滤、中英文分词等。

org.apache.lucene.index：此包提供了对索引进行具体操作的类和方法，包括索引的建立、索引更新和索引删除等。

org.apache.lucene.search：此包提供了与搜索相关的类和方法，包括对索引文件的检索操作、检索结果的过滤操作和检索结果排序返回等。

org.apache.lucene.queryParser：此包提供了在搜索时对用户输入或选择条件之间的关系操作，包括与、或和非等。

org.apache.lucene.store：此包负责程序的其他模块底层 IO 操作，如索引文件的写入和读取等。

org.apache.lucene.util：此包提供了其他模块的通用操作，如通用常量值。

其中 org.apache.lucene.analysis、org.apache.lucene.index 和 org.apache.lucene.search 三个包分别提供给检索系统数据分析、索引生成和检索所需的重要操作，是 Lucene 的核心类包，本研究主要从这三个过程入手进行分析。

8.2.2　Lucene 的工作原理

借鉴软件开发中有关模块化的思想，将 Lucene 的工具库分为几个模块，包括分析模块、索引模块和搜索模块等。按照 Lucene 的工作过程，首先是对数据库中的数据或文本信息进行分析，然后是生成索引文件，最后是 Lucene 的搜索过程。整个工作流程如图 8-2 所示。

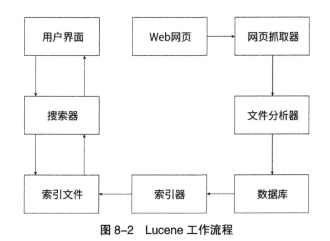

图 8-2　Lucene 工作流程

（1）Lucene 分析技术。使用 Lucene 技术开发检索系统的主要原因是其使搜索的过程简单容易。对于用户来说，当输入某个词的时候，希望 Lucene 以最便捷的方式查询到用户所需要的文档。那么，如何使这个词与文档相关联，如何让 Lucene 知道这个词的真正含义，这就需要进行数据分析。Lucene 分析过程如图 8-3 所示。

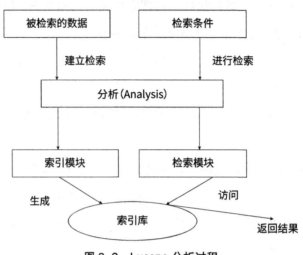

图 8-3　Lucene 分析过程

分析（Analysis）在 Lucene 中是指将域（Field）文本转换成最基本的索引表示单元到项（Term）的过程。项是指进行检索时的具体数据。在 Lucene 中将其作为一个模块进行处理，合称为分析器。它将有关分析的操作封装起来，这些操作包括中英文分词、忽略标点符号、过滤无用词等。对于分析器的使用来说，并没有唯一的使用标准，需要根据自己的实际需要进行配置，考虑的因素包括使用的领域、应用的范围及数据特性等。

由于相关检索包含了某些共同的操作，所以 Lucene 中也有一些最基本的分析器供开发者使用，这些分析器的组成部分由语汇单元 Tokenizer 和 TokenFilter 组合而成。它们可以很好地处理西方语言，这些分析器如表 8-3 所示。

表 8-3　内置分析器表

分析器	功能
WhitespaceAnalyzer	利用空格进行单词的划分
SimpleAnalyzer	利用不是字母的字符进行词汇的划分，并将字母转换为小写字母
StopAnalyzer	利用不是字母的字符进行词汇的划分，并将其转换为小写字母，再去除停用词
KeywordAnalyzer	把一个文本单元作为一个词汇单元来分析

分析器	功能
StandardAnalyzer	根据一定的常见的语法规则将文本中 E-mail 地址、中文字符、字母、数字等进行分开处理

通过使用分析器，可以产生出很多的词。当用户进行检索时，只有检索的词是这些词才能被 Lucene 检索出来，所以分析器是否合适对 Lucene 的检索效果有很大的影响。需要注意的是，对于英文来说，空格几乎会帮助所有的单词进行划分；然而，对于中文来说，只有通过合适的中文分词手段进行分词才会有合适的分词出来，所以需要相应的中文分词插件。当然这些内置的分析器在实际使用中有很多的局限性，导致词不能准确地检索到，在不同的应用领域应该选用不同的分析器或者自定义分析器进行有效的数据分析。

通过数据分析之后，就可以利用 Lucene 中的方法，对数据进行封装并写入索引文件中。用户对文档的检索就是对检索文件的检索，这样经过倒排索引生成的索引文件，既可以提高检索的效率，又在很大程度上提高了检索的准确度。

（2）Lucene 索引技术。经过上述的文档数据分析之后，可以被检索的文档就成为 Lucene 所识别的数据类别，但是对数据识别只是生成索引的第一步，接下来还有更加复杂和重要的操作过程需要理解，即了解索引生成原理、索引生成操作及注意事项。经过对 Lucene 技术文档的总结分析，可以将索引文件生成原理理解为索引过程。索引过程是 Lucene 中的重要组成部分，大体流程包括三个步骤。

第一步，文件预处理。Lucene 对物理文件（形式有 HTML、PDF、Word 等或者直接的数据库文件）进行查找，对其中的文本信息进行预处理，处理后形成 Lucene 可以处理的流文件，具体是形成 Document 类和 Field 类，其中 Document 是一个数据源聚合类，Field 是 Document 类的组成部分。

第二步，文本预分析。Lucene 调用用于管理索引的 IndexWriter 对象的 addDocument( ) 方法把上个阶段的文本内容添加到索引文件中，在这个过程中，需要 Lucene 对内容进行分析，如中文过滤、中文分词、忽略词处理等，使索引更加合理。

第三步，生成索引文件。在这个阶段，Lucene 把经过倒排的数据内容按照一定的策略写入索引文件中，使其方便搜索。

该过程通过整理，索引生成如图 8-4 所示。

图 8-4 索引生成

在最终的索引文件中，Lucene 是通过一定的数据结构进行存储的，其结构如图 8-5 所示。

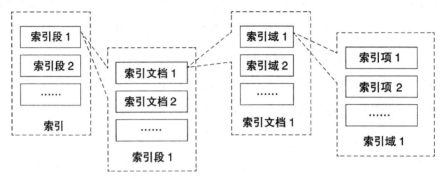

图 8-5 索引结构

索引（Index）：Lucene 的索引结构最终体现到特定格式的磁盘文件来存储。索引在内存和磁盘中都使用相同的逻辑结构，在磁盘上 Lucene 以格式化的文本形式存储。

索引段（Segment）：索引段相当于完整独立的子索引，能被搜索。子索引可以组合为索引，也可以合并为一个新的包含了所有文档的子索引。新建的一个索引往往是以新索引段的形式出现，在合并操作后每个索引体系通常只有一个索引段。索引的方式是为新加入的文档创建新段，合并已经存在的段。

索引文档（Document）：索引文档是建立索引的基本单位，任何想要被索引的"文件"都必须转化为 Document 对象才能进行索引。这里文件指的并非普通意义的文件，而是指任何经过组织的数据源。不同的文档被保存在不同的段中，一个段可以包含若干个文档。

索引域（Field）：在一个索引文档中，索引域代表不同数据源的名称，如一篇文章（相当于一个 Document）中可以包含"标题""正文""作者"等索引域。Field 有两个属性可选：存储和索引。通过存储属性可以控制是否对这个 Field 进行存储，通过索引属性可以控制是否对该 Field 进行索引。

索引项（Term）：项是最小的索引概念单位，它直接代表了一个字符串、在文件中的位置及出现次数等信息。

通过建立索引就生成索引文件，如图 8-6 所示。

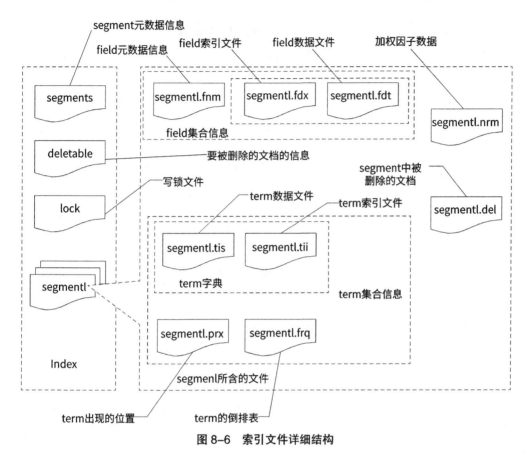

图 8-6　索引文件详细结构

通过以上介绍就会对生成索引文件的一些基本概念有了较清晰的理解，索引文件生成以后就可以根据需要建立搜索器，根据索引文件中基本索引项的属性设置可以很好地根据需要对其进行最有效率的检索。

（3）Lucene 搜索技术。在建立了索引文件之后就可以对其进行检索，具体方法都在 Lucene 里与搜索相关的 API 中，但其中大部分都被包含在 org.apqche.lucene.search 包中。其中最主要的类是 IndexSearcher 类，在 IndexSearcher 中包含了很多种建立 Search 的方法，在建立 Search 方法中涉及几个新类，如表 8-4 所示。

表 8-4　检索相关类表

类名	功能
Query	具体的一次检索
Hits	具体的一次检索的结果

类名	功能
Filter	对检索的索引文档进行过滤，对检索的结果进行筛选
Sort	对检索的结果进行排序，使检索结果按照一定的策略显示出来
HitCollector	对一次检索的结果进行筛选，将筛选的结果保存其中
Weight	即"权重"，对某些检索条件增加权重，会在检索结果的排序上反映出来，具体指重要度的检索上

在进行检索时还需要对检索的结果集 Hits 进行介绍，因为通过 Searcher 检索到结果之后，该如何将其按照何种策略显示出来，这关系到整个检索系统成败的关键。Lucene 内部有一套文档得分算法，通过此算法可以很有效地得出该文档的得分，具体原理如下。

首先，所谓的文档可以是 HTML、Word 或是数据库中的一条记录，它们都是由词条组成的，可以理解为向量 D（Term1，Term2，…，Term n）。如果两个文档中都包含有两个相同的词条：Term1 和 Term2，那么如图 8-7 所示。

图 8-7 所示，文档 1 中词条 Term1 出现了 3 次，Term2 出现了 1 次，在文档 2 则恰好相反，那么可以这样表示向量关系，在文档 1 的向量为 D1（3，1），而在文档 2 中的向量为 D2（1，3），以此类推，那么每个文档都是里面的一个向量，每个词条都组成了里面的每个维度。这样文档和文档之间就存在着某种关联，即之间夹角越小表示两篇文档越相似。同样，当某个用户检索某个单词的时候，可以将该单词视为一个维度，越靠近这个维度它就越拥有较高的分数。根据该原理，Lucene 开发出了自己的文档，具体文档得分分析如表 8-5 所示。

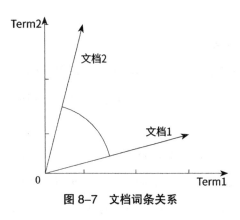

图 8-7　文档词条关系

表 8-5　Lucene 文档得分分析

评分单项	含义
tf（t in d）	具体是指 t 项在文档 d 中出现的次数
idf（t）	t 项在倒排文档中出现的频率
boost（t.field in d）	在某检索项里进行加权，主要是指在生成检索项中的加权设置

续表

评分单项	含义
LengthNorm（t.field in d）	检索域中出现项的频率
coord（q，d）	协调因子，该因子会对进行检索的文档进行 And 加权
queryNorm（q）	指对检索项的权重进行平方和处理

在对 Lucene 的文档得分规则进行了解之后，就可以设计与自身的检索系统相适应的查询规则，这些规则包括 TermQuery 词条检索、BooleanQuery 布尔检索、RangeQuery 范围检索、PrefixQuery 前缀检索、PhraseQuery 短语检索、MultiPhraseQuery 多短语检索、FuzzyQuery 模糊检索、WildcardQuery 通配符检索等。这些检索的规则需要考虑两方面：一方面是用户检索项的属性，具体包括格式、范围和约束等；另一方面是指用户检索项与项之间的关系和差异，主要参考重要性和用户需要。

通过以上分析，开发者就对 Lucene 的基本流程有了大概的认识，由于 Lucene 有很多的扩展，对其开发和使用还要根据自己的需要对其进行需求分析和制定设计规范。

8.3　基于 Lucene 的 Flash 检索系统的设计与实现

8.3.1　基于 Lucene 的 Flash 检索系统的设计

（1）系统设计目标。伴随科技在教育领域的发展，网络教育资源也成为教育资源的重要组成部分，学习者也越来越依靠网络获得自己想要的学习资料。然而，大部分的学习者只会通过常用搜索引擎（如百度、谷歌）输入关键词来查找资源，得到的资源往往多而杂，需要用户具备一定的选择合适关键词和过滤资源的能力，才能找到相关的资源。

对于上述问题，本系统使用 Lucene 的 C# 版本的 Lucene.Net 工具包，结合山东师范大学传媒学院基于内容的 Flash 检索平台数据结构，开发面向教育类的 Flash 资源的垂直检索系统。目标是为通过教育类 Flash 资源来提高学习效率的学习者和教学者，提供一个更加快捷、更加准确、更加全面的检索平台。

总体目标为 Flash 教育资源平台可供 1 万人以上的用户同时访问，满足管理和检索 54 万次以上的 Flash 资源的要求，并且通过资源的访问可以关联到相关网站获得更加丰富的资源。检索时间在 1 秒左右完成，并且通过 25 个检索条件，用户几乎不用等待就可以查找到自己所想要的资源。

通过基于内容的 Flash 分析技术，考虑学习者的搜索习惯和 Flash 资源的本身特征，得到针对 Flash 资源的垂直查询的功能需求包括两部分。

一是前台需求：符合 Flash 内容特征的清晰、简洁的检索界面。通过选择可以呈现基本检索和高级检索两类查询，根据用户的特点和需求进行选择。检索的结果呈现界面包括 Flash 文件的帧数、尺寸、大小、动态 GIF 文件、真实网址和所在网址等信息。显示当前在线人数、总共访问人数、查询的总记录数和检索的响应时间等系统信息。用户的登录和注册界面便于收集用户信息。

二是后台需求：系统稳定可靠，有一定的容错性，当系统出现问题时，维护方便。当有新的资源时，可以简单方便地添加到系统中，能够使系统及时检索到最新的资源。数据的记录和访问以最有效率的方式进行，提高系统的使用效率。当用户进行检索时，保证检索的准确率和查全率。

（2）系统设计的流程。本系统的流程如图 8-8 所示。

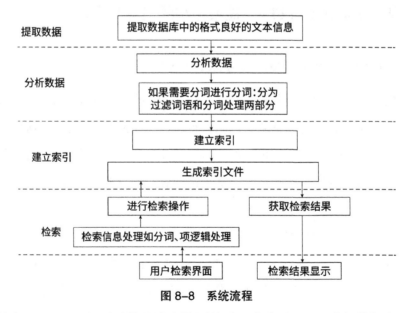

图 8-8 系统流程

通过图 8-8 可以了解到系统的检索资源是基于内容的 Flash 分析数据库，其中包括 Flash 的 25 个主要检索条件和一些 Flash 的实际信息，这些数据都是确定存入库中的。通过对数据的特征分析，对数据进行相应的查询条件设定，如是否被分词、是否被存储等，认为分词之间的关系处理、条件之间的关系处理、对查询语句的过滤处理等。设置合适的分析器对查询条件进行分析，设置恰当的索引生成器，对分析器所分析的结果按照倒排索引的方式写入索引库文件中。再设置结构合理的搜索器对索引库进行检索得到检索结果，呈现到检索界面中去。这就是本检索系统的大体流程。

　　用户在检索界面可以选择 6 个基本检索条件和 25 个高级检索条件进行查询，在相应条件中用输入或选择的方式进行选择，条件有名称、关键词、交互性、类别等。当用户键入相应条件后，系统会将条件进行"与"处理，返回每页 10 条的检索结果，返回的结果按照文档在检索条件的结果的得分进行排序。用户可以单击 Flash 的动态 GIF 文件进入 Flash 的真实路径，或选择文件路径进入 Flash 所在网页显示。

　　（3）系统功能模块设计。根据系统设计目标所介绍的内容，系统的功能设计需要考虑到的模块包括数据提取模块、生成索引模块、数据分析模块及数据检索模块（见图 8-9）。

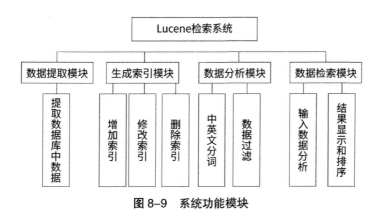

图 8-9　系统功能模块

　　数据提取模块：由于本系统所用的数据是 Flash 文件已经提取出来的基于内容的元数据，包括便于进行数据分析的名称、类别交互性等，也包括文件大小、逻辑场景数、视觉场景数、帧数等模块。对检索中较难处理的问题，需要提前对这些数据进行简化处理，如根据文件大小分为小、中、大三类，分别赋值为 1、2、3。同时数据库中也保存了真实大小的字段，这样处理之后对分析模块和检索模块都做了简化处理，提高分析和检索的效率。

　　生成索引模块：系统将已分析好的数据根据各个字段的属性特征设置其加入索引的类别，同时设置好将数据加入索引文件的索引文件属性，通过恰当设置这些属性可以提高生成索引进行检索的效率。同时也可以进行索引删除更新设置及索引的维护方式设置，这样可以很有效率地提高索引的管理维护和优化处理。

数据分析模块：该模块主要实现将用户输入的数据首先进行过滤处理得到数据中的关键信息，再通过分词组件进行关键词分词，这里可以设置关键词之间的关系，更加方便系统完成所需要的功能。分词模块首先是给索引模块提供需要分词字段的数据；其次是在检索模块通过对用户输入的数据进行分词，保证检索数据的可信度。

数据检索模块：该模块主要实现当用户输入或选择检索条件后，系统根据条件特性，调用 Lucene 工具包的检索模块的相关方法对数据进行分析处理。然后查询索引库，返回本次查询的结果呈现给用户，结果按照文件本次查询的文档得分进行排序显示。

（4）系统数据库模块设计。该系统所涉及的数据表存放在相应数据表中，根据功能划分为基本检索数据表和高级检索数据表。基本检索数据如表 8-6 所示。

表 8-6　Flash 数据库基本检索

字段名称	数据类型	字段意义
Name	Nvarchar（50）	表示原始 Flash 文件的名字
Keyword	Nvarchar（50）	关键词：指每个 Flash 文件中的检索关键词
LSCount	Int	逻辑场景数：指每个 Flash 文件中所包含的逻辑场景的个数，分 1~5 个、5~10 个和 10 个以上三类
VSCount	int	视觉场景数：指每个 Flash 文件所包含的视觉场景的个数，分 1~5 个、5~10 个和 10 个以上三类
Interactiong	int	交互性：每个 Flash 文件中的交互程度，分无交互、简单交互和复杂交互三类
Type	int	类别字段：包括动画、游戏、MV、课件、广告、3D 等

高级检索基本信息如表 8-7 所示。

表 8-7　Flash 数据库高级检索基本信息部分

字段名称	数据类型	字段意义
SizeQ	int	检索文件大小：将文件按照实际大小划分为三类，1 代表小、2 代表中、3 代表大
Frame	int	检索帧数：将帧数按照数量多少分为三类，小于 50 帧数的用 1 表示；50~500 帧数用 2 表示；500 帧数以上用 3 表示
Maincolor	int	检索主色调：代表每个 Flash 文件中主要颜色的多少，包括黑色、白色、红色等 23 种颜色

字段名称	数据类型	字段意义
HeightQ	int	检索文件高度：按照 Flash 文件实际高度大小划分为三类，1 代表小、2 代表中、3 代表大
WidthQ	int	检索文件宽度：按照 Flash 文件实际宽度大小划分为三类，1 代表小、2 代表中、3 代表大
VSScreenComplexity	Int	画面复杂度：1 代表简单、2 代表一般、3 代表复杂

高级检索组成元素如表 8-8 所示。

表 8-8　Flash 数据库高级检索组成元素部分

字段名称	数据类型	字段意义
Text	int	文本多少：每个 Flash 文件包括的文本的数量，分为三类，无、1~20 个、20 个以上
Shape	int	图形：指每个 Flash 文件所包含的图形的个数，分为三类，无、1~100 个、100 个以上
Video	Int	视频个数：指文件中所包含的视频的数量，分为三类，无、1~5 个、5 个以上
Image	int	图像的个数：分别包括 5 个以下、5~10 个、10 个以上
Button	int	按钮个数：指文件中所包含的按钮的个数，分为三类，无、1~10 个、10 个以上
Audio	int	音频个数：指文件中所包含的音频的数量，分为三类，无、1~5 个、5 个以上
Morph	int	形变：指每个 Flash 文件中形变的个数，分为三类，无、1~5 个、5 个以上
MovieClip	Int	影片剪辑：指文件中所包含的影片剪辑的个数，分为三类，无、1~20 个、20 个以上

用于高级检索动态效果个数如表 8-9 所示。

表 8-9　Flash 数据库高级检索动态效果个数部分

字段名称	数据类型	字段意义
Move	int	运动：指 Flash 文件中运动的个数，分为三类，无、1~5 个、5 个以上
Rotate	int	旋转：指 Flash 文件中的旋转的个数，分为三类，无、1~5 个、5 个以上
Scale	int	缩放：指 Flash 文件中的缩放个数，分为三类，无、1~5 个、5 个以上
Shapechange	int	变形：指 Flash 文件中变形的个数，分为三类，无、1~5 个、5 个以上
Colorchange	int	变色：指 Flash 文件中变色的个数，分为三类，无、1~5 个、5 个以上

用于检索完成后显示使用的部分如表 8-10 所示。

表 8-10　Flash 数据库检索显示部分

字段名称	数据类型	字段意义
ID	int	Flash_index 表中每个 Flash 唯一的 ID
Frames	int	帧数：指每个 Flash 的实际帧数
Size	int	文件大小：代表文件的实际大小，单位（B）
Width	int	Flash 文件的实际宽度
Height	int	Flash 文件的实际高度
WebPath	Nvarchar（50）	所在网址名：指每个 Flash 文件所在网页的地址
FilePath	Nvarchar（50）	实际地址：指每个 Flash 文件在网络中的实际地址
GifFileName	Nvarchar（50）	GIF 文件名：指 Flash 文件检索时，所显示处理的缩略图的名字

根据本系统所要检索的内容和显示内容的特性，结合 Lucene 的索引生成机制，将上述表内容合并为一个表，通过一个 ID 来标示一个 Flash 文件较为合理。一方面大大提高 Lucene 索引生成的效率，为系统更新内容提供便利；另一方面则是为数据处理和检索带来便利。

作为一个检索系统来说，数据的存储和管理都很重要。用 SQL Server 2005 数据库来存取数据，一方面可以存储大量数据，系统支持 50 万数据的索引生成和检索；另一方面它是完全免费的，降低了开发成本，而且支持 SQL 语句的使用，为开发提供了便利性。

8.3.2　基于 Lucene 的 Flash 检索系统的实现

（1）系统环境。在开发语言的选择方面，C、C++、C#、Java 等语言均可使用，因为 Lucene 都开发了相应的开发包，方便开发者使用。服务器使用 Windows Servers 2008 R2，它是一款服务器操作系统，提升了虚拟化、系统管理弹性、网络存取方式，保证了信息安全。选择 C# 语言进行开发，使用 Lucene 的 C# 版本 Lucene.net 开发包。

Visual Studio 2010 是微软公司推出的开发环境，它是目前最流行的 Windows 平台应用程序开发环境。Visual Studio 2010 版本于 2010 年 4 月 12 日上市，其集成开发环境（IDE）的界面被重新设计和组织，变得更加简单明了。

这些选择一方面考虑到了系统的兼容性、安全性和稳定性，另一方面也顾及系统开发的成本和开发周期。

（2）系统实现相关包。Lucene.net 开发工具包的简单结构如图 8-10 所示。

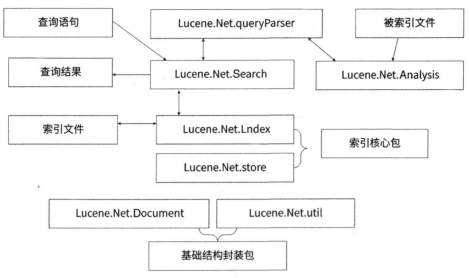

图 8-10　Lucene.net 包结构

Lucene.Net.Document：提供了一些封装了索引文档的类，如 Document、Field 等。

Lucene.Net.Analysis：提供了对词进行分析的类，如分词、过滤等。

Lucene.Net.Index：提供了操作索引的类，如增加、删除、修改索引等。

Lucene.Net.Search：提供了在索引上检索的类，如结果集的获取和排序。

（3）系统各模块实现。

①数据提取模块。 该模块的功能是将数据库中的数据加载进 Lucene 的数据结构中来。在 Lucene 数据结构中包含三个特殊的类，分别是文档类（Document）、域类（Field）和项类。这三个类可以完成数据的加载工作，对于 C# 语言中内置了 DataTable 类，这个类会读取本系统默认配置的数据库。实现的部分代码如下：

Public DataTable dt; // 定义全局数据表类，用于获取数据库中的数据

for（int i = 0; i < dt.Rows.Count; i++）// dt.Rows.Count 得到表的总目录数

{

string Keyword = parseHtml（dt.Rows［i］［"Keyword"］.ToString（））;

string Type= parseHtml（dt.Rows［i］［"Type"］.ToString（））;

string SizeQ = parseHtml（dt.Rows［i］［"SizeQ"］.ToString（））;

string Size = parseHtml（dt.Rows［i］［"Size"］.ToString（））;

......

}

上述代码完成数据的读取和格式化工作，获取每条记录的数据后，就可以进行索引的生成。

图 8-11 索引过程

②索引模块。该模块将上个模块的数据加载到 Lucene 的索引生成器中，首先要用到 Lucene.net 包中的几个工具类分别是 Lucene.Net.Analysis 分 析 类、Lucene.Net.Documents 文档类、Lucene.Net.Index 索引类、WawaSoft.Search.Common.Analyzer 按分隔符语汇单元化的分析器、Lucene.Net.Analysis.KTDictSeg 类。它们共同使用完成索引模块，具体分析如图 8-11 所示。

Lucene 索引过程需要 3 个步骤：提取文本、分析文本、将分析后的文本写入索引库。

首先，在 Lucene 中创建 IndexWriter 类。该类完成索引写入的所有工作。初始化时设置写入文件的存储地址，同时对该类需要设置其索引文件的形式，这里设置为复合索引，可以优化索引文件并大大减少生成文件的数目。设置域的最大长度值、设置每 100 个段合并成一个大段、设置一个段的最大文档数、设置将索引写入磁盘前内存里文档的缓存个数，这样设置的目的为了帮助优化索引创建的过程，加速索引的建立。具体代码如下：

```
_writer = new IndexWriter ( _indexDirectory, wrapper, isre ); // 创建 IndexWriter
_writer.SetUseCompoundFile ( true ); // 显式设置索引为复合索引
_writer.SetMaxFieldLength ( int.MaxValue ); // 设置域最大长度为最大值
_writer.SetMergeFactor ( allNum+100 ); // 设置每 100 个段合并成一个大段
_writer.SetMaxMergeDocs ( 10000 ); // 设置一个段的最大文档数
_writer.SetMaxBufferedDocs ( 1000 ); // 设置在把索引写入磁盘前内存里文档的缓存个数
```

其次，创建 document 类。该类实现具体数据的写入工作，通过其 Add 方法加载

Field 类，每个 Field 类都加载数据库中表中的具体数据，设置其域名，并设置它的存储类型和分词类型，具体需根据其真实值的属性决定。实现代码如下：

Document document = new Document( );

document.Add（new Field（"Keyword"，dt.Rows［i］［"Keyword"］.ToString( )??""，Field.Store.YES，Field.Index.TOKENIZED））；// 创 建 document 类， 为 该 类 添 加 Keyword 域，并设置其属性为存储和分词

将每个文档类 document 加载到写入器 writer 中，实现方法是 writer 的 AddDocument( )，这里使用通过自己设计的简单分析器添加文档和语汇单元化操作。需要注意的是分析器在搜索的时候能索引到语汇单元，需要保持一致。

最后，通过上述的类和方法生成索引，就可以用 for 循环初始化文档对象。过程步骤如下：首先创建 Document 空对象，通过它可以逐一添加 Field 对象；然后通过调用 writer 对象的 AddDocument( ) 方法加载文档对象，通过 for 循环加载完每条记录后，通过调用 writer 对象的 Optimize( ) 方法提交数据；最后调用 Close( ) 方法关闭 writer，保持数据的完整性。通过这一系列操作生成如下索引文件（见图 8-12）。

名称	修改日期	类型	大小
_bky8.cfs	2015/7/9 19:33	CFS 文件	329,756 KB
deletable	2015/7/9 19:33	文件	1 KB
segments	2015/7/9 19:33	文件	1 KB

图 8-12　索引文件

通过以上步骤就可以简单实现索引生成，但对于大量数据的索引模块实现还需要考虑索引准确性。这里要引入两个问题，分别是索引文件的并发访问、IndexReader 和 IndexWriter 的线程安全性。因为如果想要最好地发挥计算机性能和效率的方法是使用多线程，多线程可以并行操作一个生成索引和检索一个索引，这里就会出现上述问题。为了解决这种问题，最终实现单一 writer，可采用锁的机制进行处理，使用 writer.lock 存在于索引目录中，当 writer 打开一个索引文件时，针对同一索引创建另一 writer 时，就导致异常出现，可使用 Lucene 提供的锁 simpleFSLockFactory 来实现。

③检索模块。通过对索引的介绍，对数据的分析和格式化处理有了感性的认识之后，此时对数据的检索就不难理解了。在第二章也对 Lucene 的检索模块进行了介绍，本章简单叙述其实现过程。

第一步：完成用户检索条件的收集，获取用户输入或选择的条件进行整理，将其进行格式化处理，如对汉字进行过滤和分词处理。简单代码如下：

```
dictPath = Server.MapPath ("App_Data"); // 词库路径
highanalyzer = new Lucene.Net.Analysis.Standard.StandardAnalyzer();
Analyzer KTDanalyzer = new KTDictSegAnalyzer (dictPath);
PerFieldAnalyzerWrapper wrapper = new PerFieldAnalyzerWrapper (highanalyzer);
simpleAnalyzer = new WawaSimpleAnalyzer(); // 按分隔符语汇单元化的分析器
wrapper.AddAnalyzer ("Keyword", simpleAnalyzer);
```

本研究主要用到了 Lucene 的分析器 StandardAnalyzer，该分析器是基于复杂的语法生成语汇单元的分析器，能满足用户输入的所有关键词的分析。其分词使用 KTDictSegAnalyzer 内置分词器，通过对输入内容的分析和分词处理，就完成了输入字段的处理。

第二步：建立搜索器 Searcher。使用 ParalellMultiSearcher 多线程搜索创建 searcher 对象进行资源的检索，此模型的好处是当检索的请求发出时，此时就会有多个线程进行检索，省去排队等待的时间，提高检索效率。实现代码如下：

```
IndexSearcher _searcher = null;
IndexDirectory = Server.MapPath ("index");
Searcher = new IndexSearcher (indexDirectory);
ParallelMultiSearcher search = new ParallelMultiSearcher (seacher);
```

第三步：建立查询 Query。由于需要为 25 个检索条件建立查询，所以选择组合查询 BooleanQuery，它可以将各种查询类型组合成复杂的查询方式，其包括的查询类型包括 TermQuery 类查询（对索引中特定项的查询）、NumericRangeQuery 类（对指定特定范围的数字的查询）等，而且用 BooleanQuery 还可以设置每个子查询之间的逻辑关系。实现代码如下：

```
Query keyword = new TermQuery (new Lucene.Net.Index.Term ("Keyword", keyword));
QueryParser parser=new QueryParser (Version.LUCENE_30, "Keyword", analyzer);
Parser.setDefaultOperator (QueryParser.AND_OPERATOR); // 将 Keyword 字段分词后的
查询时的短语组合关系设置为"与"
Query type = new TermQuery (new Lucene.Net.Index.Term ("Type", type));
```

Query interaction=new TermQuery（new Lucene.Net.Index.Term（"Interaction", interaction））;

BooleanQuery m_BooleanQuery=new BooleanQuery（ ）; 将各个查询添加到 m_BooleanQuery 中并且之间的关系设置为"与"

m_BooleanQuery.Add（keyword, BooleanClause.Occur.MUST）;

m_BooleanQuery.Add（type, BooleanClause.Occur.MUST）;

m_BooleanQuery.Add（interaction, BooleanClause.Occur.MUST）;

第四步：构建查询结果集 Hits。前文介绍了 Hits 用于表示一次检索的结果集，通过它可以帮助程序取得 Lucene 的查询结果。所以 Hits 的使用，一是将结果集展示给用户，二是用于测试检索的效率和准确度。具体实现代码如下：

Hits reshits = search.Search（m_BooleanQuery）; // 使用前面的 search 实例调用 Search 方法加载 m_BooleanQuery 就可以实现。

total = reshits.Length（ ）; //total 代表查询结果数

第五步：构建用户检索界面，通过前述所有后台程序基本完成了检索系统的功能，但用户的使用界面也是不容忽视的重要环节。所需界面要简单易懂、功能实现完整。界面的实现包括两部分：一部分是基本检索部分。主要满足普通用户的检索；另一部分是高级检索，主要满足专业用户的检索。

（4）系统界面与测试。本系统通过基本功能分析之后，系统界面包括检索系统的基本检索界面、高级检索界面、检索结果界面、索引生成界面四个界面，通过这四个界面可以清楚地进行网站的展示和测试，以下逐一进行介绍。

①基本检索界面。基本检索界面如图 8-13 所示。

图 8-13　基本检索界面

该界面可以对基本检索的 6 个条件进行检索、可以查看总访问人数、当前在线人数，还可以进行注册登录。

②高级检索界面。高级检索界面如图 8-14 所示。

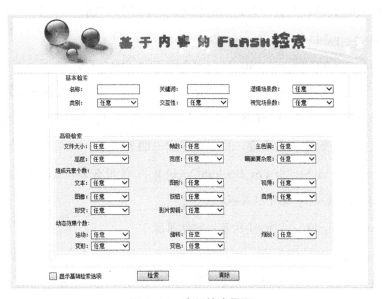

图 8-14　高级检索界面

该界面可以对 25 个检索条件进行检索，每个条件之间的关系是"与"。

③检索结果界面。检索结果界面如图 8-15 所示。

图 8-15　检索结果界面

当所有的条件为空时，进行检索可以查看本网站所有的 Flash 资源，界面显示资源总数 539828 个、检索用时 0.9080519 秒，并且每页展示 10 个 Flash 资源，排序方式按 ID 从小到大进行展示、每个 Flash 资源从左到右分别展示该 Flash 的 ID 号、该 Flash 的帧数、文件大小（单位为 kB）、尺寸大小（长 × 宽，单位为 px）、该 Flash 所在网站的地址和该 Flash 的动态 GIF 图片（单击链接到该 Flash 的实际地址）。

④索引生成界面。索引生成界面如图 8-16 所示。

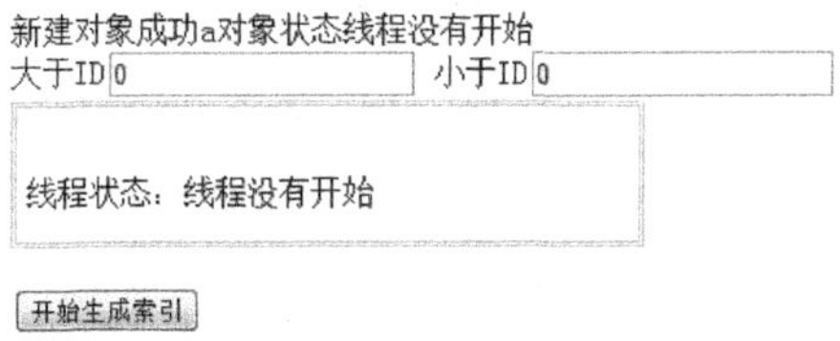

图 8-16　索引生成界面

如图 8-16 所示，当输入数据库中 Flash 资源的 ID 起始地址和终止地址后，就可以对该区间中的 Flash 资源生成索引，并且显示当前生成索引的状态，包括检索的用时时长、生成索引的记录条数、生成的进度等。当生成完成后，显示生成记录数和相应的耗费时长。

系统开发完成之后，应做以下测试。

首先，在不输入任何检索条件时进行检索，检索结果为 539828 条，ID 按照从小到大进行排序。

然后，对每一项可以选择的条件进行单独检索和多重检索，对比检索结果数是否与数据库中的检索数相一致。

最后，任意选择一条检索结果，对检索结果的各个项数据和数据库中的数据进行比对，查看是否一致。

经过上述三个步骤的测试，经验证完全一致，并且检索耗费时间都在 1 秒左右，得出 Lucene 的开发满足了设计时的目标要求。

⑤检索条件说明。检索系统包含了多个检索条件，能全方位满足检索者的检索需求。检索条件说明如表 8-11 所示。

表 8-11　系统界面的检索条件说明

检索项	查询条件项	查询条件描述	控件类型	查询条件取值范围
基本检索	名称	动画的文件名	文本框	空
	关键词	内容描述关键词	文本框	空
	类型	动画分类属性	列表框	游戏、MV 等 9 种选择

检索项		查询条件项	查询条件描述	控件类型	查询条件取值范围
基本检索		交互性	交互复杂度描述	列表框	无交互、简单交互、复杂交互
		视觉场景数	包含的 VS 个数	列表框	1~5、5~10、10 个以上
		逻辑场景数	包含的 LS 个数	列表框	1~5、5~10、10 个以上
高级检索	动画元数据	文件大小	文件占存储空间大小	列表框	小、中、大
		高度	动画播放窗口的高度值	列表框	小、中、大
		帧数	动画包含画面总数	列表框	小于 50、50~500、大于 500
		宽度	动画播放窗口的宽度值	列表框	小、中、大
		主色调	动画主要颜色名	列表框	黑色、白色、灰色等 23 种
		画面复杂度	画面中的颜色和边线的复杂程度	列表框	简单、一般、复杂
	组成元素个数	文本	包含文本元素数	列表框	无、1~20 个、20 个以上
		图形	包含图形元素数	列表框	无、1~100 个、100 个以上
		图像	包含图像元素数	列表框	无、1~5 个、5 个以上
		按钮	包含按钮元素数	列表框	无、1~10 个、10 个以上
		视频	包含视频元素数	列表框	无、1~5 个、5 个以上
		音频	包含音频元素数	列表框	无、1~5 个、5 个以上
		变体	有变化的形状元素个数	列表框	无、1~5 个、5 个以上
		影片剪辑	包含影片剪辑的元素数	列表框	无、1~20 个、20 个以上
	动态效果个数	运动	包含的移动效果数	列表框	无、1~5 个、5 个以上
		旋转	包含的旋转效果数	列表框	无、1~5 个、5 个以上
		变形	有形状变化效果数	列表框	无、1~5 个、5 个以上
		变色	有颜色变化的效果数	列表框	无、1~5 个、5 个以上
		缩放	包含的缩放效果数	列表框	无、1~5 个、5 个以上

注：VS 指视觉场景；LS 指逻辑场景；列表框类型的控件的默认值都是"任意"，用户可以不做选择，代表该值为空。

⑥系统测试。任何系统在发布到网络上之前都需要进行测试，本研究主要测试以下几方面。

空输入测试：主要测试有的用户不输入检索条件时的容错能力。如果用户不选择任何检索条件就点击查询界面的"检索"按钮，则返回的检索结果为数据库中所有的 Flash 动画信息和检索时间，本系统显示："552879 条记录，本次搜索用时

0.8670496 秒。"

单项测试：针对检索界面的每一个查询条件进行检索，都能返回正确的检索结果画面。

多项测试：将各检索条件互相组合查询，都能返回正确的检索结果画面。

稳定性测试：系统在本地发布后，24 小时运行，连续 30 天运行无间断。

准确性测试：进行各种查询操作，比较查询结果和目标记录的一致性无差错。

负载测试：系统发布后，高峰期在线 300 人同时检索，返回检索结果用时无明显增加。

效率测试：一般检索都可以在 1 秒内给出正确的检索结果。高峰期网络有堵塞，用时在 2~3 秒内，可以接受。

8.3.3 系统面向对象

网络上存在海量的 Flash 动画资源，类型丰富但质量良莠不齐。这些动画的功能和针对的使用对象也不尽相同，如游戏类 Flash 动画主要为了提供娱乐方式；而广告类 Flash 动画则为了引起人们注意和宣传产品；MV 类 Flash 动画是为了供使用者欣赏艺术，放松身心；课件类 Flash 动画是为网络用户提供教育服务。本研究主要针对网络上存在的能对教育教学提供帮助的 Flash 动画资源而展开，研究如何发挥网络上海量 Flash 动画资源的教育特性，以提供给用户好的学习和使用体验。本研究将从网络上爬取到的 Flash 动画学习资源按照不同学段、不同学科进行分类，分析各类动画资源的视觉内容特征与定义方式，提取各视觉特征并最终开发了该检索系统。本系统从网络上爬取了上百万 Flash 动画建立索引数据库，可以满足以下几类人员的检索需求。

（1）讲授 Flash 动画制作课程的专业教师：这是本系统的主要面向对象之一。此类人员能够从系统中按照高级检索需求下载需要的 Flash 动画素材，具体到某种动画组成元素对象的检索。该系统可以提供经典案例以辅助讲解动画的专业开发技巧。例如，教师讲到形状变化章节时，可以从系统的高级检索界面的"动态效果"处查询"形变"，还可以匹配需要的动画内容关键字，如"长方形"，这样就可以查询系统中涉及长方形的形变动画。

（2）学习 Flash 动画制作的学生：这也是本系统的主要面向对象之一。该类学生在 Flash 动画制作学习过程中，除了在课堂获取相关专业知识外，课后还要进行复习强化与实践锻炼，需要对相关的 Flash 动画制作过程进行实际操作，也要进行自己的 Flash 动画作品创作。本系统提供的各类 Flash 动画学习资源不仅可以为学生的课后自学提供帮助，也能够给学生提供创作灵感。学生学习时甚至可以精准查询到有关动画中包含某一具体元素对象的素材，有针对性地提供学习帮助。

（3）各学段、各学科教师：可以为从学前教育到高等教育的各科专业教师提供课件类 Flash 动画学习资源。系统提供了各种素材的动画资源，教师可以结合自己讲授的学科、面向的学生群体，自主查询需要的与教学内容相关的动画使用，辅助教师完成日常教学任务，提高备课效率，拓展教学思路。

（4）各学段、各学科学生：各学段学生可以按照自己的学习需求，查询适合自主学习的各类 Flash 动画，以培养自主学习能力，提高学习效率，巩固课堂知识。

（5）Flash 动画爱好者：Flash 动画的魅力吸引了大量的爱好者，这类人员不仅喜欢观看和下载各类 Flash 动画，还创作自己的动画作品。通过平台，爱好者可以检索到需要的各类动画，以帮助自己提高创作水平，实施深度学习，开发出更好的 Flash 动画作品，进而充实数据库，形成良性循环。

（6）普通用户：本系统提供的 Flash 动画资源虽然主要用于教育教学，课件类动画较多，但是也涵盖了游戏、广告、MV、3D、卡通等各类 Flash 动画资源，适合各年龄段、各种职业、各种知识水平的用户对 Flash 动画资源的需求。

8.3.4　Flash 动画检索系统教育应用实践

（1）系统特色及应用场景。本检索系统中的 Flash 动画是在分析了 Flash 网络教学资源的类型、结构、组成元素、教学信息表现方法、应用领域和传播特点的基础上建立的基于内容的 Flash 检索系统，其中对 Flash 动画的描述主要呈通过总体、逻辑场景、视觉场景、组成元素四个层次进行，这使检索系统可以根据这四个途径结合检索到相应的 Flash 动画资源。教育应用场景包括如下内容。

①非 Flash 动画制作学科的教师和学生，包括在第 2 章介绍的各个学科、各个学段的教师和学生，在进行教学和学习时根据第 2 章的 Flash 动画的教育性、艺术性、技术性和环境适用性四方面的需求进行合适的 Flash 动画教育资源选择。

②Flash 动画爱好者，系统为其提供大量丰富的资源进行选择和使用。

③Flash 动画制作学科的教师和学生，在 Flash 动画制作学科的教学和学习时，本

系统能够提供丰富的 Flash 资源，根据具体的组成元素选择相应的条件检索感兴趣的资源，进行模仿和创作。

首先，目前网络中存在的一些 Flash 动画网站，它们对 Flash 动画的内容分析还停留在基本认知层面，缺乏对 Flash 动画进行基于内容的研究，无法准确地描述 Flash 动画，本系统很好地弥补了这一点。其次，在资源方面，只涉及一种或相关主题的 Flash 动画视频，没有涵盖所有主题或是所有形式的 Flash 动画，无法检索到所有形式的 Flash 动画，本系统的资源经历数年的网络下载，几乎包括所有类型或形式的网络 Flash 动画，可以满足各种 Flash 用户对资源的需求。

（2）系统应用分析。对上节介绍的 3 个应用场景进行分析，第一种场景非 Flash 动画制作学科的教师和学生在第二章进行了详细的分析和分类，对其具体使用情况也提出了建议和总结。第二种情况会因为研究对象的巨大差异而造成研究偏差，这里不予考虑。本节着重对第三种应用场景进行应用研究。

笔者从中国知网上阅读了大量有关 Flash 动画制作课程的文献，认为在 Flash 动画资源方面存在如下情况。

①资源方面：课本后面的光盘资料库中使用的素材固定且数量有限。

②教学方面：教师教授过程中发现寻找更多相关素材难度大，如讲授按钮时，需要很多按钮属性或涉及背景或文本时，网络中这类对 Flash 的描述资源很少，搜索难度大。

③自学方面：学生进行 Flash 自主创作时，由于知识讲授的特点，关注 Flash 的各种组成元素属性，由于缺乏相关资源的启发，普遍缺乏创作力和想象力。

（3）系统应用案例。本检索系统可以应用于 Flash 动画制作课程中，对 Flash 动画的资源进行有效检索和使用。本节讨论系统在 Flash 动画制作的应用情况。

检索系统在山东省济南市的某一高职院校的 Flash 动画制作课程中进行试用。首先，在试用前给学生和教师讲解本系统的详细使用说明，发放 Flash 动画检索系统使用手册如附录 1 所示。其次，根据附录 2 中的检索任务进行系统的试用，检索任务完成以后，将检索行为和检索效果进行记录并完善附录 2 中的问卷。最后，对附录 2 中的检索行为和效果进行总结。以下从三方面进行系统应用分析和总结。

①资源方面。在试用中安排的 6 项检索任务如下：包含图形的 Flash 文件；包含颜色和渐变的 Flash 文件；包括使用文本的 Flash 文件；包含组合、变形、扭曲图形的 Flash 文件；包含图形元件、影片剪辑元件、按钮元件的 Flash 文件；包含声音、视频的

Flash 文件。这 6 项检索任务是结合 Flash 动画制作课程的教学内容和课程要求进行设置的。它们分别针对课本中的具体章节和实际需求，在学期末学生对 Flash 动画的基本概念和元素有了了解后进行的试用。

对问卷中的检索行为的结果进行总结如下：

进行试用 90% 以上的学生完成了实验所安排的 6 项检索任务，检索的结果准确有效，可以很有效地满足教学学习中的资源缺乏问题。考虑对系统的认知情况和操作效率的差异进行统计，如表 8–12 所示。

表 8–12　检索行为统计

统计项	统计结果
每项检索任务平均所耗费 / 分钟	2~3
检索次数 / 次	1~3
设置的条件个数 / 个	1~5
条件设置完成进行浏览时浏览的网页 / 页	1~3
浏览 Flash 的平均个数 / 个	4~6

由表 8–12 可知，试用者都在较短的时间和较少的检索次数上检索到了满足要求的 Flash 动画资源。

②教学方面。占 3/4 的教师在试用过程中明确指出，该系统可以解决在网络中无法有针对性地检索关注项的问题，在 Flash 动画制作的资源补充方面有很大的帮助。教师表示，在对每个章节进行授课时，都需要讲解单独的概念并进行案例演示，当前网络中很少有与课程相符的单独并具有侧重点的案例，对这些案例的检索耗费了很长时间，本系统有效地解决了这种问题。

根据教师对系统使用的反馈，总结了系统应用中应用于教学有如下特点。

一是教学情境创设方面。教师在讲授课程之前需要情境创设，本系统中含有丰富的与课程相关的 Flash 动画资源可以有效激发学生的学习兴趣，使学生主动探索学习内容，增强学习动力。

二是教学方法方面。检索条件的概念与 Flash 动画制作课程中的很多基础概念相似，如 "图形" "图像" "按钮" "影片剪辑" 等，进行教学时可以利用本系统中大量而有针对性的资源向学生进行展示。这样教师教学时可以在讲授法的基础上安排直观演示法，帮助学生增强感性认知，促进学习活动发生。在实验课上安排任务驱动法，对案例进行模仿和实践，巩固对知识的理解和掌握。

三是培养学生能力方面。首先，培养学生的信息意识，即网络中含有丰富的教学资源和案例可以应用于平时的学习当中。其次，培养学生的信息能力，从大量的 Flash 动画中对资源进行筛选和模仿练习，使学生具备处理信息的能力。最后，培养当代学生的学习能力，自主学习成为时代主流，而自主学习需要学生拥有辨别知识、分析知识和自主训练的能力，通过本系统的自主发现、自主模仿练习，可以很好地满足这种能力的培养。

综上所示，本系统在教学中可以应用在如下情景中。

一是课程导入阶段，进行情景创设和问题提出。

二是课程概念教授之后案例选择讲解过程中，引导学生自己选择并进行案例分析。

三是课程的练习实践中，根据案例的启发和分析进行模仿练习。

通过以上总结分析，本系统能够满足教师教学中的很多环节，对教学有很大的帮助，并且得到了绝大多数教师的认可，表示在 Flash 动画制作课程中会使用本系统进行教学和实践。

③自学方面。在试用中，有 90% 的学生可以在规定的时间内检索到符合要求的 Flash 动画，这表明本系统可以满足学生在学习 Flash 动画制作课程中自主找寻素材的需求。网络中以 Flash 为主要资源的网站很多，但都缺乏基于内容的 Flash 动画分析来理解 Flash 动画，本系统能够很好满足 Flash 动画初学者对 Flash 的理解，从内容元素角度出发来找寻 Flash 动画资源。对于 Flash 动画初学者自学时的学习特点进行了如下分析。

一是 Flash 动画基础知识欠缺。虽然通过学习课本知识对基本概念有了了解，但真正进行创作时往往不能利用所学基础知识进行创作。主要原因是自主学习时素材少，进行模仿练习少从而导致对基础知识的掌握不够。

二是学习兴趣高但好高骛远。自主学习并进行创作时往往希望自己的作品具有较高质量，但 Flash 的学习需要慢慢积累，如此导致学生学习积极性受损，这需要学生首先对简单作品进行模仿练习。系统中有很多这类元素简单但表现效果好的作品，学生对其进行模仿练习可以逐步增强学习信心，从而使创作更高质量的作品成为可能。

三是学习周期长且难以坚持。自主学习时最担心的是学习效率和能力测试，在 Flash 动画制作学习时尤其需要坚持。首先，需要广泛检索各类 Flash 动画进行模仿练习。其次，要增强自己的创新能力；最后，质量高的 Flash 动画制作不是一个软件可以完成的，需要了解相关软件技能并加以扩展学习。

综上分析结合本系统的特色，本系统可以有效地解决上述问题的具体原因如下。

一是基础概念清晰。本系统中的检索项与课本中的概念相仿，初学者使用系统时会很容易入手，而且对资源的检索结果的分析会增强学生对基础概念的理解。

二是资源丰富。本系统中从简单到复杂包含各种类型的 Flash 动画，初学者根据检索条件的不同资源的难易程度区别很大，方便初学者由易到难进行学习，质量高的作品也会持续增强学习者的学习兴趣。

三是检索链接多。检索到 Flash 动画后可以去该 Flash 动画所在的网站查看。这样就能查看到类别相近、形式相近的 Flash 作品，同种样式的 Flash 动画会加强学习者对作品质量的判断能力，进而提高学习者自我判断和自主创作的能力。

综上分析，无论从资源方面、教学方面还是自学方面，本系统都能够满足教师和学生的实际需求。

四是满意度。通过对附录 2 中的用户满意度问卷进行分析，几乎所有学生对 Flash 基本元素都很了解，通过系统说明有 90% 以上的学生对系统的作用有了了解。并且通过使用发现，有 90% 以上的学生会考虑继续使用该系统进行 Flash 动画的检索，有 80% 以上的学生对系统的使用效果表示基本满意及满意。

综上所述，Flash 动画制作课程中的教师和学生对本系统可以支撑 Flash 动画制作教育应用持肯定态度，同时也提出了一些建议。

外观方面：应该提供更加绚丽多彩的检索界面和动态变化的显示界面，以此吸引用户关注和使用。

性能方面：显示资源页面中，每页的跳转应该更加顺畅，检索项与结果的描述更加准确。

资源方面：提供的资源质量应该有效，应该提供更多的质量和品质都好的资源。

其他方面：检索项的设置上应更加容易理解。

针对上述建议，本研究团队会认真分析和考虑，继续致力于 Flash 动画检索系统的完善、完美。

第9章　Flash 动画内容结构特征与学习兴趣关联度分析

在研究了网络 Flash 动画学习资源的内容结构特征和构建了检索系统的基础上，本研究通过实验来分析画面内容结构特征与学习者学习兴趣之间的关联性。

学习画面的设计布局、颜色搭配，动画画面的播放速度、动态效果等都能够决定学习内容的表达方式，从而影响学习者的学习兴趣与学习效果。Flash 动画包含众多的内容结构特征，其以内隐的方式影响着学习者的学习体验，在学习资源的制作中具有较高的能动性。本章内容就是通过实验来阐释 Flash 动画的内容结构特征与学习兴趣之间的关联性和作用机制。如前述研究，Flash 动画一般包含元数据特征、组成元素特征、场景特征、情感特征等，不同的学习画面视觉特征能够给学习者带来不同的兴趣体验。本研究按照不同学段、学科、教学方式建立了 Flash 动画内容结构特征实验数据库，并借助自主开发的 Flash 动画内容结构特征与学习兴趣实验平台，进行视觉内容结构特征和学习兴趣关联度实验，通过数据分析，探究 Flash 动画学习资源的内容结构特征对学习者学习兴趣的影响，进而指导 Flash 动画学习资源创作者的创作过程，为网络 Flash 动画学习资源的检索应用提供理论支持。

9.1　实验设计

1. 实验目的

通过对 Flash 动画学习资源的内容结构特征与学习者学习兴趣相关性的实验数据分

析，研究 Flash 动画三类内容结构特征对学习者学习兴趣的具体影响及关联度，以提供 Flash 动画学习资源的创作理论依据。其中，对容易量化的内容结构特征（如文件大小、帧数、播放速率、形状边线数、动态效果数、交互数量等特征）利用灰色理论进行与学习者兴趣的关联度计算，对不易量化的内容结构特征（如情感、动态效果类型等特征）进行统计分析得出具体影响。

2. 实验对象

本研究选取的实验对象为济南市某小学 4 年级的 2 个班级和某中学 7 年级的 2 个班级。其中，4 年级 1 班 58 名学生，4 年级 2 班 55 名学生，平均年龄 9 岁；7 年级 1 班 50 名学生，7 年级 2 班 50 名学生，平均年龄 12 岁。本研究选择这两个学段的学生作为研究对象，基于以下考虑：一是该学段的学生学习压力不大，无升学压力；二是能够作为小学、中学学段的代表；三是选择的两个学校为九年一贯制学校，完善的基础设施能保证实验所需的软硬件环境，且生源好，能如实表达学习兴趣喜好；四是该校教师在日常工作中都使用多媒体教学，对 Flash 动画有一定的了解。

本研究没有选择高中和高校阶段的学生进行实验，因为高中阶段的 Flash 动画学习资源较少，且画面视觉特征单调，不具代表性；高等教育阶段的 Flash 动画学习资源专业性较强，也不具代表性。

3. 实验数据库内容

本实验用到的 Flash 动画来源于自主建立的网络 Flash 动画内容结构特征实验数据库。该数据库是利用自行研发的网络爬虫程序从互联网上爬取 Flash 动画，然后筛选符合教学特征、适合教学使用的动画按学段、学科、教学方式进行人工索引，并进行了内容结构特征的提取工作建立而成。该数据库的学科包含了中小学阶段的主要科目，如数学、物理、化学、英语、美术、音乐等。本实验用到小学阶段和初中阶段的 Flash 动画特征记录共 800 条，其中小学实验用记录 400 条，初中实验用记录 400 条。从选取的情况看，语文、数学、英语等学科的 Flash 学习资源数量最多；小学阶段娱教型和情境型的动画资源较多，而初中学段则讲授型和练习型的动画资源居多。具体数据如表 9-1、表 9-2 所示。

表 9-1 实验用 Flash 动画个数统计（按学段和学科）

学段	学科	动画个数 / 个
小学	语文	89
	数学	107
	英语	135
	美术	23
	音乐	46
初中	语文	77
	数学	98
	英语	90
	生物	56
	物理	50
	化学	29

表 9-2 实验用 Flash 动画个数统计（按学段和教学方式）

学段	教学方式	动画个数 / 个
小学	讲授型	88
	练习型	45
	实验型	44
	情境型	87
	娱教型	136
初中	讲授型	101
	练习型	95
	实验型	69
	情境型	63
	娱教型	72

4. 实验变量

自变量：实验自变量是指实验者能够主动控制，从而可引起因变量变化的因素。该实验中，我们的自变量为各 Flash 学习动画，实验者可以自主选择要观看的 Flash 动画。

因变量：实验因变量指因为自变量的变化而产生相应变化的结果因素。该实验中的因变量为学生的学习兴趣，主要通过实验者观看动画后的反馈来进行统计。

干扰变量：干扰变量是指除去实验自变量和因变量因素，其他能够影响实验结果的因素。该实验中的干扰变量有学生的学习习惯、爱好喜好、知识基础等。

5. 实验假设

从教育心理学的角度来说，学习兴趣是指学习者倾向于认识、研究获得某种知识的心理特征，是学习者对学习的积极的认识倾向与情绪状态，其可以影响人们的求知过程。如果学习者对某一知识点有学习兴趣，他往往就能专注于该知识点的学习，从而提高学习效率。知识讲授者可以通过寓教于乐、翻转课堂、提出假设等方法创造有趣的学习环境来激发学习者的学习兴趣。学习兴趣可以划分为直接兴趣和间接兴趣两类。前者是由学习材料或学习活动、学习过程本身直接引起的，后者是由学习活动的结果引起的。本实验主要研究学习者面对 Flash 动画学习资源时的直接兴趣行为。

本研究的实验假设为 Flash 动画的三类内容结构特征与学习者的学习兴趣存在相关关系，具体表现为：

一是 Flash 动画的内容结构特征能够影响学习者的学习兴趣，能够激发学习者积极的学习兴趣，避免学习者消极学习。

二是动态视觉特征与正向学习兴趣的关联度要高于静态视觉特征。

三是不同类型的 Flash 动画其影响学习者兴趣的关键特征不一致。

6. 实验方案

该实验属于教育技术实验研究中的判断性实验，即通过创建实验环境、实施实验环节来最终判断某一假设是否成立。该类实验需要在实施前提出假设，然后精心准备实验环境进行验证。本研究选择济南市某学校的 4 年级和 7 年级学生作为被试群体，利用信息课时间，在真实自然的环境下进行实验。具体实验方案为：实验员将实验平台部署在实验室各机器上；给被试学生讲解实验平台的使用方法；学生利用实验平台进行学习，提交自己对每一个 Flash 动画的喜好；整理实验数据，分析实验数据并验证实验假设，得出实验结论。

9.2 实验平台开发

为研究 Flash 动画学习资源内容结构特征与学习者学习兴趣之间的相关性，需要使学习者能够自主选择学习动画，并自主提交学习感受。因此，本研究设计并开发了

Flash 动画内容结构特征与学习兴趣相关性实验平台，以便能动态提供学习资源给学习者，并能够获取学习者的学习反馈数据。

1. 系统设计目标

Flash 动画内容结构特征与学习兴趣相关性实验平台的目的是根据学习者需求提供其学习动画，并采集学习者的兴趣反馈，以获取学习者学习兴趣与 Flash 动画内容结构特征的相关性数据。由此，该系统应该达到以下目标。

（1）采用可视化编译环境、面向对象的编程语言进行平台开发，要求兼容性高，能够在 Windows 不同版本系统上稳定运行。

（2）能够动态展示 Flash 动画摘要，学习者可以按需求选择动画进行观看。

（3）每个动画观看完毕，学习者能够提交对该动画的喜好，具体到对动画中的各个视觉特征的喜好。

（4）能够将学习者的喜好反馈记录到数据库，以供后期分析研究使用。

Flash 动画内容结构特征与学习兴趣相关性实验平台仅为满足本次实验需求进行开发，因此稳定性和运行速度均能有充分保障。系统要准确无误地、及时地将学生的学习反馈记录到数据库，如果学生观看完一个动画后没有及时反馈对该动画的兴趣，系统会及时给予提醒。

2. 开发工具及环境

开发工具：本实验平台采用了 Adobe 公司的网页设计软件 Dreamweaver 及微软 Office 办公系统的 Access 数据库技术进行开发。

开发环境：本实验平台是在 32 位 Windows 7 操作系统环境下进行的开发，系统采用 ASP 动态网页编程语言进行编写。

3. 系统设计思路

本实验是在开放的环境下，由学习者自主学习并进行反馈的一个过程。因此，实验平台首先能够让学习者自主选择需要的 Flash 动画进行播放，播放完毕后学习者可以进行评价与兴趣反馈。系统的具体设计主要有如下思路。

（1）为了统计学习者差异，系统需要注册学习者的信息。每个学习者在使用系统进行学习前，都要在系统中注册一个账号，统计学习者的性别、年级、爱好等与学习效果分析相关的信息。

（2）学习者可以根据学习需求选择相应学段、相应学科、相应知识点的动画进行自主观看及反馈。

（3）为了如实反映学习者对动画的真实感受，实验设计在动画播放完之前不能进行相关操作，包括不能评价、不能进行下一个动画的选取。当评价完当前动画后，才可以进行下一次动画的选择和观看。实验需要获取学习者的第一感受，因此提交的评价将不能再进行编辑；为了提高统计效率，评价过的动画也不能再进行观看。

（4）系统需要后台管理界面，以管理学习者账号信息、动画数据库和学习者反馈信息数据库等，系统管理后台可以导出每个动画的评价分析。

4. 系统核心功能实现

实验平台的前台界面设计、账号注册、后台管理界面设计等功能较简单且容易实现，此处不再赘述，仅列举核心功能的实现过程。

（1）动画选择功能。学习者选择动画的过程要尽量简洁，能方便迅速地找到自己需要的动画进行观看。本研究将代表性动画资源按照学段、学科、知识点进行分类索引，系统采用下拉列表的形式让学习者通过单击鼠标最多 3 次即可找到自己需要的动画，也可以通过输入关键字直接进行动画的查找。学生使用各自注册的账号进行登录后，就分属于不同学段，然后通过下拉列表选择学科、教学方式即可找到自己需要观看的动画。

不过，为了能全面地统计代表性动画的影响，实验要求学生将其所属学段内的相关动画都进行观看及评价。

（2）评价提交功能。考虑到中学生的特点，评价功能尽量高效、简单易操作。因此，评价内容仅设计了"非常喜欢、喜欢、一般、不喜欢"四个选项供学生选择。学生每观看完一个动画，可及时对该动画提交评价，反馈自己的喜好。界面设计简单易操作，学生能方便地表达自己的感受。

（3）数据分析功能。根据学习者提交的对 Flash 动画的喜好，能够用图表进行数据分析，分析数据包括动画包含的内容结构特征数据及学生的评价数据。

基于上述功能，本研究设计并开发了 Flash 动画内容结构特征与学习者学习兴趣相关性实验平台原型系统，来辅助完成实验过程。系统使用 Dreamweaver 软件，利用 ASP 语言 +Access 数据库进行开发。

9.3　实验实施过程

在确定了实验目的、实验对象、实验方案及实验平台的基础上，展开实验的具体实施。实验选择实验对象的信息技术课时间，在学校的计算机实验室环境下进行。实验室配备的计算机设备能够满足本次实验的全部要求。

1. 准备阶段

在实验开始前，需要配置实验用服务器。将开发的 Flash 动画内容结构特征与学习者兴趣相关性实验平台部署到教师机作为服务器。服务器需要设置 IIS 属性的"默认 Web 站点"，将平台进行发布。学生端计算机需要安装 Flash Player 动画播放插件。学生端只要输入服务器 IP 地址即可登录该平台进行学习。考虑 IP 地址不容易记忆，并且在地址栏输入时容易出错，提前将服务器 IP 地址存放在学生端的地址栏中，学生打开浏览器，只需要单击地址栏上的图标即可登录服务器部署的实验平台进行学习。

然后，需要对学生讲解 Flash 动画观看及评价中的注意事项，以避免由于学生操作不当造成的数据提交失败、系统崩溃等情况，以提高数据的提交效率和准确率。提醒学生在进行评价时要仔细考虑，谨慎评价，提交自己的真实感受。评价一旦提交将不能更改，因此评价过程尤其要仔细。实验开始前，还需要每个学生注册一个系统账号，简单提交账号所有者的基本信息，包括年级、年龄、性别、爱好等，并设置密码。

2. 具体实施

该实验的实施安排在为学生开设的信息技术课堂上。实验学生每人一台联网计算机。学生打开浏览器，点击地址栏的实验平台图标，输入已经注册的账号信息即可登录实验系统。然后，学生可以根据自己的需要选择要观看的 Flash 动画。为了更有效地统计学习效果，系统对小学组学生账号只能推送小学学段的 Flash 动画，对初中组学生账号则只能推送初中学段的 Flash 动画。每个学生可以在自己能访问到的 Flash 动画范围内，按照学科、教学方式来选择自己要观看的 Flash 动画课件。观看过程中不能进行评价和选择观看其他动画。每观看完一个 Flash 动画，评价模块就变为可用，学生及时评价对该动画的喜好。提交评价后，选择观看其他动画模块才变得可用，学生才可以进行下一次动画观看选择。

在学生学习过程中，管理人员需要现场巡视，以及时解决学生学习中遇到的各种问题。常见问题有：动画播放失败；计算机卡屏；学生操作不熟练导致提交失败。管理员均能有效解决上述问题，使得实验顺利进行。操作过程中不允许学生互相讨论，这样避免评价受他人影响。

3. 实验后期

整个实验共占用学生 4 节信息技术课时间。按照每个学生每节课观看及评价 15 个 Flash 动画，则每个学生总共观看及评价约 60 个 Flash 动画。实验课程结束后，后台共收集评价 6401 个，其中小学学段 Flash 动画评价 3256 个，初中学段 Flash 动画评价 3145 个。实验用 Flash 动画总共 800 个，平均每个动画获得评价 8 个。本实验设定每个评价的分值为："非常喜欢"对应 4 分、"喜欢"对应 3 分、"一般"对应 2 分、"不喜欢"对应 1 分。学生提交的评价转换为分值提交到后台数据库，由后台管理员进行分析统计。

除了统计学生对 Flash 动画的喜好外，实验还设计了调查问卷来获取学生对整个学习过程的感受。问卷共分三部分、15 个题目，包括学生的基本信息、系统易用性的评价、是否愿意用 Flash 动画进行学习及学习效率等问题。前 14 个题目的回答均为选择方式，最后一个题目则是征求学生对动画学习的主观意见。问卷针对参加实验的学生而设计，在实验结束环节发放，共发放 113 份，回收 113 份。学生填写问卷过程中都有管理员现场解疑，有效保证了问卷填写的质量，避免了信息不完整及随意填写等问题，因此回收有效问卷 113 份。问卷回收率和有效率均为 100%。

（1）问卷信度。实验使用 SPSS 软件计算问卷主体部分各维度测量结果的信度，计算结果 Cronbach's α 系数在 0.8~0.9 之间，因此实验设计的问卷具有较高的可信度。

（2）问卷效度。问卷设计依据戴维斯的 TAM 来编制，并借鉴了成熟量表结构，在编制完成后还请有关专家进行了研究及分析，对问卷题目和调查内容是否匹配进行判断。根据专家的建议进行了问卷内容的完善。

9.4　实验分析

9.4.1　数据分析

1. 数据分析工具及方法

本实验平台的后台系统能够对提交的数据进行汇总，能将每个 Flash 动画的评价结果比例以饼状图的形式进行展示。管理员可以选择某个 Flash 动画查看其评价统计，如图 9-1 所示。

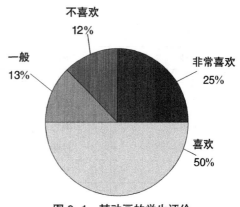

图 9-1　某动画的学生评价

本实验所获得的数据存在后台 Access 数据库中。首先使用 Visual Studio 2010 开发数据库格式转换工具，将 Access 数据库中的表转换为 Excel 表格。然后使用灰色关联度算法计算 Flash 动画的视觉内容与评价结果（学生的学习满意度）之间的关系，找出最能影响学生学习满意度的几个视觉内容因素。

灰色关联度算法：因素随时间或不同对象而变化的关联性大小的量度，称为关联度。灰色关联分析方法是根据因素之间发展趋势的相似或相异程度，亦即"灰色关联度"，作为衡量因素间关联程度的一种方法。此实验中选择满意度数据列为参考序列，各视觉特征数据列为比较序列。

调查问卷获取的数据则整理到 Excel 表格中进行统计，主要获取学生整个学习过程中对实验平台和 Flash 动画课件的体验。

2.Flash 动画内容结构特征对学习者学习兴趣的影响

本研究采用前述自主研发的 Flash 动画内容结构特征提取平台进行了各特征数据的获取。从网络上爬取获得、筛选和分类整理 Flash 动画，选取了最具代表性的 800 个 Flash 动画用于本次实验，还在自主开发实验平台收集了学生对 800 个 Flash 动画的 6401 个兴趣评价，最终获取的数据分析结果如表 9-3、表 9-4、表 9-5 所示。

表 9-3　实验数据分析（按学段来分析）

学段	影响学习者学习兴趣的关键特征	相关系数最大的特征
小学	颜色、动态效果、音频	动态效果
初中	交互、按钮、影片剪辑	交互

表 9-4　实验数据分析（按学科来分析）

学科	影响学习者学习兴趣的关键特征	相关系数最大的特征
数学	文本、动态效果、形状	动态效果

续表

学科	影响学习者学习兴趣的关键特征	相关系数最大的特征
物理	形状、视频、交互特征	交互特征
化学	交互特征、视频、动态效果	交互特征
英语	颜色、动态效果、音频	音频
美术	颜色、形状、动态效果	动态效果
音乐	视频、影片剪辑、音频	音频
语文	文本、动态效果、图像	动态效果

表 9-5　实验数据分析（按教学方式来分析）

教学方式	影响学习者学习兴趣的关键特征	相关系数最大的特征
讲授型	图像、视频、动态效果	图像
练习型	文本、图像、音频	文本
实验型	交互特征、图像、动态效果	交互特征
情境型	动态效果、图像、音频	动态效果
娱教型	动态效果、交互特征、视频	动态效果

9.4.2　结果讨论

通过上述实验数据的分析，发现 Flash 动画的内容结构特征与学习者的学习兴趣存在相关关系。Flash 动画中存在的图像、动态效果、交互等特征都能够不同程度的引起学习者的学习兴趣。而有些特征则效果不明显，如文本、元数据特征等。

1. 实验假设 H_1 成立

假设 H_1 提出 Flash 动画的内容结构特征能够影响学习者的学习兴趣，能激发学习者积极的学习兴趣，避免学习者消极学习。实验数据分析显示 Flash 动画包含的图像、音频、视频、动态效果、交互等特征与学习者的学习兴趣呈正相关，这些元素能激发学习者的学习兴趣，一定程度上避免了消极学习。实验发现，有些文本、音频、交互等元素如果与动画内容不协调，或者操作复杂，或者不符合学习者的喜好，则也会使学习者产生消极情绪。动画的一些元数据特征则与学习者兴趣相关性很小，如文件大小、创作者、时间等特征。

2. 实验假设 H_2 成立

假设 H_2 指动态视觉特征与正向学习兴趣的关联度要高于静态视觉特征。实验数据表明动态视觉特征与学习者的学习兴趣关联性普遍较高。包含动态特征较多的 Flash 动画课件其"满意"评价结果的居多，这也符合中小学年龄段学习者的特征，活泼好动、对动画感兴趣。文本、纹理等静态视觉特征与学习者的学习兴趣也具有一定的相关性，但不如动态视觉特征的关联度高。文本、纹理等特征也可以调动学习者的学习兴趣，但效果有限。

3. 实验假设 H_3 成立

假设 H_3 提出不同类型的 Flash 动画其影响学习者兴趣的关键特征是不一致的。本实验将实验数据按照学段、学科、教学方式来分别分析，得出不同类型的 Flash 动画课件对学习者学习兴趣起关键作用的特征是不一样的。例如，对小学阶段的学习者，颜色、动态效果、视频、音频等特征与学习兴趣关联度最高；而初中阶段的学习者，交互、按钮、影片剪辑等特征与学习兴趣关联度最高。但总体来说，在各类 Flash 动画学习资源中，动态特征与学习兴趣关联的程度普遍较高。可见，在制作不同类型的 Flash 动画课件时，要考虑选用不同的画面元素来描述教学内容，一定要包含动态效果来激发学习者的学习兴趣。

9.4.3　实验启示

在中小学阶段，兴趣是学生理解知识、创新发展的重要动力源泉。如何用多媒体课件抓住学生的"注意力"，激发学生的学习兴趣，则成为课件创作者关注的焦点。通过实验数据的分析可以看出，Flash 动画包含的诸多内容结构特征与学习者的学习兴趣是有关联的。动态效果、交互等视觉特征易于激发学习者的学习兴趣，从而使学习者进行主动学习，促进对知识的理解，提高学习效率。而文本、纹理等视觉特征则与学习者的兴趣激发关联不大，开发 Flash 动画课件时，则可以减少此类视觉特征的设计，提高创作效率。不同类型的 Flash 动画，其影响学习者学习兴趣的关键特征也不一样，因此，可以指导 Flash 动画课件创作者针对不同学段、不同学科、不同教学方式使用不同的特征来呈现知识内容。

元数据特征包括文件名、创建时间、大小、创建者、帧数、播放速率等，一般存放在 Flash 动画文件的文件头部分，用于描述动画的基本数据信息。其中除了帧数和播放速率能对学习者的兴趣起到一定的作用外，其余元数据特征与学习者兴趣基本无相关性。这些信息是动画在形成时自动生成，不需要创作者设计，但创作者可以控制动画包含的总帧数和播放速率。动画包含过多的帧数，则会使学习者觉得疲劳，从而学习兴趣下降；帧数过少，则不能详细描述知识内容，或者不足以引起学习者学习兴趣。创作者可以根据知识内容及学习者特点合理确定这两个因素。

动画的基本组成元素对象包括文本、图形、图像、音频、视频、按钮、影片剪辑等，其特征均属于静态视觉特征，这些特征与学习者的学习兴趣都有一定的相关性。文本的字体、字号和颜色等特征能起到突出重点、美化界面、知识讲解等作用，运用恰当会使学习者事半功倍。图形和图像是动画画面中最直观的视觉特征。设计合理的图形和画面美观的图像能形象地描述知识内容，并使学习者集中注意力。音频和视频则能更真实、更形象地再现知识内容，从听觉和视觉上刺激学习者的感官，引起学习者注意，从而激发学习者的兴趣。按钮的形状、位置等特征能够吸引学习者注意力，并与动画进行有效交互，提高学习能动性。影片剪辑的位置、交互等特征也能起到相同的作用。

场景特征包括帧数、动态效果数、元素个数、画面复杂度、主色调等。一个场景往往代表一个逻辑事件（逻辑场景）或一个视觉过程（视觉场景）。其上述特征也属于静态视觉特征。场景包含的动态效果、画面复杂度、主色调等都能够吸引学习者的注意力，有效引起学习者的学习兴趣。Flash 动画创作者需要根据学习者已有的知识基础，合理设计逻辑场景和视觉场景，从而循序渐进、结构合理地展现学习内容。

Flash 动画的情感特征包括积极情感特征和消极情感特征两个方面。其中积极的情感如温馨、欢快、夸张、有趣，与学习者的学习兴趣呈正相关，即能有效激发学习兴趣，有助于促进认知活动；消极的情感如悲伤、枯燥、繁乱、恐惧，则与学习者的学习兴趣呈负相关，即降低学习者学习兴趣或让学习者畏惧学习，从而影响学习耐心，阻碍认知活动。中小学阶段的学习者正处于身心发育的关键时期，在设计动画时，应多考虑使用与学习兴趣相关度较高的温馨、欢快、有趣等积极情感，同时避免使用枯燥、繁乱等消极情感。

动态特征指施加在各组成元素上的动态效果，包括移动、色变、形变、旋转、缩放。实验发现，Flash 动画包含的动态效果与学习者的兴趣关联度最大。动态的元素更容易吸引学生的注意力，能最大限度激发学生的学习兴趣，有效提升学习效率。生动、有趣、形象的动态特征配以音频，可以为学生创建全方位的浸入式学习环境，学习内容的表达更加直观。动态效果是 Flash 动画资源的核心内容，Flash 动画创作者在设计动画时尤其要注意运用动态效果来展示知识内容。

交互是学习者与计算机交流沟通的重要渠道。通过交互，学习者可以进行自主学习，可以按照自己的意愿调整学习过程，有助于提高学习者的学习能动性。计算机则可以通过交互接收学习者的反馈，并及时做出响应。实验发现，学生对动画中包含的交互都很感兴趣。动画中只要出现按钮、菜单等交互元素，学生都会去点击交互一下，这与该学段的学习者特点是有关的，喜欢尝试，好奇心强。因此该学段的 Flash 动画设计者应该注重交互的设计，建立合理的交互逻辑结构，更好地呈现知识内容。但是交互也不宜设计过多，这样容易分散学习者注意力，使之迷航，造成知识碎片化的不良后果。

在调查问卷环节，获得的数据也证明了学习者的学习兴趣与画面内容结构特征有着很大的关联性。Flash 动画学习资源在学习中的使用能有效激发学习者的学习兴趣，提高其学习能动性。动画教学符合中小学段的学习者特点，是很容易被接受的一种教学方式。问卷反馈数据显示：98% 的学生喜欢并希望通过观看 Flash 动画来进行知识的学习；95% 的学生认为 Flash 动画能更好地展示知识内容，能帮助更好地理解知识；90% 的学生认为 Flash 动画能帮助他们提高学习效率和成绩。

综上，Flash 动画学习资源包含的诸多特征与学习者的学习兴趣有不同程度的关联性。其中，动态效果特征的关联度最大，元数据特征的关联度最小。Flash 动画能够辅助学习者的知识理解，能起到吸引学习者注意力，提高学习能动性，激发学习者学习兴趣的作用。Flash 动画学习资源符合中小学段的学习者特点，因此备受该学段学习者喜欢。该实验结果能够作为相应学段的 Flash 动画学习资源创作的理论指导。动画课件创作者可以根据不同学科、教学方式的特点，在创作过程中选择不同的内容结构特征进行知识描述，从而提高创作效率和学习者的学习效率。

第 10 章　总结与展望

10.1　总结

信息技术已经融入人们的工作、生活和学习的方方面面。随着"教育信息化 2.0"发展理念的提出，信息技术与教育实践的深度融合成为发展趋势。教育理念、教育方式、教学手段等都必然要跟上信息技术的发展速度，有所创新和提升，网络教育教学资源的建设也提上日程，教育工作者和学习者对网络学习资源的需求也越来越大。

目前，各网络教学平台、课件点播系统、精品课程等教学资源都越来越多地选择多媒体 Flash 动画作为学习载体工具，大部分的慕课平台也都支持 Flash 课件，如何在浩瀚的网络数据中准确地找到自己需要的 Flash 资源是一项复杂的工作。Flash 动画检索引擎就可以有效地解决这一难题，但基于元数据和简单关键字的检索已经远不能满足动画需求者的检索需求。为了满足日益增长的检索准确率需求，本书展开了对 Flash 学习资源内容结构的分析，研究基于内容的 Flash 动画检索系统，为广大教育教学工作者和学习者服务。Flash 动画的内容分析是一项复杂的工作，涉及内容较为广泛，目前国内研究还较少。

本书主要研究了 Flash 动画学习资源的内容结构特征，并分析和提取了场景特征和组成元素特征；在此基础上初步研究了 Flash 动画的画面情感特征识别算法；最终建立基于内容结构的 Flash 动画检索系统用于教育教学。在研究中，先是从网络上下载大量的教育类 Flash 动画，并按 3 个学段、7 个学科进行分类，分别进行各内容结构特征的提取和分析，实验结果令人满意，具体的研究内容包括以下几方面。

（1）Flash 动画的内容结构特征分析：建立了 Flash 动画的内容结构特征描述模型，综合描述了 Flash 动画的内容结构组成。

（2）Flash 动画的场景结构：Flash 动画的场景分为逻辑场景结构和视觉场景结构两种。通过分析 SWF 文件的标签内容中是否包含按钮、交互代码等内容来提取动作记录，判断逻辑场景的帧节点；基于颜色直方图差值法和边缘密度相结合的算法对 Flash 学习资源进行自动视觉场景分割，分割过程使用自适应阈值进行视觉场景的边界检测；并按学段、学科对分割结果进行分析，得出该算法的分割效率和准确率。

（3）Flash 动画的组成元素特征分析与提取：基于 Flash 动画的文件结构描述了各组成元素特征在动画中的定义方式，使用相应的方式提取动画组成元素的特征，并按学段、学科进行特征分析。

（4）Flash 动画的情感语义识别：建立了 Flash 动画学习资源的情感分类空间；基于视觉场景提取了代表帧画面的颜色和纹理特征，建立三层 BP 神经网络模型对样本库中的 Flash 动画进行训练与识别；按照学段、学科分析各 Flash 动画的情感识别结果。

（5）实验研究：完成了基于内容的 Flash 动画检索系统的应用效果实验，在高校实践教学中进行了实际应用，分析应用效果，找出不足；并进一步利用自主开发的 Flash 动画内容结构特征与学习兴趣实验平台，进行了内容结构特征和学习兴趣关联度实验。

10.2 展望

从实际的应用情况发现，基于内容的 Flash 动画检索系统对教育教学起到了很好的辅助作用，系统检索的准确率和时间复杂度都令人满意。虽然本研究取得了一定的成果，但由于个人能力有限及 Flash 面临的诸多挑战，研究工作还有很长的路要走，今后需要改进的环节和工作方向如下。

（1）从网络上爬取的 Flash 动画内容复杂，本研究是通过手动选取获得研究需要的学习资源，要进行大量 Flash 动画学习资源的索引，这个过程则显得笨拙，效率不高，人力耗费比较大。今后可以研究 Flash 动画的教学特性，建立学习类 Flash 动画的自动分类系统，以提供更多的高品质动画资源。

（2）本研究在文章中按学段、学科分析了 Flash 动画学习资源的内容结构特征，仅仅在实验库中进行了学科、学段索引，但是在检索系统中没有按照学科、学段来索引动画，因此最终在检索系统中无法按照学段、学科来检索需要的动画，而只能通过关键字来体现学段、学科特征。今后需要按学段、学科对学习类 Flash 动画进行自动分类并建立索引，服务于教育应用。

（3）研究了 Flash 动画的情感语义识别问题，但是也没有将其用于最终的检索系统。今后需要对学习类 Flash 动画也建立情感索引，从而可以按照自己的情感需求进行检索。

（4）情感语义的识别部分本研究只是将颜色和纹理作为学习网络的输入数据。颜色和纹理特征对动画的画面情感语义的识别有一定的代表性，但是还不能准确表达动画的高级语义。今后还需要考虑动画原始的动态特征，结合文本情感、音频情感等多因素来综合判断，这是一项难度大、涉及众多领域的研究工作。

（5）本系统用到的数据库是 Microsoft Access，选择此数据库时的考虑是简单易行，但 Access 数据库有容量局限性，当数据库文档达到 2GB 时，再写入数据就会报错。今后需要将本研究的数据库移植到 SQL Server 数据库或其他大型数据库。

（6）对于检索系统，该研究的系统检索界面还需要更加人性化，检索算法也需要实时改进。

（7）死链接问题。检索结果中的动画应该提供有效的链接，但在实际应用过程中出现了检索结果的超链接打不开的问题。分析原因，是由于本研究的系统在对网络 Flash 动画索引之后，就没有再更新索引库。而有些网络动画因为各种原因不再共享，就出现了死链接问题。针对这种问题，今后应该建立更新机制，定期对有变动的网络动画资源信息进行更新。

分析不足，是研究前进的动力。正视研究的弱点，才可以弥补不足，进一步完善 Flash 动画检索系统，才能更好地提高网络多媒体动画资源的利用率，推动教育信息化发展。

主要参考文献

[1] 曹军. Google 的 PageRank 技术剖析 [J]. 情报杂志, 2002 (10): 15.

[2] 曹丽华, 谭振江. Flash 动画在课件制作中的应用 [J]. 吉林师范大学学报 (自然科版), 2011 (4): 141-143.

[3] 岑荣伟, 刘奕群, 张敏, 等. 基于日志挖掘的搜索引擎用户行为分析 [J]. 中文信息学报, 2010 (3): 49-54.

[4] 崔洪芳. Access 数据库应用技术实验教程 [M]. 北京: 清华大学出版社, 2009.

[5] 关慧芬, 师军. 网络爬行技术研究 [J]. 郑州轻工业学院学报, 2008 (23): 6.

[6] 管建和, 甘剑峰. 基于 Lucene 全文检索引擎的应用研究与实现 [J]. 计算机工程与设计, 2007 (2): 489-491.

[7] 韩英杰, 石磊, 刘杨. Web 预取性能指标准确率与查全率的关系 [J]. 计算机工程, 2010 (36): 3.

[8] 何胜利, 卢才武. 基于 Java 的混合搜索引擎 [J]. 东北大学学报, 2004 (25): 8.

[9] 贺清碧. BP 神经网络及应用研究 [D]. 重庆: 重庆交通学院, 2004.

[10] 黄琛. 十大著名中文搜索引擎的特征及其比较 [J]. 现代情报, 2006 (1): 69-71.

[11] 姜鑫维, 赵岳松. Topic PageRank: 一种基于主题的搜索引擎 [J]. 计算机技术与发展, 2007 (5): 238.

[12] 柯和平. 多媒体资源库建设与网络教学应用探索 [J]. 现代教育技术, 2002 (1): 46.

[13] 李松银, 郑君里. 前向多层神经网络模糊自适应算法 [J]. 电子学报, 1995 (2): 1-6.

[14] 李雪瑗. 基于 Flash 技术的精品课程网站设计与实现 [D]. 济南: 山东师范大学,

2012.

[15] 梁文鑫，何克抗，赵美琪. 多媒体资源的词汇识别支持对于小学生英语听说学习的影响研究 [J]. 电化教育研究，2013（5）：109-113.

[16] 刘菲. Flash 动画的场景结构与视觉特征研究 [D]. 济南：山东师范大学，2010.

[17] 刘玮玮. 搜索引擎中主题爬虫的研究与实现 [D]. 南京：南京理工大学，2006.

[18] 马成前，毛许光. 网页查重算法 Shingling 和 Simhash 研究 [J]. 计算机与数字工程，2009（37）：1.

[19] 马卫东，李幼平. 面向 Web 网页的区域用户行为实证研究 [J]. 计算机学报，2008（6）：960.

[20] 裘炅，谭建荣，马晨华. 应用特征码的角色访问控制实现方案 [J]. 计算机辅助设计与图形学学报，2003（12）：1518.

[21] 孙建业，王辉. BP 神经网络算法的改进 [J]. 系统工程与电子技术，1994（6）：41-46.

[22] 孙西全，马瑞芳，李燕灵. 基于 Lucene 的信息检索的研究与应用 [J]. 情报理论与实践，2006（1）：125-128.

[23] 谈晓军，冯欣. 一种基于广度优先策略的 R 树连接算法 [J]. 华中科技大学学报，2005（4）：79.

[24] 谭思亮. 一种新的主题爬行算法 [J]. 微计算机信息，2007（7）：6.

[25] 王慈光. 对有序组合树法的改进 [J]. 西南交通大学学报，2006（5）：560.

[26] 王灏，黄厚宽，田盛丰. 文本分类实现技术 [J]. 广西师范大学学报（自然科学版），2003（1）：173.

[27] 王雪，王志军. 多媒体课件中的信息加工整合策略的研究与设计：以初中数学课件二次函数为例 [J]. 电化教育研究，2015（4）：103-107.

[28] 王艳春，何东健，王守志. 基于级联神经网络的蛋白质二级结构预测 [J]. 计算机工程，2010（4）：22-24.

[29] 危胜军，胡昌振，姜飞. 基于 BP 神经网络改进算法的入侵检测方法 [J]. 计算机工程，2005（13）：154-158.

[30] 文振威，秦晓. 个性化搜索引擎的研究与设计 [J]. 计算机工程与设计，2009（2）：342-344.

[31] 向晖，郭一平，王亮. 基于 Lucene 的中文字典分词模块的设计与实现 [J]. 现代图

书情报技术，2006（8）：46-50.

［32］肖冬梅．垂直搜索引擎研究［J］．图书馆学研究，2003（2）：87-89.

［33］薛琴．BP神经网络在入侵检测系统中的应用研究［J］．信息网络安全，2011（11）：68-69.

［34］杨仁广．网络多媒体教育资源主题搜索算法研究［D］．济南：山东师范大学，2008.

［35］杨仁广，宋宇，孟祥增．一种改进Shark-Search的多媒体主题搜索算法［J］．计算机工程与应用，2010（46）：14.

［36］张博，蔡皖东．面向主题的网络蜘蛛技术研究及系统实现［J］．微电子学与计算机，2009（26）：5.

［37］张敏，陈志刚，孟祥增．Flash动画的内容特征分析与按钮信息提取［J］．滨州学院学报，2010（3）：98-101.

［38］张思民．Java程序设计实践教程［M］．北京：清华大学出版社，2007.

［39］张晓静．交互特征分析与提取［D］．济南：山东师范大学，2016.

［40］张校乾，金玉玲，侯丽波．一种基于Lucene检索引擎的全文数据库的研究与实现［J］．现代图书情报技术，2005（2）：40-43.

［41］赵恒永，沈坚．基于专业信息深度挖掘的搜索引擎Spider的设计与实现［J］．计算机工程与科学，2009（31）：6

［42］赵金，张华军．自学习神经网络权值初始化的贝叶斯方法［J］．计算机应用，2008（28）：1-4.

［43］赵亚娟，闫娜．一种基于网页质量的PageRank算法改进分析［J］．电脑知识与技术，2014（10）：27.

［44］赵医娟．基于内容的Flash检索系统研究［D］．济南：山东师范大学，2011.

［45］赵夷平．传统搜索引擎与语义搜索引擎服务比较研究［J］．情报科学，2010（2）：265-270.

［46］郑国良，叶飞跃，张滨．基于网页内容和链接价值的相关度方法的实现［J］．计算机工程与设计，2008（23）：6.

［47］朱莉莉．Flash内容检索的查询扩展技术研究［D］．济南：山东师范大学，2014.

附　录

附录 1　各学段和学科的 Flash 动画样本的组成元素数量

学段		形状/个	图像/个	音频/个	视频/个	文本/个	影片剪辑/个	按钮/个	形变/个	合计/个	比列/%
小学	语文	69131	4744	3064	0	32566	16112	13806	2297	141720	13.8
	数学	5027	353	186	0	4253	1636	1452	71	12978	1.3
	英语	143541	6093	8745	7	58768	21296	26743	4158	269351	26.2
	音乐	16277	770	353	2	3260	3742	990	1512	26906	2.6
	美术	9680	37	169	0	560	4207	4732	11	19396	1.9
中学	语文	46469	5624	920	3	34237	24592	12572	4771	129188	12.6
	数学	33610	1182	966	3	25562	14547	8788	640	85298	8.3
	英语	53341	9136	4506	2	63806	10884	14372	1062	157109	15.3
	物理	10088	271	121	0	7228	3846	3277	545	25376	2.5
	化学	2856	125	28	0	1732	1369	761	49	6920	0.7
	生物	15038	1073	250	1	7276	4013	3552	4828	36031	3.5
	其他	643	225	5	0	245	304	164	1	1587	0.2
高等教育	科技	53211	3201	2568	89	30158	13269	10257	1536	114289	11.1

附录 2　各学科和教学类型的 Flash 动画样本的组成元素数量

学科		形状/个	图像/个	音频/个	视频/个	文本/个	影片剪辑/个	按钮/个	形变/个	合计/个	比例/%
语文	讲授型	101018	8873	1591	4	58750	43463	24467	7302	245468	20.8

268

续表

学科		形状/个	图像/个	音频/个	视频/个	文本/个	影片剪辑/个	按钮/个	形变/个	合计/个	比例/%
语文	练习型	6661	112	491	0	2891	2253	837	89	13334	1.1
	情境型	43802	2090	1231	0	11053	8657	3332	1930	72095	6.0
	娱教型	3881	486	172	0	1707	1594	854	415	9109	0.8
数学	讲授型	12620	446	363	1	5316	3185	1599	279	23809	2.0
	练习型	27832	1094	1881	0	8982	5883	4114	772	50558	4.3
	情境型	4153	187	285	0	570	1808	259	99	7361	0.6
	娱教型	3381	85	182	1	699	1565	224	66	6203	0.5
英语	讲授型	57339	9387	2253	7	70840	8950	13362	380	162518	13.8
	练习型	17666	549	1534	1	5288	3716	4861	233	33848	2.9
	情境型	113215	4092	5636	5	40816	17005	16774	3272	200815	17.1
	娱教型	21382	1434	292	0	3003	2983	744	869	30707	2.6
科学	讲授型	15128	1017	482	0	6190	4714	2284	585	30400	2.6
	练习型	1637	30	20	0	1236	1425	491	9	4848	0.4
	实验型	6899	329	145	0	4332	1418	1792	500	15415	1.3
	情境型	531	5	5	0	167	71	60	31	870	0.1
	娱教型	2922	238	59	0	590	1172	97	61	5139	0.4
科技	讲授型	40519	6888	74	6	9472	10708	455	404	68526	5.8
	练习型	9643	13804	8	0	396	593	35	424	24903	2.1
	实验型	23027	8368	98	23	7925	9633	2316	687	52077	4.4
艺术	讲授型	731	200	119	0	133	384	196	16	1779	0.2
	练习型	11460	32	254	0	586	4760	5413	5	22510	1.9
	娱教型	32329	1020	302	2	4258	10274	704	2536	51425	4.4
品德	讲授型	1541	572	46	3	1440	558	565	347	5072	0.4
	情境型	27621	747	189	0	5797	1001	291	423	36069	3.1
	娱教型	2808	124	35	4	399	303	24	361	4058	0.3

附录3　视觉场景特征提取均值表（按学段和学科）

学段		视觉场景数/个	主色调数/个	动态效果数均值/个	画面复杂度	包含帧数均值/个	元素均值/个
小学	语文	15	10	52	复杂	23	26
	数学	6	3	33	简单	36	21

学段		视觉场景数/个	主色调数/个	动态效果数均值/个	画面复杂度	包含帧数均值/个	元素均值/个
小学	英语	13	9	48	一般	52	32
	音乐	16	11	42	一般	40	18
	美术	13	12	39	简单	45	23
中学	语文	18	9	45	复杂	35	31
	数学	9	3	30	简单	48	37
	英语	25	10	42	复杂	65	42
	物理	3	8	63	复杂	60	29
	化学	7	10	30	一般	43	25
	生物	12	7	24	复杂	35	16
	其他	10	6	31	简单	41	22
高等教育	科技	22	10	60	一般	39	33

附录 4　视觉场景特征提取均值表（按学科和教学类型）

学科		视觉场景数/个	主色调数/个	动态效果数/个	画面复杂度	包含帧数/个	元素/个
语文	讲授型	14	12	55	复杂	26	30
	练习型	15	10	48	一般	22	28
	情境型	16	8	40	一般	18	33
	娱教型	15	13	63	复杂	20	41
数学	讲授型	6	5	36	一般	45	26
	练习型	8	4	28	简单	36	18
	情境型	8	2	25	简单	41	21
	娱教型	11	6	38	一般	52	28
英语	讲授型	25	9	43	复杂	62	42
	练习型	23	10	40	一般	60	40
	情境型	19	10	46	一般	59	38
	娱教型	27	13	52	复杂	68	41
科学	讲授型	7	12	61	复杂	60	27
	练习型	6	10	58	一般	58	22
	实验型	4	9	54	复杂	55	26
	情境型	3	7	48	一般	48	19
	娱教型	8	11	66	复杂	68	32

学科		视觉场景数/个	主色调数/个	动态效果数/个	画面复杂度	包含帧数/个	元素/个
科技	讲授型	23	10	63	一般	42	34
	练习型	18	8	58	一般	26	29
	实验型	15	12	66	一般	39	30
艺术	讲授型	13	12	39	一般	40	18
	练习型	12	10	40	简单	41	20
	娱教型	16	11	42	一般	45	23
品德	讲授型	10	8	32	一般	46	34
	情境型	8	5	28	简单	25	30
	娱教型	12	6	34	一般	41	36

附录5　Flash 动画各动态效果数量统计表（按学段和学科）

学段		移动/个	旋转/个	缩放/个	色变/个	形变/个	合计/个	比例/%
小学	语文	157012	25250	19329	102966	25211	329768	12.9
	数学	10750	3948	487	7551	2533	25269	1.0
	英语	419748	139399	78144	441646	103473	1182410	46.2
	音乐	86879	23170	11282	70226	8337	199894	7.8
	美术	123	164	159	1799	2212	4457	0.2
中学	语文	40481	3683	5548	24085	16325	90122	3.5
	数学	23204	8822	2241	24365	9790	68422	2.7
	英语	104024	36216	33772	111685	25107	310804	12.1
	物理	5503	884	676	5685	3320	16068	0.6
	化学	2189	10	287	917	335	3738	0.1
	生物	5971	2450	2226	10656	5892	27195	1.1
	其他	1	0	3	59	80	143	0.0
高等教育	科技	143825	23124	17568	92368	23756	300641	11.7

附录6　Flash 动画各动态效果数量统计表（按学科和教学类型）

学科		移动/个	旋转/个	缩放/个	色变/个	形变/个	合计/个	比例/%
语文	讲授型	61927	15529	11895	42708	28283	160342	4.4
	练习型	690	1596	1268	5373	3664	12591	0.3
	情境型	125035	18159	21812	97397	15341	277744	7.7

学科		移动 / 个	旋转 / 个	缩放 / 个	色变 / 个	形变 / 个	合计 / 个	比例 /%
语文	娱教型	2336	2276	730	3544	650	9536	0.3
数学	讲授型	16935	6606	1096	16362	5094	46093	1.3
	练习型	6316	1020	3086	8444	7017	25883	0.7
	情境型	8382	5169	280	9602	1471	24904	0.7
	娱教型	3894	1118	776	2997	743	9528	0.3
英语	讲授型	161613	29878	13823	113090	23207	341611	9.4
	练习型	35831	29073	3086	52463	17359	137812	3.8
	情境型	360018	96704	61162	304170	55732	877786	24.3
	娱教型	93687	26054	67237	142176	16254	345408	9.6
科学	讲授型	8412	3483	3465	13420	7543	36323	1.0
	练习型	90	22	204	245	795	1356	0.0
	实验型	3480	1572	928	6013	2530	14523	0.4
	情境型	1525	13	81	533	74	2226	0.1
	娱教型	7551	1952	179	8024	2598	20304	0.6
科技	讲授型	7867	11714	2828	14499	691	37599	1.0
	练习型	780	32	69	346	51	1278	0.0
	实验型	29225	9845	4708	21061	4738	69577	1.9
艺术	讲授型	17	5	31	191	238	482	0.0
	练习型	130	187	185	1874	2542	4918	0.1
	娱教型	219830	129821	75114	262632	25175	712572	19.7
品德	讲授型	425	158	97	521	1615	2816	0.1
	情境型	195575	42324	18384	130706	3315	390304	10.8
	娱教型	13977	9053	5053	23137	1552	52772	1.5

附录 7　Flash 动画各交互特征数量统计表（按学段和学科）

学段		交互数量 / 个	比例 /%
小学	语文	1532	14.1
	数学	111	1.0
	英语	2227	20.5
	音乐	300	2.8
	美术	227	2.1

学段		交互数量／个	比例／%
中学	语文	1093	10.0
	数学	607	5.6
	英语	2381	21.9
	物理	444	4.1
	化学	56	0.5
	生物	471	4.3
	其他	12	0.1
高等教育	科技	1421	13.1

附录 8　Flash 动画各交互数量统计表（按学科和教学类型）

学科		交互数量／个	比例／%
语文	讲授型	2242	20.5
	练习型	170	1.6
	情境型	607	5.6
	娱教型	168	1.5
数学	讲授型	156	1.4
	练习型	561	5.1
	情境型	37	0.3
	娱教型	61	0.6
英语	讲授型	2278	20.8
	练习型	358	3.3
	情境型	1447	13.2
	娱教型	293	2.7
科学	讲授型	388	3.5
	练习型	70	0.6
	实验型	366	3.3
	情境型	22	0.2
	娱教型	34	0.3
科技	讲授型	200	1.8
	练习型	84	0.8
	实验型	495	4.5

续表

学科		交互数量 / 个	比例 /%
艺术	讲授型	44	0.4
	练习型	244	2.2
	娱教型	340	3.1
品德	讲授型	72	0.7
	情境型	170	1.6
	娱教型	29	0.3